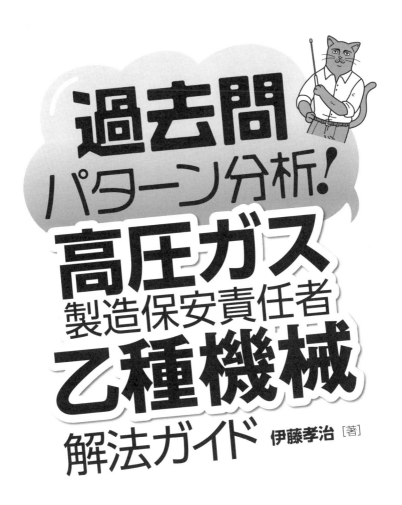

本書に掲載されている会社名・製品名は、一般に各社の登録商標または商標です。

本書を発行するにあたって、内容に誤りのないようできる限りの注意を払いましたが、本書の内容を適用した結果生じたこと、また、適用できなかった結果について、著者、出版社とも一切の責任を負いませんのでご了承ください。

　本書は、「著作権法」によって、著作権等の権利が保護されている著作物です。本書の複製権・翻訳権・上映権・譲渡権・公衆送信権（送信可能化権を含む）は著作権者が保有しています。本書の全部または一部につき、無断で転載、複写複製、電子的装置への入力等をされると、著作権等の権利侵害となる場合があります。また、代行業者等の第三者によるスキャンやデジタル化は、たとえ個人や家庭内での利用であっても著作権法上認められておりませんので、ご注意ください。

　本書の無断複写は、著作権法上の制限事項を除き、禁じられています。本書の複写複製を希望される場合は、そのつど事前に下記へ連絡して許諾を得てください。

出版者著作権管理機構
（電話 03-5244-5088, FAX 03-5244-5089, e-mail：info@jcopy.or.jp）

JCOPY ＜出版者著作権管理機構 委託出版物＞

はじめに

　私は会社で①高圧ガス製造保安責任者乙種機械、②危険物取扱者乙4類、③二級ボイラー技士および、④消防設備士乙6類の資格試験の合格支援に長く携わっています。①の経験を活かしたのが本書ですが、実は会社で行っているのは技術検定の合格支援です。本書は、国家試験の「学識」と「保安管理技術」の対策本ですが、技術検定と国家試験では、その出題傾向は少なからず違う部分があります。しかしながら、技術検定の合格者には当然、国家試験の法令も支援し、国家試験全科目受験者で支援希望者にも支援を行っていますので、その経験を本書に活かしています。

　②～④は、都道府県あるいは試験区域ごとに年に数回、全国レベルでは毎月どこかの県で行われていますので、それらの出題傾向に基づいた合格対策の良書が出版されています。これに対して、高圧ガス製造保安責任者の国家試験は年に1回しかなく、過去の出題から「学識」・「保安管理技術」全30問をパターン化した市販の類書はほとんどありませんでした。高圧ガスの国家試験にも確率の高い出題パターンはあります。それを具体化したのが本書です。

　試験合格には何が必要なのでしょうか。多くの受験者を支援してきた経験から言えるのは、犠牲をいとわず勉強を継続し、「絶対に合格する」という覚悟です。

　その覚悟と本書のマスターが両輪になって、本書の読者から多くの合格者が誕生すれば、これに勝る喜びはありません。

2019 年 7 月

伊 藤 孝 治

目　　次

ガイダンス　◉高圧ガス製造保安責任者試験とは ‥‥‥‥‥‥‥‥‥ *vi*

◉出題傾向分析概要 ‥‥‥‥‥‥‥‥‥‥‥‥ *xi*

◉学習方法と本書の使い方 ‥‥‥‥‥‥‥‥ *xii*

1章　学　　識＜出題傾向と実際の過去問＞

問題 1　SI単位 ‥‥‥‥‥‥‥‥‥‥‥‥‥‥‥‥‥‥‥‥‥ *2*

問題 2　理想気体の性質（計算問題）‥‥‥‥‥‥‥‥‥‥‥ *5*

問題 3　熱と仕事 ‥‥‥‥‥‥‥‥‥‥‥‥‥‥‥‥‥‥‥ *7*

問題 4　理想気体の状態変化 ‥‥‥‥‥‥‥‥‥‥‥‥‥‥ *12*

問題 5　燃焼・爆発 ‥‥‥‥‥‥‥‥‥‥‥‥‥‥‥‥‥‥ *16*

問題 6　流体の流れ ‥‥‥‥‥‥‥‥‥‥‥‥‥‥‥‥‥‥ *20*

問題 7　伝熱、分離 ‥‥‥‥‥‥‥‥‥‥‥‥‥‥‥‥‥‥ *25*

問題 8　変形と破壊、強度設計の基本事項 ‥‥‥‥‥‥‥‥ *29*

問題 9　薄肉円筒・球形胴の強度 ‥‥‥‥‥‥‥‥‥‥‥‥ *33*

問題10　高圧装置用材料と材料の劣化 ‥‥‥‥‥‥‥‥‥‥ *36*

問題11　溶接 ‥‥‥‥‥‥‥‥‥‥‥‥‥‥‥‥‥‥‥‥‥ *40*

問題12　高圧装置 ‥‥‥‥‥‥‥‥‥‥‥‥‥‥‥‥‥‥‥ *45*

問題13　計装（計測機器・制御システム・安全計装）‥‥‥‥ *49*

問題14　ポンプあるいは圧縮機 ‥‥‥‥‥‥‥‥‥‥‥‥‥ *53*

問題15　流体の漏えい防止 ‥‥‥‥‥‥‥‥‥‥‥‥‥‥‥ *64*

【「学識」過去問題の解説・解答】‥‥‥‥‥‥‥‥‥‥‥‥ *68*

2章　保安管理技術＜出題傾向と実際の過去問＞

問題 1　燃焼・爆発 ‥‥‥‥‥‥‥‥‥‥‥‥‥‥‥‥‥‥ *100*

問題 2　ガスの性質・利用方法 ‥‥‥‥‥‥‥‥‥‥‥‥‥ *104*

問題 3　高圧装置用材料・材料の劣化 ‥‥‥‥‥‥‥‥‥‥ *109*

問題 4　計装（計測機器・制御システム・安全計装）‥‥‥‥ *113*

問題 5　高圧装置 ‥‥‥‥‥‥‥‥‥‥‥‥‥‥‥‥‥‥‥ *118*

問題 6　ポンプあるいは圧縮機
（「学識」問題14がポンプなら圧縮機）‥‥‥‥‥‥‥‥ *122*

iv

問題 7	高圧ガス関連の災害事故	127
問題 8	流体の漏えい防止	130
問題 9	リスクマネジメントと安全管理	134
問題 10	電気設備（電気設備全体or静電気単独）	141
問題 11	保安装置	145
問題 12	防災設備	150
問題 13	運転管理	155
問題14、15	設備管理（1）（2）	161

【「保安管理技術」過去問題の解説・解答】 168

3章　模擬試験（「学識」と「保安管理技術」の本試験形式3回分）

模擬試験1 196

模擬試験2 206

模擬試験3 216

【模擬試験1の解説・解答】 227

【模擬試験2の解説・解答】 238

【模擬試験3の解説・解答】 248

高圧ガス乙種機械過去問題正解・不正解チェック表 258

高圧ガス乙種機械模擬試験自己採点用解答用紙（模擬試験番号【　】） 259

v

ガイダンス

高圧ガス製造保安責任者試験とは

　高圧ガスには可燃性や毒性のものがあり、しかも高い圧力をもっているので、設備や機器類の操作や容器類の取扱いを誤ると、爆発・火災あるいは中毒災害の原因となることがあります。

　このような災害を防止するために、高圧ガスを取り扱う事業所では、高圧ガス保安法により、高圧ガス製造保安責任者の資格を有する者を置くことが義務づけられています。この資格に資するかを試験するのが高圧ガス製造保安責任者試験です。

　危険物取扱者のように、資格がないと有資格者の立会いがない限り危険物を取り扱えないというような就業制限はありませんが、組織上の法定責任者に就くためには、この資格が必要になります。例えば、製造の施設の区分・直ごとに高圧ガス製造保安責任者免状を有する一人ずつの保安係員とその代理者を選任しなければなりません。通常、これらの責任者には直の職位上位者がなります。つまり、高圧ガスを取り扱う職場では、高圧ガス製造保安責任者にならないと直の上位者にはなれないのが普通です。

【資格取得方法】

　次ページの図にあるように、2通りの方法があります。

➡1. 国家試験全科目受験

　全科目とは学識、保安管理技術、法令の3科目です。試験時期は11月第2日曜日です。

➡2. 技術検定合格後に国家試験（法令のみ）受験

　高圧ガス保安協会が実施する講習を受講し、技術検定に合格した後に、国家試験で「法令」のみを受験する方法です。技術検定に合格すれば、国家試験の「学識」と「保安管理技術」は免除されます。受講・受検機会は年に2回あります。

ガイダンス

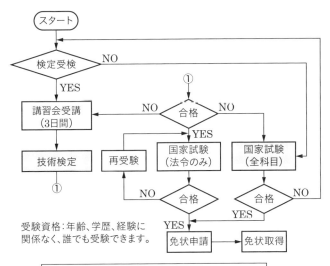

受験資格：年齢、学歴、経験に関係なく、誰でも受験できます。

高圧ガス製造保安責任者(乙種)免状取得フロー

試験科目・試験形式・合格基準

◆試験科目と試験形式等

試験の種類	試験科目		
	法　令	保安管理技術	学　識
乙種機械	高圧ガス保安法に係る法令	高圧ガスの製造に必要な機械に関する通常の保安管理の技術	高圧ガスの製造に必要な通常の機械工学
試験形式	5肢択一式	5肢択一式	5肢択一式
問題数	20問	15問	15問
試験時間	60分	90分	120分

◆合格基準

試験科目	技術検定	国家試験
法　令	−	3科目とも60点以上
保安管理技術	2科目とも60点以上	
学　識		

vii

ガイダンス

【合格率（乙種機械）】

　国家試験の全科目受験と科目免除受験（ほとんどが「法令」のみ受験）、および技術検定の過去21年間の全国合格率は下図のとおりです。

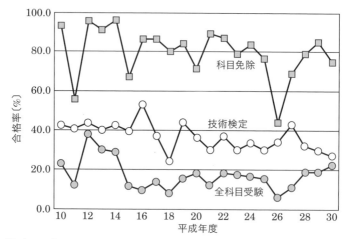

〔注1〕　平成26年(2014年)は法令が難しく、国家試験の合格率が最低となりました。
〔注2〕　平成30年(2018年)の技術検定の合格率は第1回分のみです。

　この図から、次のことがいえます。
① 法令は合格しやすい。法令のみ（科目免除）の合格率は約80％で、1科目のみという有利さによる合格率アップを考えても、「学識」、「保安管理技術」に比べると合格しやすいといえます。
② 「学識」、「保安管理技術」は、かなり難関です。技術検定は講習で出題範囲（重点的に学習すべき範囲）を知ることができますが、それでも合格率は40％弱です。技術検定の「学識」では、国家試験と異なり、15問中6問が計算問題です。これが、講習がありながら合格率があまり上がらない要因だと思われます。国家試験の全科目受験では、合格率が20％弱になります。
　①、②より、「学識」、「保安管理技術」の克服が、国家試験全科目受験の合格に欠かせないといえます。

ガイダンス

受験者数と合格率の詳細（乙種機械）

　最近過去5年間の国家試験の受験者数と合格率を示します。国家試験全科目受験は毎年約4 000人が受験していますが、10人のうち1人か2人しか合格できないという難関試験です。これに対し、技術検定では最近では毎年4 500～5 000人が受検されています。

年度	種　別	受験者数（人）	合格者数（人）	合格率（%）
2018	全科目受験	3 854	862	22.4
	科目免除	1 477	1 104	74.7
	計	5 331	1 966	36.9
2017	全科目受験	3 730	724	19.4
	科目免除	1 989	1 687	84.8
	計	5 719	2 411	42.2
2016	全科目受験	3 880	727	18.7
	科目免除	2 457	1 942	79.0
	計	6 337	2 669	42.1
2015	全科目受験	3 841	427	11.1
	科目免除	3 023	2 083	68.9
	計	6 864	2 510	36.6
2014	全科目受験	4 029	266	6.6
	科目免除	1 786	793	44.4
	計	5 815	1 059	18.2

筆記試験の科目免除申請の条件

　読者のほとんどは、免除科目のない全科目受験に臨むと思われますが、かなり以前の講習修了で免除される科目があります。受験するのが久しぶりという方は、次表をチェックしてみてください。

ガイダンス

種　類	免除科目	免除の条件およびその必要な証明書類（写）	受験科目
乙種機械	法　令	甲種化学免状　または　乙種化学免状[*1]	保安管理技術＋学識
	保安管理技術	製造第五講習の講習修了証 （昭和41年9月30日以前に修了したものに限る。）	法令＋学識
	保安管理技術＋学識	乙種機械講習の講習修了証[*2]	法　令
	全科目	・甲種化学免状[*1]＋乙種機械講習の講習修了証[*2] 　　　　　　　　　または ・乙種化学免状[*1]＋乙種機械講習の講習修了証[*2]	

＊1：国家試験の合格通知書、合格証明書でも可
＊2：下記の講習修了証でも可
　　　・昭和41年10月1日〜昭和51年2月21日の製造第五講習の講習修了証
　　　・昭和51年2月22日〜平成7年3月31日の製造第六講習の講習修了証

◆講習区分の現在と過去

現　在	過　去	
	講習区分	期　間
乙種機械	製造第五講習	昭和51年2月21日まで
	製造第六講習	昭和51年2月22日〜平成7年3月31日

【著者からの一言】

　合格率からもわかる難易度を考えると、技術検定に合格し、法令だけの国家試験受験がお奨めです。講習期間3日間の拘束、受講料・受検料の約2万円（他の交通費、宿泊費等は含みません）は、都合がつけられる範囲ではないかと思われます。諸事情により最初から国家試験全科目受験を目指す方はまれで、多くの方は技術検定からの受験を目指しているようです。

　本書の読者の多くは、技術検定不合格で全科目を受験することを選択したと思います。

　本書で合格していただくのが一番ですが、不本意な結果になった場合は、次の技術検定を選択するのが賢明でしょう。

　しかし、職務上早期合格が必要な場合、講習日程・検定日が不都合な場合、検定学識の計算問題6問がトラウマとなっている場合、などによって国家試験全科目受験を決めた方には、本書がガイドブックになれば幸いです。

ガイダンス

出題傾向分析概要

出題傾向についての詳細は1章、2章の各問題を参照。

技術検定は講習で出題範囲（重点的に学習すべき範囲）を知ることができますが、国家試験は、その機会がありません。

ただし、最近の出題傾向は次のようになっており、これに従って勉強することが合格への第一歩です。

問題No.	学　識	保安管理技術	
1	SI単位	燃焼・爆発	
2	理想気体の性質（計算問題の可能性大）	ガスの性質・利用方法	
3	熱と仕事	高圧装置用材料・材料の劣化	
4	理想気体の状態変化	計装（計測機器・制御システム・安全計装）	
5	燃焼・爆発	高圧装置	
6	流体の流れ	ポンプあるいは圧縮機	
7	伝熱、分離	高圧ガス関連の災害事故	
8	変形と破壊、強度設計の基本事項	流体の漏えい防止	
9	薄肉円筒・球形胴の強度	リスクマネジメントと安全管理（安全・信頼性管理）	
10	高圧装置用材料と材料の劣化	電気設備（電気設備全体or静電気単独）	
11	溶接	保安装置	
12	高圧装置	防災設備	
13	計装（計測機器・制御システム・安全計装）	運転管理	
14	ポンプあるいは圧縮機	設備管理(1)	保全計画、設備の検査・診断、
15	流体の漏えい防止	設備管理(2)	工事管理で2問

➡1.「学識」の特記事項

純然たる計算問題は出題されていませんでしたが、2017年度および2018年度問2は計算問題（2017年度は混合気体の問題について状態方程式を使って解くもの、2018年度はボイル-シャルルの法則を使うもの）になりました。問2としては、気体に関する計算問題が出るものとして準備が必要です。

➡2.「保安管理技術」の特記事項

「高圧ガス関連の災害事故」が2017年度、2018年度と連続して出題されました。継続するものとして準備が必要です。

xi

ガイダンス

学習方法と本書の使い方

【学習方法】

➡1. 短期・独学・一発合格の5原則

「短期・独学・一発合格の5原則」 https://dokugaku.info/tanki/index.html
には、「短期・独学・一発合格のノウハウ」として、次の記載があります。非常に
良い内容ですので、ぜひアクセスして参考にしてください。

●短期・独学・一発合格の5原則

  1. テキスト・問題集は慎重に選ぶ
  2. 陣地拠点主義
  3. 過去問
  4. 問題集からテキストを読む
  5. 問題演習の量がすべてを決める

●短期・独学・一発合格の5法則

  1. 問題集・過去問には何も書き込まない
  2. テキストに書き込む
  3. 割り切る
  4. 先日やったことは必ず、目を通す
  5. 情報収集は最小限に

●数字暗記の必殺技

この中から、「短期・独学・一発合格の5原則」を高圧ガス国家試験に当てはめ
てみました。

① テキスト・問題集は慎重に選ぶ

テキストについては⑥「参考文献等を選ぶ」を参照。

問題集は本書で十分補えます。

② 陣地拠点主義

本書を中心に学習し、他のものには手を出さないほうがよいでしょう。学
習したうえで発見したこと、気付いたことなどを直接書き込むようにします。

③ 過去問

過去問が合格のカギです。よく「10年」分といわれますが、出題傾向が変
わるときもありますので、最新の過去問5回分と、出題傾向を分析したうえ

での模試3回分を収めた本書で学習すれば十分実力がつきます。
④ 問題集から解説（テキスト）を読む

　問題集を解きながら、解説（テキスト）を読みます。解説を熟読してから……よりも、問題集から解説を読み込んでいくほうがはるかに効率的です。勉強開始時は、解説を熟読してもすぐに問題が解けるわけではありません。最初から問題集にあたり、問題慣れしておくほうが有利です。最初はさっぱりわからなくて当然です。わからない箇所を解説でわかるようにすればよいのです。

⑤ 問題演習の量がすべてを決める

　問題集を毎日コツコツとやり、その都度解説（テキスト）で確認する！この繰返しが最短距離です。

⑥ 「参考文献等」を選ぶ

　　　i) 高圧ガス保安協会 編（2018）「中級 高圧ガス保安技術（乙種化学・機械講習テキスト）第16次改訂版」
　　　ii) 高圧ガス保安協会 編（2018）「高圧ガス製造保安責任者 乙種化学・機械 試験問題集 平成30年度版」
　　　iii) 辻森淳（2015）「完全マスター高圧ガス製造保安責任者乙種機械」オーム社
　　　iv) セーフティ・マネージメント・サービス（株）編（2013）「乙種機械・化学 国家試験・講習検定 攻略のポイント（六訂版）」

　①のテキストとして、i) がお勧めです。

コラム　集中力と継続力を保つためには、気持ちをポジティブにしないといけませんが、例えばそのためのおまじないを唱えるのもよいかもしれません。

【おまじないで用意するもの】
　鏡!!
【おまじないの方法】
　①受験当日まで、毎日寝る前に鏡を見ます。
　②鏡の中の自分を見たまま、「私（僕）は、国家試験に必ず合格する」と言いましょう。
　③言い終えたら、鏡を見るのを止めます。
　④そのまま目を閉じて下さい。
　⑤目を閉じたまま、頭の中で国家試験に合格した自分の姿をイメージしましょう。
強い意志を持ち、ポジティブな未来像をイメージすることが、集中力と継続力を保つことにつながります！

ガイダンス

➡2.　継続は力なり

勉強には集中力と継続力が重要です。

① 集中力：周りに影響されず、限られた時間内に効率的に勉強できる力です。
その方法の1つとして、勉強前にある1点を見つめ集中した後、勉強・試験に取り掛かることがあります。

② 継続力：「継続は力なり」といいます。
続けるためにはご褒美を考えるとよいといわれています。

- 今日の目標とすることができたら好きなお菓子を食べることができる
- カレンダーに、その日、自分でOKを出せるなら◎をつける

➡3.　解法テクニック

① 正解番号の選択

高圧ガス乙種機械の国家試験での「学識」と「保安管理技術」の問題のほとんどは、4つの記述の正誤を考え、5つの選択肢から1つの正解（正しい記述の組合せ）を選ぶものです。記述のイ、ロ、ハ、ニが、それぞれ3回ずつで選択肢が構成されているのがほとんどです。

正誤を考える場合、間違っているものを先に考えたほうがよいでしょう。

- ◆間違いの記述：どこか1つでも間違いがあれば間違い
- ◆正しい記述：全文がすべて正しい

一例を示します。誤りの記述がわかれば正解候補は2つになり、他のもう1つの記述の正誤がわかれば正解番号を選択できる確率はかなり高まります。

イが×

(1) イ、ロ	(2) イ、ニ	(3) ロ、ハ	(4) イ、ハ、ニ	(5) ロ、ハ、ニ
×	×	正解候補	×	正解候補

ロ、ハは正しい記述。ニの正誤がわかれば正解になる。

ロが×

(1) イ、ロ	(2) イ、ニ	(3) ロ、ハ	(4) イ、ハ、ニ	(5) ロ、ハ、ニ
×	正解候補	×	正解候補	×

イ、ニは正しい記述。ハの正誤がわかれば正解になる。

ハが×

(1) イ、ロ	(2) イ、ニ	(3) ロ、ハ	(4) イ、ハ、ニ	(5) ロ、ハ、ニ
正解候補	正解候補	×	×	×

イは正しい記述。ロ、あるいはニの正誤がわかれば正解になる。

ニが×

(1) イ、ロ	(2) イ、ニ	(3) ロ、ハ	(4) イ、ハ、ニ	(5) ロ、ハ、ニ
正解候補	×	正解候補	×	×

ロは正しい記述。イ、あるいはハの正誤がわかれば正解になる。

すべての記述の正誤がわからなくても、ほとんどの問題は正解を選択できます。問題を解いて、正誤が確実にわかる記述を2つ、3つと増やしていくことが合格につながります。

② 全問解答後の選択番号のチェック

解答後に各番号の○の数をチェックしてみましょう。自信があれば別ですが、自信がない場合、または問題をよく読まなかったことによるケアレスミスのチェックにはなります。

- 6つ以上選択した番号があればおかしい。
- 選択番号に1つもない番号があればおかしい。
- 選択番号に1つしかない番号が2つあるのはおかしい。
- 同じ番号が連続で4つ以上続く（3つ続くのも珍しい）のはおかしい。

高圧ガスでは15問ですので、均等に正解なら各番号が3つになります。しかし、実際はそうではなく、番号により正解が1つ〜5つにバラックようですが、上の記述はほぼ正しいようです。ただし、最近は出題者の惑わし戦術で、同じ番号が6つか7つ連続で正解になる場合もまれにありますので、あくまでも最終手段としてください。

➡4. 受験一口メモ

① 学習期間

高圧ガス乙種国家試験合格のための通信講座としては、職業訓練法人日本技能教育開発センター（JTEX）の高圧ガス製造保安責任者受験講座（乙種）

https://www.jtex.ac.jp/products/detail/61

がありますが、その受講期間は4か月間としています。経験上、技術検定の「学識」と「保安管理技術」の学習には2か月間は必要です。

全科目受験では、これに「法令」の学習期間が加わりますので、3か月間は見ておく必要があります。

② 受験前日

当日持っていくものをきちんとチェックして、前日には次のものを確実にそろえておきます。

受験票、筆記用具（黒鉛筆またはシャープペンシル（HBまたはB程度のもの）、消しゴム）、電卓（四則計算のみできる電卓に限り使用が認められます。関数電卓の使用は禁止）。

ガイダンス

不正行為対応の厳格化が図られていますので、その注意事項を再度確認しておきます。

前日は早目に就寝し、すっきりした気分で試験に臨みましょう。

③ 集合時間

試験時間は次のようになっています。

試験の科目	試 験 時 間
法　　　令	9時30分～10時30分（60分）
保安管理技術	11時10分～12時40分（90分）
学　　　識	13時30分～15時30分（120分）

集合は試験開始の30分前となっていますので、9時までに会場に入ります。試験会場までの移動方法については、受験票の「試験会場案内図欄」に特に記載のない限り、試験会場には受験者用の駐車場はありませんので、公共の交通機関を利用することになります。不案内の場合は、事前に下見をしておくと安心です。

④ 途中退出

試験開始から30分が経過するまでは退室できませんが、早く退出して良いことは1つもありません。試験時間をフル活用して頑張りましょう。あわてることによるケアレスミスを防ぐために、問題を慎重にゆっくり読むことは当然ですが、わからない問題でも考え抜くとこれまでの必死の勉強のご褒美として思い出すことがあります。これで全15問中、8問正解だったのが9問正解になり合格することもあります。この1問の差は計り知れないほど大きいです。

⑤ 退出前

試験日の翌日には、正解番号が高圧ガス保安協会のホームページに公開されます。自分の解答番号を覚えておくと合否の判断ができます。しかし、不正行為対応の厳格化で、問題用紙も解答番号をメモしたものも持ち出せなくなっています。自分の頭に解答番号を控える必要があります。暗記が得意な方は、番号をそのまま覚えればよいのですが、苦手な方には例えば、次ページのコラムに記載した方法があります。

科目終了時間まで10分程度の余裕があり、合否を早く知りたい場合は試してみてください。

ガイダンス

〈本書の使い方〉

➡ 本書は、次の構成になっています

　1章　学　識＜出題傾向と実際の過去問＋過去問の解答・解説＞
　2章　保安管理技術＜出題傾向と実際の過去問＋過去問の解答・解説＞
　3章　模擬試験（「学識」と「保安管理技術」の本試験形式3回分と模擬試験正
　　　　解と解説）

　1章と2章は、国家試験と同じ出題順の30問で構成しています。出題順は過去の出題傾向の分析によります。実際の試験では、「保安管理技術」のほうが早く実施されますが、「学識」を不得意とされる方が多いので、「学識」を1章としています。
　各問題は、次の細目で構成されています。

● 過去5年間の出題頻度：傾向に変化があった場合は、その旨を書いています。
● 出題内容：過去5年間、あるいは5回分の過去問と出題項目です。途中から出題されるようになったものは過去5年・5回に満たない場合もあります。
● 今後の予想：変更になる可能性のある場合は、その旨を書いています。
● 重要項目：特に重要な項目です。
● 過去問題に挑戦：基本は2014～2018年の5年間の過去問ですが、出題されなかった年があった場合は他から補い、原則5回分としています。

コラム　解答番号が次だったとします。この番号を右下の表の該当文字のどれかにします。番号が1なら、「あ～お」のどれかにします。これで覚えやすい暗号文にして頭にメモします。退出後にそれを紙に控え、番号に直します。

問題番号	1	2	3	4	5	6	7	8	9	10	11	12	13	14	15
解答番号	2	1	5	3	2	5	5	5	2	1	3	5	4	5	2

次は著者の駄作です。

```
2  1  5  3  2  5  5  5  2  1  3  5  4  5  2
こ  い  の  さ  き  に  な  に  か  あ  さ  の  つ  の  こ
```
　　　　　（恋の先に何か浅野角子）

	1	2	3	4	5
	あ行	か行	さ行	た行	な行
	あ	か	さ	た	な
	い	き	し	ち	に
	う	く	す	つ	ぬ
	え	け	せ	て	ね
	お	こ	そ	と	の

xvii

ガイダンス

　1章と2章の末尾に解答・解説を掲載しています。問題のすぐ近くに解答・解説があると、問題を解く前に見てしまい、問題の意味を理解せず、わかったつもりになるという弊害を考えて、問題と分離しています。

　3章は、出題パターンに沿った本試験形式の3回分の模擬試験とその正解・解説です。

　本書の構成を理解していただき、あとは過去問と模試をひたすら計画的にやるだけです。解いた後は、1章と2章の「重要項目」や参考テキストで正誤をしっかり確認し、解答・解説を見て自分の理解度を見極めてください。その際は、巻末の「過去問正解・不正解チェック表」と「模擬試験自己採点用解答用紙」をコピーしてお使いください。この繰返しで合格できるものと思います。

　なお、余談ですが、著者が取得している資格は「高圧ガス製造保安責任者甲種化学」です。社内事情により業務で長年「乙種機械」の受験者をサポートしています。その経験を本書の執筆に活かしています。

もっと実力を付けたい方へ！

　オーム社Webサイト（https://www.ohmsha.co.jp/）では、もっと実力を付けたい方のために、下記の特別サービスを提供しています！
- なんと！　もう1回分の模擬試験＆解答
- さらに！　過去5年分の「法規」の問題＆解答
- 巻末に掲載している採点用紙

　［書籍検索］より『過去問パターン分析』で検索→本書の個別紹介ページへ→［ダウンロード］タブよりそれぞれのPDFをダウンロードしてください。

　なお、PDFにはパスワードがかかっています。パスワードはp.194を見てください。

1章 学識

問題1 SI単位

過去5年間の出題頻度

2014年度までは単位だけに関する出題はなく、「熱と仕事」に関する問題で、記述の正誤が問われる出題形式であった。2015～2018年度で技術検定と同様に単位単独の問題が問Iとして出題された。

出題内容

年度		出題内容
		SI単位
H27（2015）	イ	組立単位
	ロ	J（ジュール）のSI基本単位表記
	ハ	SI接頭語のM
	ニ	温度の単位
H28（2016）	イ	質量のSI基本単位
	ロ	Paの定義とSI基本単位表記
	ハ	SI接頭語（n（ナノ）、T（テラ））
	ニ	SI単位と併用が認められない単位
H29（2017）	イ	SI組立単位
	ロ	接頭語（μ（マイクロ）、p（ピコ））
	ハ	WのSI基本単位表記
	ニ	温度の単位
H30（2018）	イ	組立単位と基本単位の関係
	ロ	質量の基本単位
	ハ	Paの定義とSI基本単位表記
	ニ	接頭語（h（ヘクト））

今後の予想

今後も問題Iは「SI単位」と思われる。

重要項目

傾向的には次が重要である。

➡ 1. 基本単位と組立単位
➡ 2. 力（N）、圧力（Pa）、エネルギー・仕事・熱量（J）、仕事率（W）の定義と基本単位のみでの表記

3. 接頭語

乗数	接頭語	記号	乗数	接頭語	記号
10^{12}	テラ	T	10^{-1}	デシ	d
10^{9}	ギガ	G	10^{-2}	センチ	c
10^{6}	メガ	M	10^{-3}	ミリ	m
10^{3}	キロ	k	10^{-6}	マイクロ	μ
10^{2}	ヘクト	h	10^{-9}	ナノ	n
10^{1}	デカ	da	10^{-12}	ピコ	p

力、圧力（応力）、エネルギー・仕事・熱量、仕事率の意味・定義と、それらをSI組立単位・SI基本単位で表すとどうなるか、については次を理解しておくこと。

物理量 (SI組立単位)	意味・定義	組立単位と基本単位で表示 太字：定義 その他：変形	SI基本単位だけの表示
力〔N〕	単位質量の物体に作用して単位加速度を生じる力を1 N（ニュートン）という。	**1 N = 1 Pa·m²** 1 N = 1 J/m 1 N = 1 W·s/m	1 N = 1 kg·m/s²
圧力〔Pa〕	単位面積当たり1 Nの力が垂直にかかるときの圧力を1 Pa（パスカル）という。	**1 Pa = 1 N/m²** 1 Pa = 1 J/m³	1 Pa = 1 kg/(m·s²)
エネルギー・仕事・熱量〔J〕	物体に1 Nの力が作用して単位距離を動かす仕事を1 J（ジュール）という。	**1 J = 1 N·m** 1 J = 1 Pa·m³	1 J = 1 kg·m²/s²
仕事率〔W〕	単位時間当たりのエネルギーが1 Jのときの仕事率を1 W（ワット）という。	**1 W = 1 J/s** 1 W = 1 N·m/s	1 W = 1 kg·m²/s³

 過去問題に挑戦！　　　　　　　　　　解答・解説はp.68！

問1　　　　　　　　　　　　　　　　　　　　　　　　　　　　[H27 問1]

次のイ、ロ、ハ、ニの記述のうち、SI単位について正しいものはどれか。

イ．SI組立単位は、一般にSI基本単位の和または差の形で表される。

ロ．エネルギーおよび仕事の単位であるJはSI組立単位であり、SI基本単位で表すと $kg·m^2/s^2$ である。

ハ．SI接頭語のMはミリと読み、10^{-3} を示す。

ニ．熱力学温度のケルビン（K）とセルシウス度（℃）の温度刻みは同じであり、どちらで表しても温度差の数値は同じである。

(1) イ、ロ　　(2) イ、ハ　　(3) ロ、ニ　　(4) イ、ハ、ニ　　(5) ロ、ハ、ニ

1章　学識

問2　[H28 問1]

次のイ、ロ、ハ、ニの記述のうち、SI 単位について正しいものはどれか。

イ．質量の単位である g（グラム）は、SI 基本単位の 1 つである。

ロ．圧力および応力の単位である Pa（パスカル）は N/m^2 と表すことのできる SI 組立単位であり、SI 基本単位だけで表すと $kg/(m \cdot s^2)$ である。

ハ．SI 接頭語の n（ナノ）は 10^{-9} を表し、T（テラ）は 10^9 を表す。

ニ．粘度の P（ポアズ）、圧力の Torr、mmHg、atm、熱量の cal は、SI 単位との併用が認められていない。

(1) イ、ロ　　(2) イ、ハ　　(3) ロ、ニ　　(4) イ、ハ、ニ　　(5) ロ、ハ、ニ

問3　[H29 問1]

次のイ、ロ、ハ、ニの記述のうち、SI 単位について正しいものはどれか。

イ．SI 組立単位は、一般に SI 基本単位の積や商の形で表される。

ロ．SI 接頭語の μ（マイクロ）は 10^{-3} を表し、p（ピコ）は 10^{-6} を表す。

ハ．仕事率の単位である W（ワット）は SI 組立単位であり、SI 単位だけで表すと $kg \cdot m^2 \cdot s^{-3}$ である。

ニ．熱力学温度のケルビン（K）とセルシウス度（℃）の温度刻みは同じであり、どちらで表しても温度差の数値は同じである。

(1) イ、ロ　　(2) イ、ハ　　(3) ロ、ニ　　(4) イ、ハ、ニ　　(5) ロ、ハ、ニ

問4　[H30 問1]

次のイ、ロ、ハ、ニの記述のうち、国際単位系（SI）について正しいものはどれか。

イ．SI 組立単位は、一般に SI 基本単位の和または差の形で表される。

ロ．質量の単位である g（グラム）は、SI 基本単位の 1 つである。

ハ．圧力および応力の単位である Pa（パスカル）は N/m^2 と表すことのできる SI 組立単位であり、SI 基本単位だけで表すと $kg/(m \cdot s^2)$ である。

ニ．SI 接頭語の h はヘクトと読み、10^2 を表す。

(1) イ、ロ　　(2) イ、ハ　　(3) ハ、ニ　　(4) イ、ロ、ニ　　(5) ロ、ハ、ニ

問5　[乙種化学 H29 問1]

次のイ、ロ、ハ、ニのうち、正しいものはどれか。

イ．$1\,Pa = 1\,kg \cdot m^{-1} \cdot s^{-2}$

ロ．$1\,J = 1\,kg \cdot m^2 \cdot s^{-2}$

ハ．$1\,W = 1\,kg \cdot m \cdot s^{-1}$

ニ．$1\,N = 1\,kg \cdot m^{-1} \cdot s^{-1}$

(1) イ、ロ　　(2) イ、ハ　　(3) ロ、ハ　　(4) ロ、ニ　　(5) ハ、ニ

問題2 理想気体の性質(計算問題)

【過去5年間の出題頻度】

2017年度より、問題2は理想気体に関する計算問題となった。

【出題内容】

年度	出題内容
2017	混合気体の分圧計算
2018	ボイル-シャルルの法則を使って解く計算問題

2016年以前は「気体と液体の性質」についての正しい記述の選択問題であった。

年度	理想気体の性質	実在気体の性質	気体と液体の平衡と性質
2014	ボイル-シャルルの法則 混合気体 シャルルの法則 比熱・熱量	理想気体と みなせる領域	圧力と液体の沸点の関係
2015	変化前後のゲージ圧力 →圧力比計算 気体の比体積〔m^3/kg〕	超臨界状態	蒸気圧
2016	気体の密度計算 比熱比と分子量の関係 混合気体の各成分の分圧 と物質量の関係	—	圧力と液体の沸点の関係

【今後の予想】

今後も問題2は「理想気体の性質(計算問題)」が続くと思われる。

重要項目

計算問題内容としては、
- 1. ボイル-シャルルの法則を使う問題
- 2. 理想気体の状態方程式を使う問題
- 3. 混合気体の全圧と分圧に関する計算問題

1章 学識

 解答・解説は p.70！

問1 ██[H29 問2]

酸素 1 mol と窒素 4 mol の混合気体が、27 ℃で 5 L の容器に入っている。この混合気体中の酸素の分圧はおよそいくらか。ただし、圧力は絶対圧力とする。また気体は理想気体として扱い、気体定数を 8.3 J/(mol・K) とする。

(1) 50 kPa　　(2) 100 kPa　　(3) 250 kPa　　(4) 500 kPa　　(5) 1 000 kPa

問2 ██[H30 問2]

27 ℃、1 MPa の理想気体がある。この気体を 87 ℃、0.5 MPa としたときに、体積はおよそ何倍になるか。ただし、圧力は絶対圧力とする。

(1) 0.6 倍　　(2) 1.2 倍　　(3) 1.7 倍　　(4) 2.4 倍　　(5) 3.2 倍

問3 ██[乙種化学 H27 問2]

内容積 1.5 m³ の容器に、温度 27 ℃、圧力 1.0 MPa の理想気体が充てんされている。この容器を加熱し、圧力が 2.0 MPa となったときの温度はおよそいくらか。

(1) 55 ℃　　(2) 125 ℃　　(3) 180 ℃　　(4) 250 ℃　　(5) 330 ℃

問4 ██[乙種化学 H28 問2]

0 ℃、圧力 1.0 MPa の理想気体がある。圧力一定で加熱し、体積が 2 倍になったときの温度はおよそいくらか。

(1) 137 ℃　　(2) 273 ℃　　(3) 410 ℃　　(4) 546 ℃　　(5) 683 ℃

問5 ██[乙種化学 H29 問2]

分子量 32 の理想気体 A を 64 kg、分子量 44 の理想気体 B を 22 kg を、混合した気体がある。気体 A の分圧が 40 kPa のとき、全圧はおよそいくらか。

(1) 50 kPa　　(2) 60 kPa　　(3) 70 kPa　　(4) 80 kPa　　(5) 100 kPa

問題 3 熱と仕事

《過去5年間の出題頻度》
毎年出題される。

《出題内容》

年度		出題内容
		熱と仕事
H26（2014）	イ	気体の加熱量の計算
	ロ	定圧変化の Q と ΔU の関係
	ハ	可逆カルノーサイクルの熱効率
	ニ	単原子分子と2原子分子のモル熱容量
H27（2015）	イ	ピストンの仕事量
	ロ	理想気体の断熱変化：体積と圧力の関係
	ハ	熱機関が外部にする仕事量
	ニ	定圧下の加熱
H28（2016）	イ	ピストンの仕事量
	ロ	気体の加熱量の計算
	ハ	可逆カルノーサイクルの熱効率
	ニ	熱力学の第二法則
H29（2017）	イ	理想気体の定圧モル熱容量は気体定数の何倍か
	ロ	熱機関のエネルギー収支
	ハ	加熱に要する熱量
	ニ	理想気体の等温変化
H30（2018）	イ	気体の加熱量既知→比熱容量計算
	ロ	垂直に移動する物体の仕事
	ハ	熱力学の第二法則
	ニ	可逆カルノーサイクルの熱効率

《今後の予想》
今後も問題3は「熱と仕事」と思われる。

！重要項目

記述の中には、計算式を理解しておくかまたは計算しないとその正誤がわからない、次のような記述が出題されることがある（記述は過去問に対応している）。

1章　学　識

① 垂直に移動する物体の仕事：問5-ロ
② 気体の膨張、圧縮の仕事：問2-イ、問3-イ
③ 理想気体の断熱変化：問2-ロ
④ 気体の冷却・加熱に必要な熱量：問1-イ、問2-ニ、問3-ロ、問4-ハ、問5-イ
⑤ 熱容量と比熱：問1-ニ、問4-イ
⑥ カルノーサイクル：問1-ハ、問3-ハ、問4-ロ、問5-ニ

必要とされる計算式を次に示すので、これを覚えておき、数値あるいは過去問と異なる解答を求める問題が出ても対応できるようにしておくこと。

➡**1. 垂直に移動する物体の仕事**：下図 (1)
➡**2. 気体の膨張、圧縮の仕事**：下図 (2)

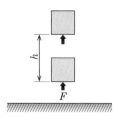

(1) 垂直に移動する物体の仕事
$W = Fh = mgh$

(2) 気体の膨張、圧縮の仕事
$W = Fl \quad F = pA$
$\rightarrow \quad W = pAl = p(Al) = p\Delta V$

➡**3. 理想気体の断熱変化**

理想気体の断熱変化では次が成り立つ。

$pV = nRT$ （理想気体の状態方程式。ボイル、シャルル、ボイル-シャルルの法則抱合）

$p_1 V_1^\gamma = p_2 V_2^\gamma = pV^\gamma = $ 一定　　（γ：比熱比）

以上の関係より、$\dfrac{p_2}{p_1} = \dfrac{V_1^\gamma}{V_2^\gamma} = \left(\dfrac{V_1}{V_2}\right)^\gamma \quad \dfrac{T_2}{T_1} = \left(\dfrac{V_1}{V_2}\right)^{\gamma-1} = \left(\dfrac{p_2}{p_1}\right)^{\frac{\gamma-1}{\gamma}}$

問題3 熱と仕事

●4. 気体の冷却・加熱に必要な熱量

一般式	圧力一定（定圧変化）	体積一定（定容変化）
$Q = mc\Delta T$ 　Q：熱量〔J〕 　m：質量〔kg〕 　c：比熱容量〔J/(kg・K)〕 　ΔT：変化前後の温度差〔T〕	$Q = mc_p \Delta T$ 　c_p：定圧比熱容量〔J/(kg・K)〕	$Q = mc_V \Delta T$ 　c_V：定容比熱容量〔J/(kg・K)〕
$Q = nC_m \Delta T$ 　n：物質量〔mol〕 　C_m：モル熱容量〔J/(mol・K)〕	$Q = nC_{m,p} \Delta T$ 　$C_{m,p}$： 　定圧モル熱容量〔J/(mol・K)〕	$Q = nC_{m,V} \Delta T$ 　$C_{m,V}$： 　定容モル熱容量〔J/(mol・K)〕

●5. 熱容量と比熱

$$\gamma = \frac{c_p}{c_V} = \frac{C_{m,p}}{C_{m,V}} \quad \gamma：比熱容量の比$$

$$C_{m,p} - C_{m,V} = R \quad マイヤーの関係（R：気体定数\ 8.31\ \text{J}/(\text{mol}\cdot\text{K})）$$

両式より、　$C_{m,p} = \dfrac{\gamma}{\gamma-1}R$、　$C_{m,V} = \dfrac{1}{\gamma-1}R$

●6. サイクルとカルノーサイクル

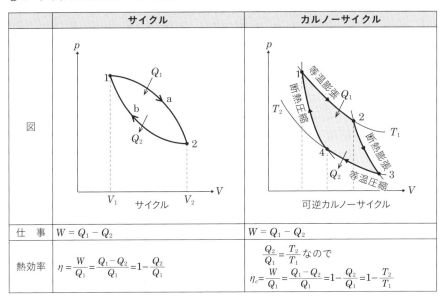

1章 学 識

解答・解説はp.72！

問1 ━━[H26問2]

次のイ、ロ、ハ、ニの記述のうち、熱と仕事について正しいものはどれか。

イ．定容比熱容量（定容比熱）が 500 J/(kg·K) の気体 1 kg を体積一定で加熱して、温度を 100℃上昇させるには、50 kJ の熱量が必要になる。

ロ．気体を圧力一定で加熱するとき、気体に加えた熱量 Q と内部エネルギー変化の増加分 ΔU の間には、$Q = \Delta U$ の関係が成立する。

ハ．可逆カルノーサイクルの熱効率は高、低熱源の温度によって決まり、作動流体の種類にはよらない。

ニ．比熱容量の比 γ が 1.67 のアルゴンの定圧モル熱容量 $C_{m,p}$ は、γ が 1.41 の水素の $C_{m,p}$ よりも大きい。

(1) イ、ロ　　(2) イ、ハ　　(3) イ、ニ　　(4) ロ、ハ　　(5) ハ、ニ

問2 ━━[H27問3]

次のイ、ロ、ハ、ニの記述のうち、熱と仕事について正しいものはどれか。ただし、圧力は絶対圧力とする。

イ．200 kPa の圧力で断面積 0.2 m² のシリンダ内のピストンを 0.1 m 移動させる仕事量は 40 kJ となる。

ロ．理想気体の断熱変化では、体積を 1/10 に圧縮するとき、比熱容量の比（比熱比）を γ とすると、圧縮後の圧力は圧縮前の 10^γ 倍となる。

ハ．熱機関に供給された熱エネルギーはすべて仕事に変えることができる。

ニ．定容比熱容量 1.0 kJ/(kg·K)、比熱容量の比 1.4 の気体 2 kg を、圧力一定で 100℃から 200℃まで加熱するのに必要な熱量は 280 kJ である。

(1) イ、ロ　　(2) イ、ニ　　(3) ロ、ハ　　(4) ロ、ニ　　(5) ハ、ニ

問3 ━━[H28問3]

次のイ、ロ、ハ、ニの記述のうち、熱と仕事について正しいものはどれか。

イ．1 MPa の圧力で、断面積 0.1 m² のピストンを 1 m 動かす仕事量は 100 kJ である。

ロ．定圧比熱容量が 5 kJ/(kg·K) の気体 1 kg を、圧力 0.2 MPa 一定で加熱して温度を 100 K 上昇させるには、100 kJ の熱量が必要である。

ハ．可逆カルノーサイクルの熱効率を求めるためには、高・低熱源の温度と、作動流体の比熱容量の比（比熱比）が必要である。

ニ．熱機関に加えられた熱エネルギーをすべて仕事に変換することはできない。

問題 3　熱と仕事

(1) イ、ロ　　(2) イ、ニ　　(3) ロ、ハ　　(4) イ、ハ、ニ　　(5) ロ、ハ、ニ

問4　　　　　　　　　　　　　　　　　　　　　　　　　　　　　　　　　[H29 問 3]
次のイ、ロ、ハ、ニの記述のうち、熱と仕事について正しいものはどれか。ただし、圧力は絶対圧力とする。
- イ．比熱容量の比（比熱比）が 7/5 である理想気体の定圧モル熱容量は、気体定数（モル気体定数）の 3.5 倍である。
- ロ．熱機関サイクルにおいて、作動流体が高温の熱源から受け取る熱量を Q_1、外部に行う有効仕事を W、熱機関が低温の熱源に捨てる熱量を Q_2 とすると、$Q_2 = Q_1 + W$ である。
- ハ．定圧比熱容量（定圧比熱）1.0 kJ/(kg·K) の気体 1 kg を、圧力 0.3 MPa 一定で加熱して温度を 100 ℃上昇させるには、300 kJ の熱量が必要である。
- ニ．理想気体の温度を一定に保ちながら圧縮するとき、内部エネルギーは変化しない。

(1) イ、ロ　　(2) イ、ニ　　(3) ハ、ニ　　(4) イ、ロ、ハ　　(5) ロ、ハ、ニ

問5　　　　　　　　　　　　　　　　　　　　　　　　　　　　　　　　　[H30 問 3]
次のイ、ロ、ハ、ニの記述のうち、熱と仕事について正しいものはどれか。
- イ．圧力 0.5 MPa 一定で、30 ℃の気体 2.0 kg を 130 ℃まで加熱するのに必要な熱量が 160 kJ であるとき、この気体の定圧比熱容量は 0.80 kJ/(kg·K) である。
- ロ．質量 5 kg の物体を 2 m 持ち上げるときの仕事は、およそ 10 J である。
- ハ．熱機関では、摩擦による損失がなければ、供給された熱エネルギーをすべて仕事に変換することができる。
- ニ．可逆カルノーサイクルの熱効率は、高熱源と低熱源の絶対温度の比によって決まる。

(1) イ、ロ　　(2) イ、ニ　　(3) ハ、ニ　　(4) イ、ロ、ハ　　(5) ロ、ハ、ニ

11

問題 4 理想気体の状態変化

【過去5年間の出題頻度】
毎回出題される。

【出題内容】

年度		出題内容
		理想気体の状態変化
H26（2014）	イ	シャルルの法則で体積計算（定圧変化）
	ロ	断熱圧縮、等温圧縮の圧縮仕事の比較
	ハ	可逆断熱変化
	ニ	断熱膨張
H27（2015）	イ	定圧変化
	ロ	断熱変化：圧力と温度の関係
	ハ	ポリトロープ変化
	ニ	等温変化
H28（2016）	イ	定容変化での圧力と温度の関係
	ロ	等温変化での熱と仕事の関係
	ハ	気体の所要加熱量（定容と定圧の比較）
	ニ	断熱変化での内部エネルギーと仕事
H29（2017）	イ	定圧変化と定容変化：n、Q 一定で ΔT の大小比較
	ロ	断熱変化
	ハ	等温圧縮と断熱圧縮（圧縮後の圧力）
	ニ	定圧変化（温度と体積の関係）
H30（2018）	イ	断熱圧縮仕事量と気体の種類の関係
	ロ	等温変化
	ハ	圧力、体積、温度の関係
	ニ	定圧変化（Q と ΔH の関係）

【今後の予想】
今後も問題4は「理想気体の状態変化」と思われる。

重要項目

（1）記述の中には、計算式を理解しておくかまたは計算しないと、その正誤がわからない次のような記述が出ることがある。

問題 4　理想気体の状態変化

➡1. **ボイル-シャルルの法則**：問1-イ、問3-イ、問4-ニ
➡2. **理想気体の断熱変化**：問2-ロ

　必要とされる計算式を次に示すので、これを覚えておき、数値あるいは求めるものが
違う問題が出ても対応できるようにしておくこと。

➡1. **ボイル-シャルルの法則**：pV/T＝一定

等温変化（T一定）	pV＝一定：体積は圧力に反比例（ボイルの法則）
定圧変化（p一定）	V/T＝一定：体積は絶対温度に比例（シャルルの法則）
定容変化（V一定）	p/T＝一定：圧力は絶対温度に比例

➡2. **理想気体の断熱変化**

　理想気体の断熱変化では次が成り立つ。

$pV=nRT$（理想気体の状態方程式。ボイル、シャルル、ボイル-シャルルの法則抱合）

$p_1 V_1{}^\gamma = p_2 V_2{}^\gamma = pV^\gamma =$ 一定

以上の関係より、$\dfrac{p_2}{p_1} = \dfrac{V_1{}^\gamma}{V_2{}^\gamma} = \left(\dfrac{V_1}{V_2}\right)^\gamma$、　$\dfrac{T_2}{T_1} = \left(\dfrac{V_1}{V_2}\right)^{\gamma-1} = \left(\dfrac{p_2}{p_1}\right)^{\frac{\gamma-1}{\gamma}}$

（2）各状態変化についてのポイントは次のとおり。

熱力学の第一法則

$Q = \Delta U + W$　を各状態変化に当てはめる。

状態変化	p、V、T、Q、ΔU、W	$Q = \Delta U + W$　から
等温変化	T＝一定、$\Delta T=0$ $pV=nRT \to pV=$一定（ボイルの法則） 温度が変化しなければ内部エネルギーも変化しないので　$\Delta U=0$	$Q=W$ ＊加えられた熱量はすべて気体が外部になす仕事に使われる
定圧変化	p＝一定、$\Delta p=0$ $pV=nRT \to V/T=$一定（シャルルの法則） 外部になす仕事は　$W=p\,\Delta V$	$Q = \Delta U + p\,\Delta V = \Delta H$ ＊加えられた熱量はすべてエンタルピーの増加に使われる
定容変化	V＝一定、$\Delta V=0$ $pV=nRT \to p/T=$一定 $\Delta V=0$ なので外部への仕事は0、$W=0$	$Q = \Delta U$ ＊加えられた熱量はすべて内部エネルギーの増加に使われる
可逆断熱変化	$pV=nRT$、$pV^\gamma=$一定 断熱（熱の出入りなし）なので　$Q=0$	$0 = \Delta U + W$ $W = -\Delta U$：外部に仕事をするとき（断熱膨張）は内部エネルギーが減少する（温度が下がる） $-W = \Delta U$：外部から仕事をされるとき（断熱圧縮）は内部エネルギーが増加する（温度が上がる）

13

1章 学識

解答・解説は p.74 !

問1 ‖‖[H26 問3]

次のイ、ロ、ハ、ニの記述のうち、理想気体の状態変化について正しいものはどれか。ただし、圧力は絶対圧力とする。

イ．圧力 0.1 MPa、温度 0℃ の気体を圧力一定で 100℃ まで加熱すると、体積は 2.0 倍となる。

ロ．ある気体をある初期状態から圧縮前後の体積の比が一定の条件で、断熱圧縮する場合と等温圧縮する場合とでは、断熱圧縮のほうが圧縮に要する仕事は小さい。

ハ．可逆断熱変化では、圧力 p、体積 V、温度 T に関して、比熱容量の比を γ とすると、$pV^\gamma =$ 一定 の関係とボイル - シャルルの法則 $pV/T =$ 一定 が同時に成り立つ。

ニ．断熱膨張では、気体がなした仕事の分だけ内部エネルギーが減少するので温度が低下する。

(1) イ、ロ　　(2) ロ、ハ　　(3) ハ、ニ　　(4) イ、ロ、ニ　　(5) イ、ハ、ニ

問2 ‖‖[H27 問4]

次のイ、ロ、ハ、ニの記述のうち、理想気体の状態変化について正しいものはどれか。

イ．気体の定圧変化では、体積は絶対温度に正比例し、加えられた熱量は内部エネルギーの増加量に等しい。

ロ．気体を断熱圧縮する場合、同一圧力比では、比熱容量の比（比熱比）$\gamma = 1.67$ のアルゴンよりも $\gamma = 1.40$ の空気のほうが、圧縮後の温度は高い。

ハ．ポリトロープ変化では、等温変化と断熱変化を含むさまざまな状態変化を表すことができる。

ニ．気体を温度一定の条件で膨張させる場合、気体が外部になす仕事に相当する分だけ気体を加熱する必要がある。

(1) イ、ロ　　(2) ロ、ハ　　(3) ハ、ニ　　(4) イ、ロ、ニ　　(5) イ、ハ、ニ

問3 ‖‖[H28 問4]

次のイ、ロ、ハ、ニの記述のうち、理想気体の状態変化について正しいものはどれか。ただし、圧力は絶対圧力とし、γ は比熱容量の比（比熱比）とする。

イ．圧力 0.1 MPa、温度 20℃ の気体を、体積一定で加熱して圧力を 0.3 MPa とすると、温度は 400℃ となる。

ロ．等温変化では、気体の内部エネルギーは変化しないため、気体は外部に対して仕事を行わない。

14

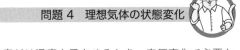

ハ．一定量の気体に熱を加えて一定温度だけ温度上昇させるとき、定圧変化で必要な加熱量は、定容変化で必要な加熱量の γ 倍となる。

ニ．断熱圧縮では、気体になされた仕事の分だけ内部エネルギーが増加し、温度は上昇する。

(1) イ、ロ　　(2) ロ、ハ　　(3) ハ、ニ　　(4) イ、ロ、ニ　　(5) イ、ハ、ニ

問 4　　　　　　　　　　　　　　　　　　　　　　　　　　　　　　　[H29 問 4]

次のイ、ロ、ハ、ニの記述のうち、理想気体の状態変化について正しいものはどれか。ただし、圧力は絶対圧力とする。

イ．一定量の気体に一定量の熱を加えるとき、定圧変化よりも定容変化のほうが加熱後の温度が高くなる。

ロ．断熱変化では、気体と外部との間に熱の出入りがないので温度は変化しない。

ハ．体積 $1\,m^3$ の気体を $0.1\,m^3$ に圧縮するとき、等温圧縮よりも断熱圧縮のほうが圧縮後の圧力が高くなる。

ニ．圧力 $0.1\,MPa$、温度 $27\,℃$ の気体を圧力一定に保ちながら温度を $227\,℃$ まで上昇させると、体積は $4/3$ 倍となる。

(1) イ、ハ　　(2) ロ、ニ　　(3) ハ、ニ　　(4) イ、ロ、ハ　　(5) イ、ロ、ニ

問 5　　　　　　　　　　　　　　　　　　　　　　　　　　　　　　　[H30 問 4]

次のイ、ロ、ハ、ニの記述のうち、理想気体の状態変化について正しいものはどれか。

イ．$1\,mol$ の気体を断熱圧縮するとき、圧縮に要する仕事は気体の種類が変わっても同じである。

ロ．気体の等温変化では、加えられた熱量はすべて気体が外部になす仕事に使われ、気体の内部エネルギーは変化しない。

ハ．$1\,mol$ の気体に対し圧力、体積、温度の 3 つの状態量のうち任意の 2 つを定めれば残りの 1 つが定まる。

ニ．圧力一定で気体を加熱して温度を上昇させるとき、加熱に要する熱量と気体のエンタルピー増加量は等しい。

(1) イ、ロ　　(2) イ、ニ　　(3) ハ、ニ　　(4) イ、ロ、ハ　　(5) ロ、ハ、ニ

問題5 燃焼・爆発

《過去5年間の出題頻度》

毎回出題される。

《出題内容》

年度		出題内容
		燃焼・爆発
H26 (2014)	イ	完全燃焼に必要な酸素量（燃焼反応式が書けること）
	ロ	燃焼速度の濃度依存性
	ハ	静電気放電の着火源成立性
	ニ	爆ごう（起こりやすさ、爆ごう誘導距離）
H27 (2015)	イ	完全燃焼に必要な酸素量（燃焼反応式が書けること）
	ロ	燃焼速度のガス種類依存性
	ハ	火炎温度（実際と断熱時の差の理由）
	ニ	爆ごうと燃焼の特性の比較
H28 (2016)	イ	完全燃焼に必要な酸素量（燃焼反応式が書けること）
	ロ	火炎温度（実際と断熱時の差の理由）
	ハ	火炎の固体放射
	ニ	爆ごうはどんな現象か
H29 (2017)	イ	完全燃焼に必要な酸素量（燃焼反応式が書けること）
	ロ	最小発火エネルギーの定義
	ハ	拡散火炎と予混合火炎の例
	ニ	爆ごうと燃焼の特性の比較
H30 (2018)	イ	完全燃焼に必要な酸素量（燃焼反応式が書けること）
	ロ	燃焼速度の濃度依存性
	ハ	種々の副生物を生成する燃焼
	ニ	火炎や火災の熱放射の種類

《今後の予想》

今後も問題5は「燃焼・爆発」と思われる。

重要項目

➡1. 可燃物を完全燃焼させるための理論酸素量

出題されるパターンは可燃物が炭化水素で、可燃物に対しモル数で酸素が何倍必要か、というもの。炭化水素としては、メタン、エタン、プロパン、ブタン。

問題 5 燃焼・爆発

メタン： $CH_4 + 2O_2 \rightarrow CO_2 + 2H_2O$
エタン： $C_2H_6 + 3.5O_2 \rightarrow 2CO_2 + 3H_2O$
プロパン：$C_3H_8 + 5O_2 \rightarrow 3CO_2 + 4H_2O$
ブタン： $C_4H_{10} + 6.5O_2 \rightarrow 4CO_2 + 5H_2O$
以上の完全燃焼反応式を書けるようにしておくこと。

2. 燃焼速度
- 可燃性混合ガス中を進む火炎の速度
- 一般に化学量論組成付近で最大になり、爆発限界に近づくにつれ遅くなる。ガスの種類によって異なる。燃焼速度が速い代表的なガスは水素とアセチレンである。

3. 爆ごう
- 爆発の一種で、火炎の伝ぱ速度が音速を超えて広がるものであり、火炎の前面に衝撃波を伴う現象（火炎の伝ぱ速度が音速以下の通常の爆発は「爆燃」）。
- 爆ごうと燃焼の特性の比較（「保安管理技術」問題1でも出題例がある）。

特 性	爆 ご う	爆 燃
伝ぱ速度	約1 000～3 000 m/s	約0.3～100 m/s
波面圧力	1～5 MPa	波面前後でほぼ一定
波面温度	1 400～4 000 ℃	1 200～3 500 ℃
波面密度	最初の1.4～2.6倍	最初の0.06～0.25倍

 過去問題に挑戦！ 解答・解説は p.77！

問1 [H26 問4]

次のイ、ロ、ハ、ニの記述のうち、燃焼・爆発について正しいものはどれか。
イ．1モルのエタン C_2H_6 を完全燃焼させるには、理論上5モルの酸素 O_2 が必要となる。
ロ．可燃性混合ガスの燃焼速度は、一般に化学量論組成付近が最大となる。
ハ．静電気放電では、放電エネルギーが可燃性混合ガスの最小発火エネルギーより小さい場合でも発火源となる。
ニ．爆ごうは、配管のように壁で囲まれた空間で起こりやすく、圧力が高いほど爆ごうに転移するまでの誘導距離が短くなる。
(1) イ、ロ　　(2) イ、ハ　　(3) ロ、ハ　　(4) ロ、ニ　　(5) ハ、ニ

問2 [H27 問5]

次のイ、ロ、ハ、ニの記述のうち、燃焼・爆発について正しいものはどれか。
イ．1 mol のプロパン C_3H_8 と 4 mol の酸素 O_2 の混合気は、プロパンを完全燃焼さ

1章　学　識

せるには酸素が不足している。

ロ．燃焼速度は、可燃性混合ガス中を進む火炎の速度であり、可燃性ガスの種類によらない。

ハ．可燃性混合ガスの火炎温度を実際に測定すると、周囲への熱損失のために、測定温度は断熱火炎温度の計算値よりも低くなる。

ニ．爆ごうは、通常の燃焼と比較して伝ぱ速度は大きいが、波面前後の圧力変化はほとんどない。

（1）イ、ロ　　（2）イ、ハ　　（3）イ、ニ　　（4）ロ、ハ　　（5）ハ、ニ

問3 ||||||||||||||||||||||||||||||||||||||||||||||||||||||||||||||||||||||||||||||||||||[H28 問5]

次のイ、ロ、ハ、ニの記述のうち、燃焼・爆発について正しいものはどれか。

イ．1 mol のプロパン C_3H_8 と 5 mol の酸素 O_2 の混合ガスの組成は、化学量論組成である。

ロ．実際の火炎温度は断熱火炎温度よりも約100℃低いと考えられているが、これは可燃性ガスと支燃性ガスの混合が不十分だからである。

ハ．火炎からの熱放射はガス放射と固体放射に大別でき、固体放射は主として火炎中に含まれるすすからの放射である。

ニ．爆ごうは化学的な爆発の一種で、超音波で伝ぱするために火炎の前面に衝撃波を伴っている。

（1）イ、ロ　　（2）ロ、ニ　　（3）ハ、ニ　　（4）イ、ロ、ハ　　（5）イ、ハ、ニ

問4 ||||||||||||||||||||||||||||||||||||||||||||||||||||||||||||||||||||||||||||||||||||[H29 問5]

次のイ、ロ、ハ、ニの記述のうち、燃焼・爆発について正しいものはどれか。

イ．1 mol のメタン CH_4 を完全燃焼させるには、酸素 O_2 は理論上 3 mol 必要である。

ロ．最小発火エネルギーとは、爆発範囲内にある可燃性混合ガスを発火させるのに必要な最小のエネルギーのことをいう。

ハ．ろうそくの炎は拡散火炎であり、一次空気が十分に供給されたブンゼンバーナの内炎は予混合火炎である。

ニ．通常の燃焼火炎と爆ごうの伝ぱではともに、伝ぱ前の未燃焼ガスに対し伝ぱ後の燃焼ガスは高温となり、密度は減少する。

（1）イ、ロ　　（2）イ、ニ　　（3）ロ、ハ　　（4）イ、ハ、ニ　　（5）ロ、ハ、ニ

問5 ||||||||||||||||||||||||||||||||||||||||||||||||||||||||||||||||||||||||||||||||||||[H30 問5]

次のイ、ロ、ハ、ニの記述のうち、燃焼・爆発について正しいものはどれか。

イ．1 mol のメタン CH_4 を完全に燃焼させるのに必要な酸素 O_2 は、理論上 3 mol である。

問題 5　燃焼・爆発

ロ．可燃性混合ガス中を進む火炎の速度を燃焼速度といい、一般に化学量論組成付近で最大となる。

ハ．種々の副生物が生成する燃焼は、単一の簡単な酸化反応式で表すことはできない。

ニ．火炎や火災で周囲に影響を与える主な熱放射には、可燃性の液滴が高温になることで熱を放射する液体放射がある。

(1) イ、ハ　　(2) ロ、ハ　　(3) ロ、ニ　　(4) イ、ロ、ニ　　(5) イ、ハ、ニ

学識

問題 6 流体の流れ

《過去5年間の出題頻度》
毎回出題される。

《出題内容》

年度		出題内容	
		流体の流れ	
H26 (2014)	イ	下部に流出口のある大気開放水槽におけるベルヌーイの定理適用問題（水槽内の流れは無視できる）	槽内各点の位置エネルギーと圧力エネルギーの和
	ロ		流出口での位置エネルギーと運動エネルギーの関係
	ハ		流出量と内径の関係
	ニ		流出口位置を変えた場合の流量変化
		円管内の液体の流れ	
H27 (2015)	イ	同一径水平円管の図を示し、A・B点の動圧・静圧・全圧比較。ベルヌーイの定理適用問題	動圧
	ロ		静圧
	ハ		A・B間の圧力損失
	ニ		全圧
H28 (2016)	イ	同一径垂直円管定常流れへのベルヌーイの定理適用	上下での運動エネルギー
	ロ		上下での位置エネルギー
	ハ		上下での圧力差と管摩擦損失 Δp の関係
	ニ		管摩擦損失 Δp と配管長さの関係
		円管内の流れ	
H29 (2017)	イ	レイノルズ数	
	ロ	ベルヌーイの定理	
	ハ	層流の場合の平均流速と最大流速の関係	
	ニ	乱流時の管摩擦係数	
		円管内の流れと流量の測定	
H30 (2018)	イ	層流時の最大流速と平均流速の関係	
	ロ	オリフィス流量計の測定原理	
	ハ	オリフィス流量計の適用範囲	
	ニ	ピトー管の測定原理	

《今後の予想》
今後も問題6は「流体の流れ」と思われる。H26〜H28は図を示し、ベルヌーイの定理の理解度を試す問題が続いた。類似問題が出る可能性もある。

問題 6 流体の流れ

重要項目

1. ベルヌーイの定理

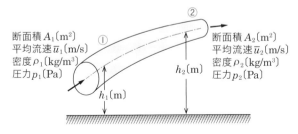

$$\frac{\bar{u}_1^2}{2} + gh_1 + \frac{p_1}{\rho} = \frac{\bar{u}_2^2}{2} + gh_2 + \frac{p_2}{\rho} = 一定〔J/kg〕$$

上式に密度 ρ を掛け、$h_1 = h_2$（水平配管）とすると、$\rho \bar{u}^2/2 + p = 一定〔Pa〕$となる。$\rho \bar{u}^2/2$ を動圧、p を静圧といい、動圧と静圧の和を全圧という。

　静圧：流体自体がもっている圧力
　動圧：流体の運動エネルギーが圧力エネルギーに
　　　　　変化することにより生ずる圧力

また、上式から、右図のように $p_1 = p_2$、液体なので $\rho_1 = \rho_2$ という条件であれば、次式が成り立つ。

　　　$\bar{u} = \sqrt{2gh}$

これがトリチェリの定理である。

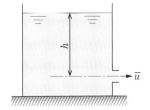

2. レイノルズ数（Re）の計算方法

　$Re = D\bar{u}\rho/\mu = D\bar{u}/\nu$
　D：管の内径〔m〕　　$\bar{u}$：平均流速〔m/s〕
　ρ：密度〔kg/m^3〕　μ：粘度〔Pa・s〕　ν：動粘度〔m^2/s〕
　$Re < 2\,100$ なら、流れは層流
　$Re > 4\,000$ なら、流れは乱流（$2\,100 < Re < 4\,000$：遷移域）

1章　学識

➡3．層流時の最大流速と平均流速
平均流速は最大流速の1/2

 過去問題に挑戦！　　　　　　　　　　解答・解説はp.79！

問1　　　　　　　　　　　　　　　　　　　　　　　　　　　　　　[H26 問5]

　図のように表面が十分に大きな、大気に開放された水槽があり、水位 h は常に一定に保たれた状態で、流出口Ⓐの内径 d の円管から平均流速 u で大気に流出している。ただし、水槽内の流動（流速）は無視できるほど小さく、流出口での摩擦などの諸損失はないものする。

　次のイ、ロ、ハ、ニの記述のうち、正しいものはどれか。

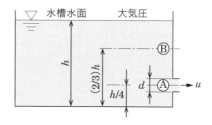

イ．水槽底面を基準としたとき、槽内各点の水の保有する位置エネルギーと圧力エネルギーの和はどの点においても同じである。

ロ．流出口Ⓐでは位置エネルギー gh が運動エネルギー $u^2/2$ に変化する。ただし、g は重力加速度である。

ハ．流出口Ⓐからの流出量は円管内径 d に正比例する。

ニ．流出口Ⓐ｛水槽底面＋$(h/4)$｝をその内径を変えずに流出口Ⓑ｛水槽底面＋$(2/3)h$｝に移すと、Ⓑからの流出量はⒶの $(2/3)$ 倍になる。

（1）イ、ロ　　（2）イ、ハ　　（3）イ、ニ　　（4）ロ、ハ　　（5）ハ、ニ

問2　　　　　　　　　　　　　　　　　　　　　　　　　　　　　　[H27 問6]

次のイ、ロ、ハ、ニの記述のうち、円管内の液体の流れについて正しいものはどれか。
ただし、
・円管は水平で内径一定である。
・次図のように、A、B点に立てたマノメータの液位はそれぞれ h_1 〔m〕、h_2 〔m〕であり、マノメータ間の液位差は h_3 〔m〕である。

問題6 流体の流れ

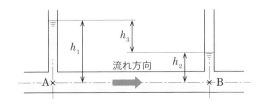

・液体の体積流量、温度は一定である。
・液体の密度を ρ 〔kg/m³〕、重力加速度を g 〔m/s²〕とする。
イ．動圧は円管内のどの地点においても同じである。
ロ．A点の静圧は $\rho g h_1$ 〔Pa〕である。
ハ．A点とB点の間の管摩擦損失は $\rho g h_3$ 〔Pa〕である。
ニ．A点の全圧とB点の全圧は等しい。
(1) イ、ハ　　(2) イ、ニ　　(3) ロ、ニ　　(4) ハ、ニ　　(5) イ、ロ、ハ

問3 　　　　　　　　　　　　　　　　　　　　　　　　　[H28 問6]

右図のような内径一定の円管内を速度一定で鉛直方向に下から上へ水が流れている。これについて次のイ、ロ、ハ、ニの記述のうち、正しいものはどれか。ただし、外部からのエネルギーの供給はなく水温は一定とする。

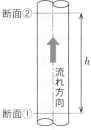

イ．断面①の運動エネルギーと断面②の運動エネルギーは同じである。
ロ．断面①の位置エネルギーは断面②の位置エネルギーより小さい。
ハ．断面①の圧力と断面②の圧力の差は、断面①-②間の管摩擦損失 Δp に等しい。
ニ．配管の管摩擦損失 Δp は、配管長さの2乗（h^2）に比例する。
(1) イ、ロ　　(2) イ、ハ　　(3) ロ、ニ　　(4) ハ、ニ　　(5) イ、ロ、ハ

問4 　　　　　　　　　　　　　　　　　　　　　　　　　[H29 問6]

次のイ、ロ、ハ、ニの記述のうち、円管内の流れについて正しいものはどれか。
イ．レイノルズ数 Re は、管の内径と平均流速に正比例し、流体の動粘性係数（動粘度）に反比例する。
ロ．ベルヌーイの定理は、流体におけるエネルギー保存則の理想的な場合を表しており、圧縮性流体にのみ適用できる。

1章　学　識

ハ．流れが層流の場合、定常流れにおける管断面の流速分布における平均流速は最大流速の 1/2 となる。

ニ．乱流では、管摩擦係数は管壁面の粗度には関係なく、レイノルズ数 Re により規定される。

（1）イ、ロ　　（2）イ、ハ　　（3）ロ、ニ　　（4）イ、ハ、ニ　　（5）ロ、ハ、ニ

問5 ||||||||||||||||||||||||||||||||||||||||||||||||||||||||||||||||||||||||||||||||||||||||||||[H30 問 6]

次のイ、ロ、ハ、ニの記述のうち、円管内の流れと流量の測定について正しいものはどれか。

イ．円管内の流れが層流の場合、定常流れにおける最大流速は平均流速の 2 倍となる。

ロ．オリフィス流量計は、オリフィス板前後の圧力の差を測定することにより、流速から流量を求めるものである。

ハ．オリフィス流量計は、非圧縮性流体には適用ができるが、圧縮性流体には適用できない。

ニ．ピトー管は、測定点の全圧と動圧の差を測定することにより流速を求めるものである。

（1）イ、ロ　　（2）ロ、ハ　　（3）ハ、ニ　　（4）イ、ロ、ニ　　（5）イ、ハ、ニ

24

問題 7

伝熱、分離

【過去5年間の出題頻度】

毎回出題される。

【出題内容】

☐ 伝熱　　▧ 分離

年度		出題内容
		伝熱、分離
H26（2014）	イ	フーリエの法則
	ロ	総括伝熱係数の計算式
	ハ	実在物体の熱放射率
	ニ	物理吸着
H27（2015）	イ	空気の熱伝導率
	ロ	黒体
	ハ	活性炭の吸着選択性
	ニ	物理吸収
H28（2016）	イ	熱放射率（金属と水等の比較）
	ロ	熱交換器の総括伝熱係数（気体-気体系と液体-液体系の比較）
	ハ	自然対流伝熱
	ニ	ラウールの法則
H29（2017）	イ	伝導伝熱
	ロ	蒸留
	ハ	PSAにおけるガス分離
	ニ	グラスウール（断熱材）
H30（2018）	イ	熱交換器（チューブ材質と伝熱量）
	ロ	熱貫流の伝熱速度式
	ハ	黒体
	ニ	蒸留塔の塔頂蒸気と缶出液

分離より伝熱から多く出題されている。

【今後の予想】

今後も問題7は「伝熱、分離」で、伝熱から多く出題されると思われる。

1章 学識

重要項目

🔷1. 伝熱

あるところから別のところへ熱が移っていく現象。伝導伝熱・対流伝熱・放射伝熱がある。

伝熱形態	ポイント
伝　導	・熱が主として固体内を通って、高温部から低温部へ伝わる現象。熱による分子や原子の振動が順次隣接する分子や原子に伝わるもの。流体（液体・気体）でも起こるが、流体では対流伝熱のほうが主体。 ・平面壁内の伝熱速度Φは、伝熱面積Aと壁面両面の温度差(T_1-T_2)に比例し、両面の距離lに反比例する。　$\Phi=kA(T_1-T_2)/l$〔W〕　　k：熱伝導率 ・円管壁内では、上式でAの代わりに対数平均値である面積A_{lm}とする。 ・物質の熱伝導率　銅＞アルミニウム＞黄銅＞炭素鋼＞オーステナイト系ステンレス鋼＞ガラス＞水＞ポリエチレン＞グラスウール＞ウレタンフォーム＞空気
対　流	流体内の伝熱。流体内に温度差があると密度差を生じて流体内に流れが発生し、温度の高いほうから低いほうに向かって熱移動が起こる。 ・自然対流：温度差（密度差）により自然に起こる対流 ・強制対流：撹拌やポンプなどの外的な力による流れで起こる対流
放　射	熱エネルギーが電磁波（熱放射線）の形で放射され、1つの物体から他の物体へ移動するもの。熱を伝える媒体を必要としない。放射熱エネルギーは物体温度の4乗に比例（$E=\varepsilon\sigma T^4$）するので、高温になるほど放射伝熱が支配的になる。 ・黒体：熱放射線をすべて吸収する仮想的な物体であり、熱放射する能力が最も大きい。熱放射率$\varepsilon=1$。 ・熱放射率ε：実在の物体では、$0<\varepsilon<1$である。炭素鋼や銅などの金属の研磨面では小さく、コンクリート、ガラス、水、土などは大きい。
熱伝達	固体表面とこれに接する流体間の熱の移動。$\Phi=hA\,\Delta T$
熱貫流	固体壁を隔てて高温流体から低温流体への伝熱。流体と壁面の熱伝達と壁内の熱伝導による。$\Phi=UA\,\Delta T_{lm}$　（U：総括伝熱係数　　液体－液体系＞気体－気体系）

🔷2. 分離

分離法	概　要
蒸　留	①揮発性の違いに着目し、沸点の異なる液体を含む混合物を各成分のより濃度の高い成分混合物に分離すること。蒸留塔では、塔頂から低沸点成分に富んだ留出液が、塔底から高沸点成分に富んだ缶出液が取り出される。 ②平衡状態にある理想溶液の液体混合物中の物質の蒸気圧と液組成の間にはラウールの法則が成り立つ。 ③常温・常圧で気体である混合物でも、加圧するか操作温度を下げて液体にすることで蒸留分離は可能。

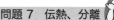

(つづき)

分離法	概　要
ガス吸収	①ガスが液体に溶解し、拡散や移動を伴う現象。混合ガス中のある物質（溶質）を吸収液に溶解または反応吸収させて、溶質を分離する。 ②物理吸収と反応吸収の違い。 ③物理吸収では操作圧力を高く、操作温度を低くするほうが吸収量は大きくなる。
吸　着	①吸着剤の表面に気体または液体分子が集まること。混合ガスを吸着剤が充てんされている層に通し、特定の成分を吸着分離する。 ②物理吸着では、気相あるいは液相の濃度（圧力）が高く、温度が低いほど吸着量は大きくなる。 ③PSAとTSAの違い
膜分離	分離膜によるガス分離：気体分離膜（高分子素材、セラミックスなど）の素材に対する各種ガス分子の透過性の違いを利用してガスを分離する。

最近の過去5回分では、「膜分離」は出ていない。

 過去問題に挑戦！　　解答・解説は p.82！

問1　[H26 問6]

次のイ、ロ、ハ、ニの記述のうち、伝熱、分離について正しいものはどれか。

イ．熱伝導によって壁面を伝わる単位時間当たりの伝熱量は、温度差が大きくなるほど、また壁の厚さが厚くなるほど増加する。

ロ．固体壁を隔てた装置で二つの流体の高温側から低温側への熱貫流率（総括伝熱係数）は、定常状態の場合、伝熱速度、伝熱面積、低温および高温流体の温度を測定すれば求められる。

ハ．放射伝熱で実在の物体の熱放射率 ε は、$0<\varepsilon<1$ である。

ニ．活性炭、ゼオライトなどの吸着剤に液体分子（吸着質）を物理吸着させる場合、液相の吸着質濃度が低く、温度が高いほど吸着量は大きくなる。

(1) イ、ロ　　(2) イ、ニ　　(3) ロ、ハ　　(4) イ、ハ、ニ　　(5) ロ、ハ、ニ

問2　[H27 問7]

次のイ、ロ、ハ、ニの記述のうち、伝熱、分離について正しいものはどれか。

イ．乾いた空気の熱伝導率は、ガラスやグラスウールより小さい。

ロ．黒体は、熱放射線をすべて吸収する仮想的な物体であり、熱放射する能力はない。

ハ．活性炭は水などの極性分子を吸着しやすく、炭化水素などの非極性分子の吸着には適さない。

ニ．物理吸収を用いたガス吸収プロセスで、吸収効率を高めるため操作温度を下げて溶解度を高めた。

(1) イ、ロ　　(2) イ、ニ　　(3) ハ、ニ　　(4) イ、ロ、ハ　　(5) ロ、ハ、ニ

1章　学　識

問 3 ||||||||||||||||||||||||||||||||||||||||||||||||||||||||||||||||||||||||||||||||||||||||||||||||||||||||||||||||||||||[H28 問 7]

次のイ、ロ、ハ、ニの記述のうち、伝熱、分離について正しいものはどれか。

イ．熱放射率は、炭素鋼や銅などの金属の研磨面より、水や土のほうが大きい。

ロ．気体 – 気体系の熱交換器の総括伝熱係数は、液体 – 液体系の熱交換器の総括伝熱係数より一般的には大きな値である。

ハ．自然対流伝熱は、流体内の温度差で生じる密度差によって流体内に流れが発生し、熱移動が起きる現象である。

ニ．理想溶液の液体混合物を蒸留により高沸点物質と低沸点物質とに分離する場合、平衡状態にある液体混合物中の物質の蒸気圧と液組成の間にはラウールの法則が成り立つ。

(1) イ、ロ　　(2) イ、ハ　　(3) ロ、ニ　　(4) イ、ハ、ニ　　(5) ロ、ハ、ニ

問 4 ||||||||||||||||||||||||||||||||||||||||||||||||||||||||||||||||||||||||||||||||||||||||||||||||||||||||||||||||||||||[H29 問 7]

次のイ、ロ、ハ、ニの記述のうち、伝熱・分離について正しいものはどれか。

イ．伝導伝熱は、熱による分子や原子の振動が順次隣接する分子や原子に伝わるものであり、固体でのみ起きる現象である。

ロ．蒸留は、液体混合物に熱を加え、物質の揮発性の違いを利用して各成分に分離する方法であり、常温・常圧で気体である混合物を、蒸留で分離することはできない。

ハ．水素は吸着しにくいガスであり、PSA によって高純度な水素ガスを得ることができる。

ニ．グラスウールの熱伝導率は金属に比べて極めて小さく、断熱材として多用されている。

(1) イ、ロ　　(2) イ、ニ　　(3) ロ、ハ　　(4) ロ、ニ　　(5) ハ、ニ

問 5 ||||||||||||||||||||||||||||||||||||||||||||||||||||||||||||||||||||||||||||||||||||||||||||||||||||||||||||||||||||||[H30 問 7]

次のイ、ロ、ハ、ニの記述のうち、伝熱および分離について正しいものはどれか。

イ．熱交換器の炭素鋼チューブを同寸法の黄銅チューブへ替えると、伝熱量は減少する。

ロ．固体壁で隔てられた流体間の伝熱において、単位時間当たりの伝熱量は総括伝熱係数、伝熱面積、流体間の温度差の積で表される。

ハ．熱放射線の波長や入射方向に関係なく、反射も透過もしないですべて吸収する仮想的な吸収体を黒体という。

ニ．蒸留塔で液体混合物を分離する場合、一般に塔頂からは低沸点成分に富んだ蒸気が、塔底からは高沸点成分に富んだ缶出液が得られる。

(1) イ、ロ　　(2) イ、ハ　　(3) ハ、ニ　　(4) イ、ロ、ニ　　(5) ロ、ハ、ニ

問題 **8** 変形と破壊、強度設計の基本事項

〈 過去 **5** 年間の 出題頻度 〉

　毎回出題される。2014年度までは、「変形と破壊」と「強度設計の基本事項」から、それぞれ1問の計2問出題されることが多かったが、2015年度より合わせて1問になった。

〈 出題内容 〉

年度	出題内容			
	変形と破壊		強度設計の基本事項	
	材料の変形と破壊		強度設計	
H26 (2014)	イ	試験片が破断する応力	イ	欠陥、不純物・異物の材料強度への影響
	ロ	熱応力の計算式から得られる関係	ロ	許容応力
	ハ	アルミニウム合金のS-N曲線	ハ	基準強さ
	ニ	クリープの3段階におけるひずみ増加速度	ニ	安全率
H27 (2015)	変形と破壊		出題なし	
	イ	ポアソン比		
	ロ	応力-ひずみ線図		
	ハ	熱応力		
	ニ	S-N曲線、疲労限度		
H28 (2016)	変形と破壊		出題なし	
	イ	せん断ひずみと横ひずみ		
	ロ	応力-ひずみ線図と縦弾性係数の関係		
	ハ	応力集中		
	ニ	低温脆性		
H29 (2017)	出題なし		強度設計	
			イ	強度設計とは
			ロ	材料の強度
			ハ	許容応力と使用応力
			ニ	安全率
H30 (2018)	応力とひずみおよび材料の強度		出題なし	
	イ	ポアソン比		
	ロ	熱応力と関係物理量との関係		
	ハ	S-N曲線、疲労限度		
	ニ	低温脆性		

29

1章　学　識

【今後の予想】
今後も問題8は「変形と破壊、強度設計の基本事項」と思われる。

重要項目

- 応力とひずみ：荷重の種類、応力の種類、ひずみの種類（縦ひずみ、横ひずみ、ポアソン比）、フックの法則、応力-ひずみ線図、熱応力
- 強度と破壊：応力集中、延性破壊と脆性破壊、疲労（S-N曲線、疲労限度）、低温脆性
- 強度設計の基本事項：許容応力、材料の基準強さ、安全率、使用応力

 過去問題に挑戦！　　　　　　　　　　　　　　解答・解説はp.83！

問1　　　　　　　　　　　　　　　　　　　　　　　　　　　　　　　[H26 問8]

次のイ、ロ、ハ、ニの記述のうち、材料の変形と破壊について正しいものはどれか。

イ．引張試験によって得られる応力-ひずみ線図において、試験片が破断するときの応力を引張強さという。

ロ．細長い棒の両端を固定した後で加熱または冷却すると圧縮または引張りの熱応力が生じるが、熱応力の大きさは棒材料の線膨張係数とヤング率に比例し、棒の長さに反比例する。

ハ．疲労試験によって得られるS-N曲線の水平部は疲労限界を表すが、アルミニウム合金では明瞭な水平部は現れない。

ニ．材料のクリープは3つの段階に分けられるが、その第1期と第3期は第2期に比べてひずみの増加速度が大きい。

（1）イ、ロ　　（2）イ、ハ　　（3）ハ、ニ　　（4）イ、ロ、ニ　　（5）ロ、ハ、ニ

問2　　　　　　　　　　　　　　　　　　　　　　　　　　　　　　　[H26 問8]

次のイ、ロ、ハ、ニの記述のうち、強度設計について正しいものはどれか。

イ．実際の材料には微小な傷やボイドなどの欠陥を存在したり、不純物や異物が混入したりするが、材料の強度はこれらの影響を受けることなく一定値となる。

ロ．強度設計において部材に作用することを許容する最大の応力を許容応力といい、材料の基準強さを安全率で除して決定する。

ハ．基準強さとしては、降伏強さ、引張強さ、疲労限度、クリープ限度などのうち使用環境に応じて適切なものを採用する。
ニ．安全率は、荷重、使用環境、応力解析の精度などの様々な因子を考慮して決定され、1より大きい値である。
(1) イ、ロ　　(2) イ、ニ　　(3) ロ、ハ　　(4) ハ、ニ　　(5) ロ、ハ、ニ

問3　　　　　　　　　　　　　　　　　　　　　　　　　　　　　[H27 問8]
次のイ、ロ、ハ、ニの記述のうち、変形と破壊について正しいものはどれか。
イ．ポアソン比は、縦ひずみに対する横ひずみの割合の絶対値として定義される弾性定数であり、単位はもたない。
ロ．引張試験において、試験片に加えた引張荷重からひずみを求め、試験片の標点間の伸び量から応力を求めて描いたグラフを応力−ひずみ線図と呼ぶ。
ハ．一般に細長い棒の両端を固定した状態で温度を上昇させると引張応力、温度を低下させると圧縮応力が生じ、これらを熱応力という。
ニ．材料の基本的な疲労特性を表す$S-N$曲線において、繰返し数が大きくなると現れる水平部の応力振幅を疲労限度というが、材料の種類によっては疲労限度が現れないこともある。
(1) イ、ロ　　(2) イ、ニ　　(3) ハ、ニ　　(4) イ、ロ、ハ　　(5) ロ、ハ、ニ

問4　　　　　　　　　　　　　　　　　　　　　　　　　　　　　[H28 問8]
次のイ、ロ、ハ、ニの記述のうち、変形と破壊について正しいものはどれか。
イ．丸棒を引っ張ったとき、引張方向に垂直な方向の縮みを変形前の直径で割って得られる変形の割合がせん断ひずみであり、単位はもたない。
ロ．縦弾性係数は、引張試験を行って得られる応力−ひずみ線図において、応力が比例限度以下である範囲の傾きとして求める。
ハ．切欠きのような形状の不連続部の近くで応力も大きい部分が生じる現象を応力集中といい、応力集中が生じた部分は破壊の起点となる場合が多い。
ニ．多くの鉄鋼材料では、温度の低下とともに伸び、絞り、衝撃吸収エネルギーが減少するが、特にある温度を境にそれらが急激に減少し材料がもろくなる現象を低温脆性という。
(1) イ、ロ　　(2) イ、ニ　　(3) ハ、ニ　　(4) イ、ロ、ハ　　(5) ロ、ハ、ニ

問5　　　　　　　　　　　　　　　　　　　　　　　　　　　　　[H29 問8]
次のイ、ロ、ハ、ニの記述のうち、強度設計について正しいものはどれか。
イ．機械や構造物の構成部材に生じる応力やひずみを明らかにし、その結果を部材の

1章　学識

強度と比較して破壊に対する安全性を評価するプロセスを強度設計という。

ロ．材料には微小な傷やボイドなどの欠陥が存在したり、不純物や異物が混入したりするので、材料の強度には本質的にばらつきがある。

ハ．強度設計において部材に作用することを許容する最小の応力を使用応力という。

ニ．安全率は、荷重、使用環境、応力解析の精度などの様々な因子を考慮して決定され、1より小さい値である。

(1) イ、ロ　　(2) イ、ハ　　(3) ロ、ニ　　(4) イ、ハ、ニ　　(5) ロ、ハ、ニ

問6　|||||||||||||||||||||||||||||||||||||||||||||||||||||||||||||||||||||||||||||||||||||||||||||||||||||[H30 問8]

次のイ、ロ、ハ、ニの記述のうち、応力とひずみおよび材料の強度について正しいものはどれか。

イ．ポアソン比は、縦ひずみに対する横ひずみの比に負号をつけたものとして定義される弾性定数であり、単位はもたない。

ロ．細長い棒の両端を固定した後で加熱または冷却すると圧縮または引張りの熱応力が生じるが、熱応力の大きさは棒材料の線膨張係数とヤング率に正比例し、棒の長さに反比例する。

ハ．材料の基本的な疲労特性を示す $S\text{-}N$ 曲線において、縦軸は応力振幅、横軸は破壊するまでの繰返し数を示し、$S\text{-}N$ 曲線に水平部が現れる場合の応力振幅を疲労限度という。

ニ．低温脆性は、炭素鋼、ステンレス鋼、アルミニウム合金などのほとんどの金属材料において顕著に生じる。

(1) イ、ロ　　(2) イ、ハ　　(3) ハ、ニ　　(4) イ、ロ、ニ　　(5) ロ、ハ、ニ

問題 9

薄肉円筒・球形胴の強度

〈過去5年間の出題頻度〉

毎回出題される。

〈出題内容〉

年度		出題内容
薄肉円筒胴の強度		
H26 (2014)	イ	円周応力と軸応力
	ロ	円周応力の計算式
	ハ	軸応力の計算式
	ニ	半径応力
H27 (2015)	イ	円周応力の分布と計算式
	ロ	軸応力の分布と円周応力との関係
	ハ	半径応力の大きさ
	ニ	円周応力、軸応力、半径応力の大小
H28 (2016)	イ	円周応力の分布と計算式
	ロ	軸応力の分布と円周応力との関係
	ハ	円周応力、軸応力、半径応力の大小
	ニ	円周応力の計算
H29 (2017)	イ	円周応力と軸応力の共通性
	ロ	円周応力と軸応力の大小
	ハ	軸応力の計算式
	ニ	半径応力
薄肉円筒・球形胴に生じる応力		
H30 (2018)	イ	半径応力の扱い
	ロ	円筒胴の軸応力と球形胴の円周応力の関係
	ハ	円筒胴の軸応力と円周応力の関係
	ニ	円周応力と関係物理量との関係

〈今後の予想〉

今後も問題9は「薄肉円筒・球形胴の強度」と思われる。

1章 学識

薄肉円筒胴の軸応力、周方向応力と、薄肉球形胴の周方向応力の計算式を覚えておくこと。また、薄肉円筒胴の半径応力も含めて、これらの大小関係を理解しておくこと。

内圧を p、内径を D、肉厚を t とすれば、

両端閉じ薄肉円筒胴部に生じる応力は

円周応力 $\sigma_\theta = pD/(2t)$

軸応力 $\sigma_z = pD/(4t) = \sigma_\theta/2$

薄肉球形胴に生じる応力は、

円周応力 $\sigma_\theta = pD/(4t)$

 過去問題に挑戦！ 解答・解説は p.85！

問1 [H26 問9]

次のイ、ロ、ハ、ニの記述のうち、内径 D_i、肉厚 t の両端閉じ薄肉円筒胴に内圧 p（ゲージ圧力）が作用した場合に生じる円周応力 σ_θ、軸応力 σ_z および半径応力 σ_r について正しいものはどれか。

イ．σ_θ と σ_z は引張応力で、厚さ方向に一様に分布すると考えてよい。

ロ．σ_θ は、$pD_i/(4t)$ で与えられる。

ハ．σ_z は、$pD_i/(2t)$ で与えられる。

ニ．σ_r は、σ_θ および σ_z に比べて大きさが非常に小さいので、$\sigma_r \fallingdotseq 0$ と考えてよい。

（1）イ、ロ　（2）イ、ニ　（3）ハ、ニ　（4）イ、ロ、ハ　（5）ロ、ハ、ニ

問2 [H27 問9]

次のイ、ロ、ハ、ニの記述のうち、内径 D、肉厚 t の両端閉じ薄肉円筒胴に内圧 p（ゲージ圧力）が作用した場合に生じる円周応力 σ_θ、軸応力 σ_z および半径応力 σ_r について正しいものはどれか。

イ．σ_θ は、近似的に厚さ方向に一様に分布すると考えてよく、$\sigma_\theta = pD/(2t)$ で与えられる。

ロ．σ_z は、厚さ方向に一様に分布し、σ_θ の2倍になる。

ハ．σ_r は、内面で $-p$、外面で 0 となる。

ニ．薄肉の場合には、σ_r は σ_θ および σ_z に比べて大きさが非常に小さいので、$\sigma_r \fallingdotseq 0$ と考えてよい。

（1）イ、ロ　（2）イ、ハ　（3）ロ、ニ　（4）イ、ハ、ニ　（5）ロ、ハ、ニ

問題 9 薄肉円筒・球形胴の強度

問 3 [H28 問 9]

次のイ、ロ、ハ、ニの記述のうち、内径 D、肉厚 t の両端閉じ薄肉円筒胴に内圧 p（ゲージ圧力）が作用した場合に生じる円周応力 σ_θ、軸応力 σ_z および半径応力 σ_r について正しいものはどれか。

イ．σ_θ は、近似的に厚さ方向に一様に分布すると考えてよく、$\sigma_\theta = pD/(2t)$ である。
ロ．σ_z は、厚さ方向に一様に分布し、σ_θ の 1/2 である。
ハ．σ_r は、σ_θ より小さく、σ_z より大きい。
ニ．$D = 200$ mm、$t = 5$ mm、$p = 1$ MPa のとき、$\sigma_\theta = 10$ MPa となる。
(1) イ、ロ　　(2) イ、ハ　　(3) ロ、ニ　　(4) イ、ハ、ニ　　(5) ロ、ハ、ニ

問 4 [H29 問 9]

次のイ、ロ、ハ、ニの記述のうち、内径 D、肉厚 t の両端閉じ薄肉円筒胴に内圧 p（ゲージ圧力）が作用した場合に生じる円周応力 σ_θ、軸応力 σ_z および半径応力 σ_r について正しいものはどれか。

イ．σ_θ と σ_z は引張応力で、厚さ方向に一様に分布すると考えてよい。
ロ．σ_θ は、σ_z の 1/2 である。
ハ．σ_z は、$pt/(4D)$ で与えられる。
ニ．σ_r は、σ_θ および σ_z に比べて大きさが非常に小さいので、$\sigma_r \fallingdotseq 0$ と考えてよい。
(1) イ、ロ　　(2) イ、ニ　　(3) ロ、ハ　　(4) イ、ハ、ニ　　(5) ロ、ハ、ニ

問 5 [H30 問 9]

次のイ、ロ、ハ、ニの記述のうち、内径、肉厚および内圧のいずれも等しい両端閉じ薄肉円筒胴および薄肉球形胴に生じる応力について正しいものはどれか。

イ．薄肉の場合には、半径応力は軸応力および円周応力と比べて非常に小さいので、無視してよい。
ロ．円筒胴の軸応力と球形胴の円周応力は等しい。
ハ．円筒胴において、軸応力は円周応力の 2 倍である。
ニ．円周応力は、内径と肉厚に反比例し、内圧に正比例する。
(1) イ、ロ　　(2) イ、ニ　　(3) ロ、ハ　　(4) イ、ハ、ニ　　(5) ロ、ハ、ニ

問題 10 高圧装置用材料と材料の劣化

過去5年間の出題頻度

毎回出題される。以前は、高圧装置用材料として金属材料から1問、材料の劣化（腐食）から1問出題されていたが、最近は「高圧装置用材料と材料の劣化」で1問の出題。

出題内容

□ 高圧装置用材料　　▨ 材料の劣化

年度		出題内容
		材料と材料の劣化
H26 (2014)	イ	クロムモリブデン鋼
	ロ	アルミニウム合金
	ハ	炭素鋼の腐食特性
	ニ	応力腐食割れ
H27 (2015)	イ	鋼の低温における靱性確保
	ロ	焼なまし
	ハ	オーステナイト系ステンレス鋼の粒界腐食
	ニ	海水中の炭素鋼の電気防食
H28 (2016)	イ	オーステナイト系ステンレス鋼の粒界腐食改善策
	ロ	水素侵食防止対策
	ハ	亜鉛めっきの防食原理
	ニ	チタンの不動態皮膜
		材料の劣化
H29 (2017)	イ	粒界腐食
	ロ	応力腐食割れ
	ハ	孔食
	ニ	ステンレス鋼と炭素鋼が接触した場合の腐食
		材料の腐食、劣化
H30 (2018)	イ	炭素鋼の腐食特性
	ロ	オーステナイト系ステンレス鋼の粒界腐食改善策
	ハ	応力腐食割れ
	ニ	水素侵食

高圧装置用材料では「金属材料」より出題。材料の劣化では、代表的な金属の腐食特性と、代表的な腐食について出題されている。

今後の予想

今後も問題10は「高圧装置用材料と材料の劣化」と思われる。

問題 10　高圧装置用材料と材料の劣化

重要項目

最近出題が多い「材料の劣化（腐食）」の出題範囲は次のとおり。

内　容		H26	H27	H28	H29	H30
1	腐食概説					
2.1	腐食電池				○	
2.2	種々の金属の腐食特性	○		○		○
2.3	種々の湿食	○	○	○	○	○
2.4	まとめ					
3	乾食				○	○
4.1	腐食対策の考え方					
4.2	各種の防食法		○	○		
5.1	摩耗とエロージョンの違い					
5.2	エロージョンの種類					
5.3	材料の耐エロージョン性					
腐食の検査対象						
その他（「材料の劣化」範囲外）						

特記事項　平成26、27年：材料と合わせて出題（半分が材料の劣化）
　　　　　平成28～30年：材料の劣化、単独で1問

◆ **重要箇所**

下記の金属の皮膜生成と耐食性に対する環境の影響については、今後さらに重要になる。

金　属	生成する皮膜	腐食環境				
		酸性溶液 塩酸 希硫酸	淡水 中性溶液 （低 Cl^-）	海水 中性溶液 （高 Cl^-）	アルカリ性 環境	濃硫酸 濃硝酸
ステンレス鋼	不動態皮膜 厚さ～1 nm 透明	×（pH<2）	○	△*1	○	○
アルミニウム		×（pH<4）	○	△*1	×（pH>8.5）	○
亜　鉛	保護性のある 腐食生成物皮膜 厚さ～1μm	×（pH<7）	○	○	×（pH>13）	×
銅		△*2	○	× （アンモニア 溶液）		
鉄・炭素鋼	さび、保護性小 一部の環境で 不動態皮膜	×（pH<4）	×	×	○ （不動態皮膜）	○ （不動態皮膜）

〔注〕　○：不動態皮膜、保護皮膜生成は耐食性良
　　　×：不動態皮膜、保護皮膜は存在しない。耐食性不良
　　　△：*1　孔食などの局部腐食が起こりうる。
　　　　　*2　皮膜は溶解するが、素地は H^+ で腐食しない。皮膜がないため、O_2 があれば腐食する。

1章 学　識

 過去問題に挑戦！　　　　　　　　　　　　　　解答・解説は p.86！

問1　［H26 問10］

次のイ、ロ、ハ、ニの記述のうち、高圧装置用材料と材料の劣化について正しいものはどれか。

　イ．クロムモリブデン鋼は、高温使用によって焼戻し脆化することがある。

　ロ．アルミニウム合金は、低温になると脆化現象を起こすので、極低温において使用できない。

　ハ．炭素鋼が濃硫酸中で良い耐食性を示すのは、不動態皮膜を生成するからである。

　ニ．応力腐食割れは、腐食環境中で応力が繰返し作用することによって、寿命が短くなる現象である。

　（1）イ、ハ　　（2）ロ、ニ　　（3）ハ、ニ　　（4）イ、ロ、ハ　　（5）イ、ロ、ニ

問2　［H27 問10］

次のイ、ロ、ハ、ニの記述のうち、高圧装置用材料と材料の劣化について正しいものはどれか。

　イ．鋼の低温における靭性確保には、アルミニウム添加による結晶粒の微細化が有効である。

　ロ．焼なましは、鋼を高温に加熱した後、大気中で強制空冷し冷却を速める処理であり、降伏点と引張強さを主体とした機械的性質が改善される。

　ハ．オーステナイト系ステンレス鋼の粒界腐食は、高温にさらされて鋭敏化した場合に起きる。

　ニ．海水中の炭素鋼の電気防食は、電流が水没部の全表面から海水中に流出し、必要な電位を保てないので有効でない。

　（1）イ、ハ　　（2）ロ、ニ　　（3）ハ、ニ　　（4）イ、ロ、ハ　　（5）イ、ロ、ニ

問3　［H28 問10］

次のイ、ロ、ハ、ニの記述のうち、高圧装置用材料と材料の劣化について正しいものはどれか。

　イ．オーステナイト系ステンレス鋼の粒界腐食を改善するために、粒界での炭化クロムの生成を抑制するように炭素含有量が低い鋼種を採用した。

　ロ．鋼にクロム、モリブデンを添加して安定した炭化物を形成させても、水素侵食の防止には有効でない。

　ハ．亜鉛めっきでは、めっき欠損部で鋼がわずかに露出するとき、亜鉛と鋼が腐食電

問題 10　高圧装置用材料と材料の劣化

池を形成し亜鉛が優先的に腐食することで、鋼を防食する。

ニ．チタンの不動態皮膜は塩化物イオンによる破壊に弱く、局部腐食を生じる。

（1）イ、ロ　　　（2）イ、ハ　　　（3）ロ、ニ　　　（4）イ、ハ、ニ　　　（5）ロ、ハ、ニ

問4 [H29 問10]

次のイ、ロ、ハ、ニの記述のうち、材料の劣化について正しいものはどれか。

イ．オーステナイト系ステンレス鋼の粒界腐食を改善するために、粒界での炭化クロムの生成を抑制するように炭素含有量が低い鋼種を採用した。

ロ．応力腐食割れは、腐食環境中で応力が繰り返し作用することによって寿命が短くなる現象である。

ハ．オーステナイト系ステンレス鋼は、塩化物イオンを一定限度以上に含む環境では不動態皮膜が破壊されて孔食などの局部腐食が生じる。

ニ．ステンレス鋼と炭素鋼が接触すると、腐食電池を形成し、アノードとなるステンレス鋼の腐食が促進される。

（1）イ、ロ　　　（2）イ、ハ　　　（3）ロ、ニ　　　（4）イ、ハ、ニ　　　（5）ロ、ハ、ニ

問5 [H30 問10]

次のイ、ロ、ハ、ニの記述のうち、材料の腐食、劣化について正しいものはどれか。

イ．炭素鋼は常温の濃硫酸の環境では不動態皮膜が溶解し、激しく腐食する。

ロ．オーステナイト系ステンレス鋼の粒界腐食を改善するため、粒界での炭化クロムの生成を促すように炭素の添加量を増やす。

ハ．引張応力を受けるオーステナイト系ステンレス鋼が高温塩化物環境にさらされると、応力腐食割れを生じることがある。

ニ．高温高圧の水素が鋼中に侵入して炭化物と反応し、発生したメタンガスが結晶粒界に蓄積し、鋼の脆化と割れが生じる現象が水素侵食である。

（1）イ、ハ　　　（2）ロ、ニ　　　（3）ハ、ニ　　　（4）イ、ロ、ハ　　　（5）イ、ロ、ニ

問題 11 溶 接

〈過去5年間の出題頻度〉

毎回出題される。

〈出題内容〉

下表中の丸囲み数字、＊は、付記の範囲からの出題を表す。
① 溶接の種類　　② ガス溶接
③ アーク溶接　　④ 溶接部の欠陥と検査

年度		出題内容
		溶接
H26（2014）	イ	③被覆アーク溶接
	ロ	③TIG（ティグ）溶接の溶加棒
	ハ	④高張力鋼の溶接部欠陥
	ニ	④オーステナイト系ステンレス鋼の溶接熱影響部の粒界腐食
H27（2015）	イ	③被覆アーク溶接の被覆剤
	ロ	④ブローホール
	ハ	④高張力鋼の低温割れ
	ニ	③ティグ溶接のタングステン電極棒
H28（2016）	イ	④気孔（ブローホール）
	ロ	④焼なまし（溶接後熱処理）の効果
	ハ	④クレータ割れ
	ニ	③ティグ溶接タングステン電極棒の消耗
H29（2017）	イ	④高張力鋼の割れ
	ロ	＊繰返し応力が作用する配管の溶接式管継手
	ハ	③サブマージアーク溶接
	ニ	①真空ろう付
H30（2018）	イ	③ティグ溶接タングステン電極棒の消耗
	ロ	③被覆アーク溶接の被覆剤
	ハ	④気孔（ブローホール）
	ニ	④オーステナイト系ステンレス鋼の応力腐食割れ

〈今後の予想〉

今後も問題11は「溶接」と思われる。

問題11 溶 接

重要項目

③アーク溶接と④溶接部の欠陥と検査が重要である。

➡1. アーク溶接

非溶極式溶接 (非消耗電極式)	ティグ(TIG)溶接	(タングステンイナートガスアーク溶接)タングステンの電極と母材の間にアークを発生させ、外部から溶加剤をアークに入れて溶着させるもの。シールドガス(不活性ガス:ヘリウム、アルゴン)で溶接部を空気と遮断する。
	プラズマアーク溶接	ティグ溶接と原理は同じ。アーク周囲を強制冷却することによって高温度(20 000〜50 000℃)のアークを得て溶接を行う。
溶極式溶接 (消耗電極式)	被覆アーク溶接	被覆材(アーク熱で分解し、アークと溶融金属を空気と遮断し酸化・窒化を防ぐガス発生剤を含む)を塗布した溶接棒と被溶接物との間に電圧をかけ、間隙にアークを発生させ、アーク熱で溶接棒と母材の一部を溶かして溶着させるもの。
	サブマージアーク溶接	被溶接物の溶接線上に粒状のフラックスを散布しておき、その中に溶加剤となるワイヤ(電極)を送給し、ワイヤと母材の間にアークを発生させて溶接するもの。フラックスが被覆材と同じ役割。
	ミグ(MIG)溶接 マグ(MAG)溶接	電極に溶加剤の金属棒(ワイヤ)を使用し、電極と母材の間にアークを発生させ、溶着させるもの。溶接部を空気と遮断するシールドガスに不活性ガス(ヘリウム、アルゴン)を使うものがミグ(MIG)溶接(メタルイナートガスアーク溶接)。炭酸ガスのみ、または不活性ガスに酸素、炭酸ガスなどを混合したシールドガスを使うものがマグ(MAG)溶接(メタルアクティブガス溶接)。

1章　学識

● 2. 溶接部の欠陥と検査

大分類	中分類	小分類	
		欠陥名	概　要
寸法・外観的なもの		目違い	溶接を行う母材間の基準面どうしの食違いのこと
		アンダカット	溶接の止端に沿って母材が掘られて、溶着金属が満たされないで溝となって残っている部分
		オーバラップ	溶着金属が止端で母材に融合しないで重なった部分
溶接部内部に存在するもの	割れ	低温割れ	硬化組織、溶接金属中の拡散性水素および溶接残留応力に起因する割れで、**高張力鋼**、**低合金鋼**などで生じやすい。 低温割れの防止： 　　　①低炭素当量の材料の選定 　　　②低水素系の溶接棒の使用 　　　③溶接直前・直後の予熱・後熱の実施 　　　④溶接部の拘束力の低減 通常、**溶接後ある時間経過後に発生し、すべて検知するには24〜48時間必要。**
		高温割れ	溶接金属の化学成分、特に低融点化学成分（S、Pなど）に起因する。低融点成分が凝固した部分は延性が劣り、すでに凝固した部分に拘束され収縮力に抗しきれずに割れに至る。**オーステナイト系ステンレス鋼、アルミニウム合金**などで生じやすい。溶接直後に発生。
		使用中の割れ	溶接部の余盛部と母材との境界部（止端部）に生じる**疲労割れ**・オーステナイト系ステンレス鋼の熱影響部に生じる**応力腐食割れ**
	空洞	ポロシティ	ガスを巻き込むことによって生じた空洞	比較的生じやすい欠陥。丸みを帯びた球状のものが多く、内部にはガスが存在。
		ブローホール	溶接金属中に生じる球状の空洞	**原因：溶接材料の吸湿、開先のさび、油の付着、空気の巻込み**など。**溶接施工を適正に管理すること**で防止できる。
		ピット	溶接部の表面まで達し、開口した気孔。	
	介在物	スラグ巻込み	溶着金属中または母材との融合部にスラグが残ること
		異種金属巻込み	溶接部に巻き込まれて異種金属 注記：タングステン、銅、その他の金属などがある。
	その他	溶込み不良	設計溶込みに比べ実溶込みが不足していること
		融合不良	溶接境界面が互いに十分に溶け合っていないこと

問題 11 溶 接

過去問題に挑戦！

解答・解説は p.88！

問 1 [H26 問 11]

次のイ、ロ、ハ、ニの記述のうち、溶接について正しいものはどれか。

イ．被覆アーク溶接では、酸素アセチレン炎で 3 000℃ の高音を発生させ、被覆アーク溶接棒と母材を溶融させる。

ロ．TIG 溶接では、溶加棒に母材とほぼ同じ成分の裸線を用いる。

ハ．高張力鋼の溶接では、溶接後に時間を経過して高温割れが生じやすい。

ニ．SUS 304 のようなオーステナイト系ステンレス鋼の溶接熱影響部には、粒界腐食が生じやすい。

(1) イ、ハ　　(2) イ、ニ　　(3) ロ、ニ　　(4) イ、ロ、ハ　　(5) ロ、ハ、ニ

問 2 [H27 問 11]

次のイ、ロ、ハ、ニの記述のうち、溶接について正しいものはどれか。

イ．被覆アーク溶接で使用する溶接棒には被覆剤（フラックス）が塗布されており、アーク熱でガスを発生させて空気の遮断を行う。

ロ．ブローホールは、溶着金属中に生じる丸みを帯びた空洞であり、溶接の適正な管理により防止できる。

ハ．高張力鋼の低温割れは通常は溶接直後に発生するものであり、鋼中の拡散性水素の放出を抑え、応力を低減することにより防止できる。

ニ．ティグ溶接のタングステン電極棒は、溶接中にはほとんど消耗しない。

(1) イ、ロ　　(2) イ、ハ　　(3) ハ、ニ　　(4) イ、ロ、ニ　　(5) ロ、ハ、ニ

問 3 [H28 問 11]

次のイ、ロ、ハ、ニの記述のうち、溶接について正しいものはどれか。

イ．ブローホールは、溶接金属中に生じる球状の空洞であり、溶接材料の吸湿、開先面のさび、油の付着を避けることなどで防止できる。

ロ．焼なまし（溶接後熱処理）は、溶接時に生じた残留応力を緩和する方法として一般的に使われている。

ハ．アルミニウム合金での溶接で最後に凝固する部分のクレータ割れは、溶接残留応力が高くなって発生する低温割れである。

ニ．ティグ溶接のタングステン電極棒は、発生するアークのために溶加棒ほどではないが、かなり消耗する。

(1) イ、ロ　　(2) イ、ハ　　(3) ハ、ニ　　(4) イ、ロ、ニ　　(5) ロ、ハ、ニ

1章　学識

問4 [H29 問11]

次のイ、ロ、ハ、ニの記述のうち、溶接について正しいものはどれか。

イ．高張力鋼の溶接では、溶接後に時間を経過して高温割れを生じやすい。

ロ．繰返し応力が作用する場合には、突合せ溶接式管継手より差込み溶接式管継手を優先して採用する。

ハ．サブマージアーク溶接では、溶接部表面に厚く散布されたフラックスの中で、ワイヤ先端と母材との間でアークが発生する。

ニ．真空ろう付ははんだ付より信頼性が高く、高圧ガス設備のアルミニウム合金製の熱交換に多く使用されている。

(1) イ、ロ　　(2) イ、ニ　　(3) ハ、ニ　　(4) イ、ロ、ハ　　(5) ロ、ハ、ニ

問5 [H30 問11]

次のイ、ロ、ハ、ニの記述のうち、溶接について正しいものはどれか。

イ．ティグ（TIG）溶接のタングステン電極棒は、発生するアークのため激しく消耗する。

ロ．被覆アーク溶接で使用する溶接棒には被覆剤が塗布されており、アーク熱でガスを発生させて大気の遮断を行う。

ハ．ブローホールは、溶接金属中に生じる球状の空洞であり、溶接材料の吸湿、開先面のさび、油の付着を避けることなどで防止できる。

ニ．オーステナイト系ステンレス鋼の溶接熱影響部では、溶接の入熱により炭化クロムの不動態皮膜が強固になるので、母材よりも応力腐食割れが生じにくい。

(1) イ、ロ　　(2) ロ、ハ　　(3) ハ、ニ　　(4) イ、ロ、ニ　　(5) イ、ハ、ニ

問題 **12**

高圧装置

【過去5年間の出題頻度】

毎回出題される。

【出題内容】

年度		出題内容
		高圧装置
H26（2014）	イ	水素化脱硫反応器の内部材料
	ロ	二重殻式円筒形貯槽
	ハ	プレート式熱交換器
	ニ	フランジ式管継手の金属ガスケット
H27（2015）	イ	流動床式反応器
	ロ	二重殻式平底円筒形貯槽
	ハ	熱交換器の汚れ係数
	ニ	コールドスプリング
H28（2016）	イ	蒸留塔の内部構造
	ロ	二重殻式円筒貯槽の構造
	ハ	熱交換器設計の注意点（汚れ）
	ニ	配管設計上の注意（コールドスプリング）
H29（2017）	イ	固定床管式反応器設計のポイント
	ロ	二重殻式平底円筒形貯槽
	ハ	熱交換器の汚れと伝熱性能
	ニ	コールドスプリング
H30（2018）	イ	充てん塔充てん物の要件
	ロ	プレート式熱交換器
	ハ	ガスケットの材質
	ニ	配管設計上の注意（振動対策）

【今後の予想】

今後も問題12は「高圧装置」と思われる。

1章 学 識

重要項目

- **塔槽類**：反応器、蒸留塔
- **貯槽**：二重殻式の円筒形貯槽・平底円筒形貯槽
- **熱交換器**：プレート式熱交換、熱交換器の特徴
- **管・管継手・バルブ**：管継手、配管設計上の注意事項

高圧装置			学識				
			H26	H27	H28	H29	H30
塔槽類	反応器		○	○		○	
	蒸留塔				○		○
	吸収塔						
	吸着塔						
	再生塔						
	槽						
貯槽	球形貯槽						
	円筒形貯槽		○		○		
	二重殻式平底円筒形貯槽			○		○	
熱交換器	種類	多管円筒形熱交換器					
		二重管式熱交換器					
		プレート式熱交換器	○				○
		空冷式熱交換器					
		蒸発器					
	特徴			○	○	○	
高圧ガス容器	容器の分類と形状・構造						
	刻印・表示						
	高圧ガス容器とその附属品						
管・管継手・バルブ	管						
	管継手		○				○
	配管設計上の注意			○	○	○	○
	バルブ						

46

問題 12 高圧装置

過去問題に挑戦！

解答・解説は p.89！

問1 [H26 問12]

次のイ、ロ、ハ、ニの記述のうち、高圧装置について正しいものはどれか。

イ．水素化脱硫反応器の反応塔内部は、高温で水素分圧が高いことから材料はネルソン線図を基本に選定する。

ロ．二重殻式円筒形貯槽は、低温液化ガスを貯蔵するために、内槽と外槽の間に断熱材（グラスウール）を充てんし、窒素シールしている。

ハ．プレート式熱交換器は、熱伝導率が大きいため、同じ伝熱量で考えると多管円筒形に比べて小型化が図れ、圧力損失が小さいが、分解・組立てが複雑で清掃しにくい。

ニ．フランジ式管継手に使用される金属ガスケットは、締付けによる変形後の復元力が小さい（塑性変形を起こす）ため、高温配管に使う場合は、高温増し締め（ホットボルティング）などの考慮が必要である。

(1) イ、ロ　　(2) イ、ニ　　(3) ハ、ニ　　(4) イ、ロ、ハ　　(5) ロ、ハ、ニ

問2 [H27 問12]

次のイ、ロ、ハ、ニの記述のうち、高圧装置について正しいものはどれか。

イ．高温になる流動床式反応器のライザには、ホットウォール構造とコールドウォール構造がある。

ロ．二重殻式平底円筒形貯槽では、内槽には貯蔵する液体に応じてアルミニウム合金、オーステナイト系ステンレス鋼などが、外槽には炭素鋼が使用されている。

ハ．熱交換器の伝熱面に汚れやスケールが付着したときの伝熱抵抗を示す値を伝熱阻害係数と呼ぶ。

ニ．コールドスプリングは、配管組立時に故意に配管系に熱変位方向とは逆向きの変形を与えておき、最大変位を軽減させる方法である。

(1) イ、ロ　　(2) イ、ハ　　(3) ハ、ニ　　(4) イ、ロ、ニ　　(5) ロ、ハ、ニ

問3 [H28 問12]

次のイ、ロ、ハ、ニの記述のうち、高圧装置について正しいものはどれか。

イ．蒸留塔では、液と蒸気を効率よく接触させるために、内部にトレイを設置するか充てん物を入れる。

ロ．低温液化ガスを貯蔵する二重殻式円筒形貯槽の内槽と外槽の間に断熱材（パーライト粒）を充てんし、真空によって断熱する。

ハ．熱交換器の設計にあたっては、あらかじめ汚れの程度を想定し、この汚れによる

1章　学　識

伝熱係数の低下を見込んで伝熱面積が決められる。

ニ．配管系の地震に対する対策として、コールドスプリングと呼ばれる方法が有効である。

(1) イ、ロ　　(2) イ、ニ　　(3) ハ、ニ　　(4) イ、ロ、ハ　　(5) ロ、ハ、ニ

問4 |||||||||||||||||||||||||||||||||||||||||||||||||||||||||||||||||||||||||||||||||||||||||||||[H29 問12]

次のイ、ロ、ハ、ニの記述のうち、高圧装置について正しいものはどれか。

イ．固定床管式反応器の設計においては、管と管板の溶接部の信頼性を高めることと、管内の触媒をサポートすることは大事なポイントである。

ロ．低温液化ガスの貯蔵に使用する二重殻平底円筒形貯槽の内槽の材料に炭素鋼を使用し、内槽と外槽の間に断熱材やグラスウールを充てんした。

ハ．熱交換器の伝熱面に汚れやスケールが付着すると総括伝熱係数は増加する。

ニ．コールドスプリングは、配管組立時に故意に熱変位方向とは逆向きの変形を配管系に与える方法で、固定端や拘束部の反力やモーメントを変えるのに有効である。

(1) イ、ロ　　(2) イ、ハ　　(3) イ、ニ　　(4) ロ、ハ　　(5) ハ、ニ

問5 |||||||||||||||||||||||||||||||||||||||||||||||||||||||||||||||||||||||||||||||||||||||||||||[H30 問12]

次のイ、ロ、ハ、ニの記述のうち、高圧装置について正しいものはどれか。

イ．蒸留塔内部に置かれる充てん物は、液と蒸気の気液接触が十分に行われるように、表面積が大きいものが選択される。

ロ．プレート式熱交換器は、熱伝達率が大きいため、同じ伝熱量では多管円筒形に比べて小型化が図れる。

ハ．水素や毒性ガスを扱う配管では、低圧であっても渦巻形ガスケットや膨張黒鉛シートガスケットを使用した。

ニ．安全弁の放出管で、放出時の衝撃による振動を防止するため、曲りを多くしたルート形状の配管設計とした。

(1) イ、ロ　　(2) イ、ニ　　(3) ハ、ニ　　(4) イ、ロ、ハ　　(5) ロ、ハ、ニ

問題 13
計装 (計測機器・制御システム・安全計装)

【過去5年間の出題頻度】

毎回出題される。以前は、計測機器から1問、安全計装から1問の計2問の出題であったが、2014年以降は1問で、出題範囲は計測機器のみ→計測機器+制御システム→計測機器+制御システム+安全計装となっている。

【出題内容】

▨計測機器　　□制御システム・安全計装

年度		出題内容
		計測器
H26 (2014)	イ	熱電温度計
	ロ	重錘式圧力計
	ハ	渦流量計
	ニ	ディスプレーサ式液面計
		計測機器・制御システム
H27 (2015)	イ	赤外線式分析計
	ロ	フィードフォワード制御
	ハ	抵抗温度計
	ニ	タービン式流量計
H28 (2016)	イ	バイメタル式温度計
	ロ	隔膜式圧力計の用途
	ハ	シーケンス制御
	ニ	ケージ弁
H29 (2017)	イ	面積式流量計
	ロ	ガスクロマトグラフ
	ハ	アドバンスト制御
	ニ	シーケンス制御
		計測機器・制御システム・安全計装
H30 (2018)	イ	抵抗温度計、熱電温度計
	ロ	ドライレグ方式差圧式液面計
	ハ	フィードバック制御
	ニ	安全計装 (フェール・セーフ、フール・プルーフ)

【今後の予想】

今後も問題13は「計装 (計測機器・制御システム・安全計装)」と思われる。

1章 学識

1. 計測機器

記述4つのうち2つ以上が計測機器から出題されている。

計測機器		学識				
		H26	H27	H28	H29	H30
温度計	ガラス製温度計					
	バイメタル式温度計			○		
	液体充満圧力式温度計					
	熱電温度計	○				○
	抵抗温度計			○		○
	放射温度計					
	赤外線温度計					
圧力計	U字管圧力計					
	重錘式圧力計	○				
	ブルドン管圧力計					
	隔膜式圧力計			○		
	ベローズ式圧力計					
	差圧発信器					
流量計	差圧式流量計					
	面積式流量計				○	
	渦流量計	○				
	容積式流量計					
	タービン式流量計		○			
	電磁流量計					
	超音波式流量計					
液面計	ゲージグラス					
	差圧式液面計					○
	ディスプレーサ式液面計	○				
	タンクゲージ					
	金属管式マグネットゲージ					
分析計	ガスクロマトグラフ				○	
	赤外線式分析計		○			
	熱伝導度式分析計					
	ジルコニア式酸素計					
	磁気式酸素計					

2. 安全計装

2章「保安管理技術」問題4を参照のこと。

50

問題 13 計装（計測機器・制御システム・安全計装）

 過去問題に挑戦！　　　　　　　　　　解答・解説は p.90！

問 1　　　　　　　　　　　　　　　　　　　　　　　　　　　　　[H26 問 13]

次のイ、ロ、ハ、ニの記述のうち、計測器について正しいものはどれか。
イ．熱電温度計は、2 種類の金属導線の電気抵抗が温度により変化する関係を利用している。
ロ．重錘式圧力計は、重錘と油圧の釣合いを利用したもので精度が高い。
ハ．渦流量計で計測する流速は、渦発生体の下流に発生する渦列の周波数に反比例する。
ニ．ディスプレーサ式液面計は、ディスプレーサを液中に浸したときに生じる浮力が、液深さに正比例することを利用している。
(1) イ、ロ　　(2) イ、ハ　　(3) ロ、ニ　　(4) イ、ハ、ニ　　(5) ロ、ハ、ニ

問 2　　　　　　　　　　　　　　　　　　　　　　　　　　　　　[H27 問 13]

次のイ、ロ、ハ、ニの記述のうち、計測機器・制御システムについて正しいものはどれか。
イ．赤外線式分析計は、測定対象の分子に関する赤外線吸収量を測定することにより、ガス濃度を求めるものであり、ヘリウム、アルゴンなどの希ガスの濃度測定に適している。
ロ．フィードフォワード制御は、フィードバック制御と組み合わせて使用する。
ハ．金属線の電気抵抗値により温度を測定するのが、抵抗温度計であり、白金がよく使われる。
ニ．回転翼の回転速度を電気信号として取り出し、流量を測定するのが容積式流量計である。
(1) イ、ニ　　(2) ロ、ハ　　(3) イ、ロ、ハ　　(4) イ、ハ、ニ　　(5) ロ、ハ、ニ

問 3　　　　　　　　　　　　　　　　　　　　　　　　　　　　　[H28 問 13]

次のイ、ロ、ハ、ニの記述のうち、計装について正しいものはどれか。
イ．バイメタル式温度計は、金属の電気抵抗が温度により変化することを利用している。
ロ．隔膜式圧力計は、腐食性流体、高粘度流体、固形物を含む流体などに用いられる。
ハ．シーケンス制御は、定められた操作手順に従って、自動的に操作を行うものであり、バッチプロセスに多用されている。
ニ．調節弁のなかで、ケージ弁はケージ内にしゅう動するプラグを設けた弁で、流体の流れの均一化が図られ、プラグの振動が抑制されるが、高差圧流体に対しては安

1章　学　識

定した動作が得られない。

(1) イ、ハ　　(2) ロ、ハ　　(3) ロ、ニ　　(4) イ、ロ、ニ　　(5) ロ、ハ、ニ

問4 ‖‖‖[H29 問13]

次のイ、ロ、ハ、ニの記述のうち、計測機器および制御システムについて正しいものはどれか。

イ．面積式流量計は、ケース内の回転子の回転数を計測し流量を測定するものである。

ロ．ガスクロマトグラフは、混合ガスを各成分ガスに分離し、熱伝導型、水素炎イオン型などの検出器でガス濃度を測定するものである。

ハ．アドバンスト制御には、アドバンスト PID 制御、モデル予測制御、知識型制御などがある。

ニ．シーケンス制御は、あらかじめ定められた操作手順に従って、自動的に操作を行うものであり、バッチプロセスに多用される。

(1) イ、ロ　　(2) イ、ハ　　(3) ハ、ニ　　(4) イ、ロ、ニ　　(5) ロ、ハ、ニ

問5 ‖‖‖[H30 問13]

次のイ、ロ、ハ、ニの記述のうち、計装について正しいものはどれか。

イ．抵抗温度計は 2 種類の金属を電気的に接続し、2 つの接合点の温度差にほぼ比例して発生する熱起電力を利用して温度を測定する。

ロ．貯槽（液密度 ρ）の液面をドライレグ方式の差圧式液面計で計測する場合、液面高さ h と差圧計の測定差圧 Δp の関係は $\Delta p = \rho g h$（g は重力加速度）である。

ハ．目標値と制御量の間に偏差が生じると、制御装置がその差を判断し、操作量を変えて制御量が目標値に一致するように制御する。これをフィードバック制御という。

ニ．機器および設備に故障が生じたときでも、装置が安全な状態になるよう設計上配慮することをフール・プルーフという。

(1) イ、ロ　　(2) イ、ニ　　(3) ロ、ハ　　(4) イ、ハ、ニ　　(5) ロ、ハ、ニ

問題 **14**

ポンプあるいは圧縮機

〖過去**5**年間の**出題頻度**〗

　毎回出題される。2013年度までは、ポンプ、圧縮機それぞれ1問出題されたが、現在はどちらかの1問になっている。

〖**出題内容**〗

年度	出題内容			
	ポンプ		圧縮機	
H22 (2010)	遠心ポンプの運転点変更		遠心圧縮機の特性	
	イ	性能曲線と抵抗曲線の交点が運転点。吐出し弁を絞って運転点を変えた場合の各種圧損の大きさが図のどれになるかなど	イ	断熱圧縮と等温圧縮の理論軸動力
	ロ		ロ	比熱比と吐出し温度
	ハ		ハ	比熱比と理論軸動力
	ニ		ニ	理論軸動力と回転数の関係
H23 (2011)	ポンプの性能		圧縮機	
	イ	遠心ポンプの揚程と液密度	イ	遠心圧縮機のサージング現象
	ロ	遠心ポンプの軸動力と液密度	ロ	往復圧縮機単段と多段の理論軸動力
	ハ	往復ポンプの吐出し圧力と回転数	ハ	比熱比と軸動力
	ニ	歯車ポンプの吐出し量と液粘度	ニ	ねじ圧縮機の軸動力と回転数
H24 (2012)	ポンプ		圧縮機	
	イ	NPSH	イ	断熱圧縮と等温圧縮の理論軸動力
	ロ	往復ポンプの特性と回転数	ロ	遠心圧縮機の回転数
	ハ	締切り運転時の軸動力	ハ	遠心圧縮機のヘッド
	ニ	遠心ポンプの2台直列運転	ニ	遠心圧縮機の吸込みガス温度と圧力比の関係
H25 (2013)	イ	吐出し実揚程	イ	遠心圧縮機の風量と回転数の関係
	ロ	遠心ポンプの軸動力と液密度	ロ	軸流圧縮機
	ハ	プランジャポンプの軸動力と回転数	ハ	往復圧縮機単段と多段の理論軸動力
	ニ	利用しうるNPSHと回転数の関係	ニ	圧力比の計算
H26 (2014)	出題なし		断熱圧縮過程を用いる圧縮機	
			イ	多段往復圧縮機：段数と各段の冷却器の除熱量合計の関係
			ロ	遠心圧縮機：比熱比と吐出し温度の関係
			ハ	ねじ圧縮機：吐出し圧と回転数の関係
			ニ	往復圧縮機：気体の種類と理論圧縮動力の関係

学識

1章 学　識

(つづき)

年度	出題内容	
	ポンプ	圧縮機
H27 (2015)	**ポンプおよび配管系** イ キャビテーション ロ 水撃作用 ハ 遠心ポンプの揚程と回転数 ニ ターボ形ポンプの締切り起動・停止	出題なし
H28 (2016)	出題なし	**往復圧縮機** イ 吐出し体積流量と回転数の関係 ロ 吐出し圧力と回転数の関係 ハ シリンダ内冷却と軸動力 ニ 吐出し絞り
H29 (2017)	**ポンプ** イ 水撃作用防止法 ロ 全揚程 ハ 理論動力 ニ 必要NPSH大小とキャビテーション発生有無	出題なし
H30 (2018)	出題なし	**圧縮機の特徴** イ 遠心圧縮機のサージング現象 ロ 遠心圧縮機の理論軸動力（断熱圧縮と等温圧縮の比較） ハ 多段往復圧縮機の理論 ニ ねじ圧縮機

【今後の**予想**】

　今後も問題14は「ポンプあるいは圧縮機」と思われる。2014年度から交互に出題されているが、これは今後を約束するものではない。2章「保安管理技術」問題6も「ポンプあるいは圧縮機」であるが、1章「学識」で出なかったほうが出題されている。「学識」、「保安管理技術」ともポンプ、圧縮機両方の記述で1問となる可能性もあるので、どちらも学習すること。

重要項目

　1章「学識」では原理・理論的な面から、2章「保安管理技術」問題6では運転管理・保守の面から出題されるが、両方合わせた重要項目は次のとおり。

問題 14 ポンプあるいは圧縮機

I. ポンプ

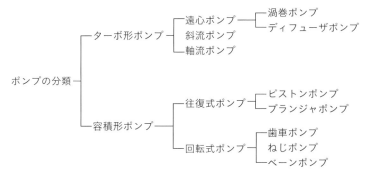

1) **ターボ形ポンプ**
   (1) 種類
   - 種類：羽根車の形状から、遠心ポンプ、斜流ポンプ、軸流ポンプに分類
   - 原理：羽根車の回転により液体に圧力と速度のエネルギーを与え、ポンプ内を通過する間に速度エネルギーを圧力エネルギーに変換
   - 遠心ポンプ：羽根車の軸方向から吸い込まれた液体が軸と直角の半径方向に吐き出されるもの。揚程30 mくらい
   - 渦巻ポンプ：案内羽根のない形式
   - ディフューザポンプ：案内羽根を設けて効率良く高揚程を得る形式
   - 斜流ポンプ：羽根車から出た液体が軸に対して斜めに流れ出るもの。揚程8 mくらい
   - 軸流ポンプ：羽根車を通る液体が軸方向に流れ出るもの。揚程3 mくらい

   (2) 特徴
   - ポンプの特性：吐出し量を横軸にとり、揚程・軸動力・効率を縦軸にとる特性曲線で表す。
   - キャビテーション：ポンプの送液温度に応じた蒸気圧より圧力が低い部分が生じると液体が蒸発し、または液中溶解のガスが放散して、小さな気泡（キャビティ）を多数発生する現象。
   気泡の生成、消滅を繰り返し、騒音や振動を発生し、エロージョン（材料の表面皮膜をはく離・破壊して腐食が進む現象）を発生する。
   キャビテーションは、圧力の最も低くなる部分（羽根車の入口）に発生しやすく、エロージョンの進行に伴い、吐出し量・揚程・効率が低下する。
   - 有効吸込み揚程（NPSH）：ポンプ羽根車中心における吸込み直前の吸込み全揚程から、液温における蒸気圧を差し引いた値。

1章　学　識

- 必要NPSH：ポンプがキャビテーションを起こさないために必要な水頭。
- 利用しうるNPSH：ポンプの据付条件から定まる吸込みに対する有効吸込み揚程。
  キャビテーションを発生させないためには、
    利用しうるNPSH ＞必要NPSH
- キャビテーションの発生防止
  ①NPSHの計算からポンプ形式、回転数、吸込み条件を決定する。
  ②ポンプ据付位置をできるだけ下げて吸込み揚程を小さくする。
  ③縦軸ポンプを使用し、羽根車を液中に全部浸す。
  ④ポンプ回転数を下げる。
  ⑤吸込み液面を上げる。
  ⑥吸込み液面圧力を上げる。
  ⑦液体中の混入ガスを少なくする。
- サージング：ポンプでは、扱う液体が非圧縮性なので、発生は少ない。
- 水撃作用（ウォータハンマ）：ポンプを急停止したり、容量調節弁を急開閉した場合に、管内の流体の流速が急激に変化して液圧の激しい変化が生じ、管を鉄棒で打撃したような鈍い音が発生する。
  これにより配管やポンプ本体を破壊することがある。
  水撃作用防止には、急激な圧力降下と圧力上昇をできるだけ防ぐ。
- 並列運転：流量を増し、または大幅な流量制御が必要なときに行う。
- 直列運転：揚程を増大するときに行う。

2)　容積形ポンプ

- 種類：液体が圧送される状態・構造から、往復式ポンプと回転式ポンプに分類。
- 往復式ポンプ：シリンダ内のピストンまたはプランジャを往復運動させ、弁の開閉により液体を吸い込み、圧送する。圧送する液に脈動が発生する。
  シリンダ数の増加により脈動は低減する。吐出し管系に脈動低減のため、アキュムレータを取り付ける。

3)　理論動力・軸動力など

式を暗記する必要はないが、下表一番下の動力式の関係を理解すること。

P_0、P	理論動力、軸動力	〔W〕	V_0	行程容積	〔m³〕
q	吐出し量（体積流量）	〔m³/s〕	D	ピストンの直径	〔m〕
ρ	液体の密度	〔kg/m³〕	L	行程	〔m〕
g	重力加速度	〔m/s²〕	N	回転数	〔s⁻¹〕
h	全揚程	〔m〕			
η	ポンプ効率	〔－〕			

問題 14　ポンプあるいは圧縮機

ターボ形ポンプ	容積形ポンプ
動力 $P = P_0/\eta = q\rho gh/\eta$〔W〕	吐出し量 $V_0 = \pi D^2 L/4$〔m^3〕 $q = V_0 \cdot N$〔m^3/s〕 動力 $P = P_0/\eta = q\rho gh/\eta$〔W〕
・理論動力は、体積流量、液体の密度、全揚程に比例する。	・理論動力は、体積流量、液体の密度、全揚程に比例する。 ・流量と軸動力は回転数に比例する。

➡2.　圧縮機

I）作動原理

式を暗記する必要はないが、下表一番下の式からいえる関係を理解すること。

P	圧縮動力	〔W〕	M	モル質量	〔kg/mol〕
G	質量流量	〔kg/s〕	T_1	吸込み温度	〔K〕
W	単位質量当たりの仕事	〔J/kg〕	η	圧縮効率	〔−〕
GW	理論動力	〔W〕	h_0	理論圧縮ヘッド	〔m〕
γ	比熱容量の比	〔−〕	g	重力加速度	〔m/s^2〕
R	気体定数	〔J/(mol・K)〕			

往復圧縮機	遠心圧縮機
$P = G \cdot W/\eta$　〔W〕	$P = Ggh_0/\eta$　〔W〕
断熱圧縮の場合 $W = \dfrac{\gamma}{\gamma-1} \cdot \dfrac{RT_1}{M} = \left[\left(\dfrac{p_2}{p_1}\right)^{\frac{\gamma-1}{\gamma}} - 1\right]$〔J/kg〕	断熱圧縮の場合 $h_0 = \dfrac{\gamma}{\gamma-1} \cdot \dfrac{RT_1}{Mg} = \left[\left(\dfrac{p_2}{p_1}\right)^{\frac{\gamma-1}{\gamma}} - 1\right]$〔m〕
等温圧縮の場合 $W = \dfrac{RT_1}{M} \cdot \ln\left(\dfrac{p_2}{p_1}\right)$〔J/kg〕	等温圧縮の場合 $h_0 = \dfrac{RT_1}{Mg} \cdot \ln\left(\dfrac{p_2}{p_1}\right)$〔m〕
・理論動力：等温圧縮＜断熱圧縮 ・理論動力（断熱圧縮）：比熱容量の比が大きいほど大きい。	・理論動力：等温圧縮＜断熱圧縮 ・理論動力（断熱圧縮）：比熱容量の比が大きいほど大きい。 ・吸込みガスの温度が上昇した場合、回転数一定ならば圧力比は低下する。
制御方式 ①クリアランス弁方式 ②吸込み弁アンローダ方式 ③速度制御方式 ④バイパス方式	制御方式 ①バイパスコントロール ②吐出し絞り ③吸込み絞り ④ベーンコントロール ⑤速度制御

・ 多段圧縮：できるだけ等温圧縮に近づけるため圧縮を複数の段階で行い、中間冷却器を設け、圧縮によって生じた熱を外部に取り去り、仕事を減少させた圧縮。各段の圧縮比を同じに、次の圧縮比にすると必要仕事量が最小。

57

1章　学　識

仕事量最小の圧縮比：$\sqrt[z]{p_e/p_0} = (p_e/p_0)^{1/z}$
　　　p_0：吸込み圧力　　p_e：吐出し圧力（最終圧力）　　z：段数

2) 圧縮機の構造および特徴

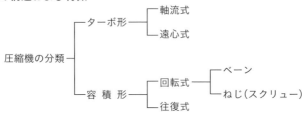

(1) 遠心圧縮機
- サージング：吐出し側の抵抗が大きくなると風量が減少し、ある限界まで減少すると、逆流と圧力変動が発生し、不安定な運転状態になること
- 防止方法
  ①サージング領域のできるだけ少ない特性の羽根車の採用
  ②吐出し側のガスの一部を吸込み側に戻す（必要風量の確保）
  ③吐出し側のガスの一部を放出する（必要風量の確保）
- 容量調節
  ①バイパスコントロール（吸込み側へのガス戻しまたは大気放出）
  ②吐出し絞り（吐出し管の絞り弁の開度調節）
  ③吸込み絞り（吸込み管の絞り弁の開度調節）
  ④ベーンコントロール（案内羽根角度調節）
  ⑤速度制御（回転数の変更）：圧縮比があまり大きくなければ、風量∞回転数、圧力ヘッド∞回転数の2乗、所要動力∞回転数の3乗

(2) 往復式圧縮機
- 無給油式圧縮機：接触しゅう動部分に潤滑油を供給しないでガスを圧縮できる圧縮機
  酸素ガスのように気体中に潤滑油の混入が許されない場合に使用
  自己潤滑リング式、ラビリンスピストン式、ダイヤフラム式
- 容量調節
  ①クリアランス弁方式（クリアランスボックスの弁の開閉により筒隙容積を変化させ、体積効率を変えることにより流量を変える）
  ②吸込み弁アンローダ方式（弁板を押さえ付けて開度調整し、いったん吸い込んだ気体を吸込み側に逆流させる）
  ③速度制御方式（回転数を変えて容量を調節する）

④バイパス方式（中間段または最終段からバイパス弁を通して気体を吸込み側へ戻す）

(3) 運転管理
 (ⅰ) ターボ形圧縮機
・振動：ターボ形圧縮機は高速回転で運転するので、特に注意する
・原因：①回転体のアンバランス（製作時のアンバランス、汚れ付着、腐食・摩耗）
　　　　②軸受の不適当（軸受すき間の増大、油圧・油量の変化）
　　　　③回転体と軸シール・油切りとの接触
　　　　④芯ずれ（据付不良、基礎変形）
　　　　⑤不安定運転（サージング状態）
 (ⅱ) 容積形圧縮機
・異常現象：各段圧力の異常
・圧力低下の原因：その段の吸込み弁・吐出し弁の漏れ、ピストンリングの摩耗、前段の冷却器による過冷却
・圧力上昇の原因：後段の吸込み弁・吐出し弁の漏れ、ピストンリングの摩耗、その段の冷却器の能力低下、吐出し側の管路抵抗の増大
各段ガス温度の異常
・温度低下の原因：シリンダ過冷却、前段の冷却器による過冷却、圧縮比の低下
・温度上昇の原因：吸込み弁、吐出し弁の不良による逆流、前段の冷却器の能力低下、圧縮比の増加
・軸受またはしゅう動部の温度上昇：すき間の過少、焼付き、油温上昇、油量不足など異常音

過去問題に挑戦！

解答・解説は p.92！

(1) ポンプ

問 1 [H22 問 14]

次図は遠心ポンプの性能曲線（流量 Q–揚程 h）上に抵抗曲線（流量 Q–抵抗 R）を描き、運転点が A であることを示す。ポンプ吐出し部の絞り弁を絞り、運転点を A から B に変更した。次のイ、ロ、ハ、ニの記述のうち、正しいものはどれか。ただし、A では絞り弁は全開であり、弁自体の抵抗は無視する。

1章 学識

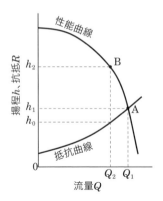

イ．運転点の変更により、絞り弁を含む配管系全体の圧損の増加量は $h_2 - h_1$ である。
ロ．運転点の変更により、絞り弁を除く配管系の圧損の減少量は $h_1 - h_0$ である。
ハ．運転点の変更により、絞り弁自体の圧損の増加量は $h_2 - h_0$ である。
ニ．絞り弁をさらに絞り、全閉の状態にすると、ポンプの軸動力は最大となる。
(1) イ、ロ　　(2) ロ、ニ　　(3) ハ、ニ　　(4) イ、ロ、ハ　　(5) イ、ハ、ニ

問2 [H23 問14]
次のイ、ロ、ハ、ニの記述のうち、ポンプの性能について正しいものはどれか。
イ．遠心ポンプの揚程は、取扱い液の密度に比例する。
ロ．遠心ポンプの軸動力は、体積流量一定の場合に取扱い液の密度に比例する。
ハ．往復ポンプの吐出し圧力は、回転数に比例する。
ニ．歯車ポンプの吐出し量は、取扱い液の粘度が低下すると減少する。
(1) イ、ロ　　(2) イ、ニ　　(3) ロ、ハ　　(4) ロ、ニ　　(5) ハ、ニ

問3 [H24 問15]
次のイ、ロ、ハ、ニの記述のうち、ポンプについて正しいものはどれか。
イ．キャビテーションを発生させないためには、遠心ポンプの据付条件から定まる「利用しうる NPSH」は、ポンプの性能により定まる「必要 NPSH」より大きくなければならない。
ロ．往復ポンプの流量と軸動力は、回転数に比例する。
ハ．締切り運転（流量ゼロ）時の軸動力は、遠心ポンプでは最大となり軸流ポンプでは最小となる。
ニ．遠心ポンプを2台直列運転する目的は、1台のポンプでは不可能な大きな流量を確保するためである。
(1) イ、ロ　　(2) イ、ハ　　(3) イ、ニ　　(4) ロ、ハ　　(5) ロ、ニ

問題 14　ポンプあるいは圧縮機

問 4 　　　　　　　　　　　　　　　　　　　　　　　　　　　　　　[H25 問 15]

次のイ、ロ、ハ、ニの記述のうち、ポンプについて正しいものはどれか。
イ．遠心ポンプの吐出し部直近のブルドン管圧力計の指示値は、吐出し実揚程を示す。
ロ．遠心ポンプの軸動力は、取扱い液の密度に正比例する。
ハ．プランジャポンプの軸動力は、回転数に正比例する。
ニ．ポンプの回転数を上げ流量を増やすと、「利用しうる NPSH」は大きくなる。
（NPSH：有効吸込み揚程）
（1）イ、ニ　　（2）ロ、ハ　　（3）イ、ロ、ハ　　（4）イ、ロ、ニ　　（5）ロ、ハ、ニ

問 5 　　　　　　　　　　　　　　　　　　　　　　　　　　　　　　[H27 問 14]

次のイ、ロ、ハ、ニの記述のうち、ポンプおよび配管系について正しいものはどれか。
イ．キャビテーションは、遠心ポンプでも往復ポンプでも発生する可能性がある。
ロ．水撃作用（ウォータハンマ）は、遠心ポンプでも往復ポンプでも発生する可能性がある。
ハ．遠心ポンプの揚程は、羽根車の回転数に正比例する。
ニ．ターボ形（遠心、斜流、軸流）ポンプは、すべて締切り起動・停止ができる。
（1）イ、ロ　　（2）イ、ハ　　（3）ロ、ハ　　（4）ロ、ニ　　（5）ハ、ニ

問 6 　　　　　　　　　　　　　　　　　　　　　　　　　　　　　　[H26 問 14]

次のイ、ロ、ハ、ニの記述のうち、ポンプについて正しいものはどれか。
イ．水撃作用（ウォータハンマ）の防止法には、逆止弁にバイパス弁を設ける方法がある。
ロ．全揚程は吸込み液面と吐出し液面の間の垂直距離の最大値である。
ハ．理論動力は、体積流量、液体の密度、全揚程に正比例する。
ニ．必要 NPSH が大きいほど、キャビテーションが生じにくい。
（1）イ、ロ　　（2）イ、ハ　　（3）ロ、ハ　　（4）ロ、ニ　　（5）イ、ハ、ニ

(2) 圧縮機

問 1 　　　　　　　　　　　　　　　　　　　　　　　　　　　　　　[H24 問 14]

次のイ、ロ、ハ、ニの記述のうち、圧縮機について正しいものはどれか。
イ．圧縮に要する理論軸動力は、等温圧縮のほうが断熱圧縮よりも小さい。
ロ．遠心圧縮機の定常運転時の回転数は、圧縮機の軸系のもつ固有振動数（危険速度）を超えてはならない。
ハ．遠心圧縮機のヘッドは、圧力比（吸込み圧力 p_1 と吐出し圧力 p_2 の比 p_2/p_1）が大きくない範囲において、回転数のほぼ 2 乗に比例する。

1 章　学　識

ニ．遠心圧縮機の吸込みガスの温度が上昇した場合、回転数一定ならば圧力比は低下
する。

(1) イ、ロ　　(2) イ、ハ　　(3) ロ、ニ　　(4) ハ、ニ　　(5) イ、ハ、ニ

問2｜｜[H25 問 14]

次のイ、ロ、ハ、ニの記述のうち、圧縮機について正しいものはどれか。

イ．遠心圧縮機の風量は、圧力比があまり大きくない範囲において、回転数に正比例
する。

ロ．軸流圧縮機は、動翼と静翼の組合せからなる翼列を有し、圧縮効率が良く（大き
く）大流量の気体の圧縮に適している。

ハ．多段往復圧縮機の各段で中間冷却を行った場合の理論軸動力の合計は、1 段で圧
縮した場合の理論軸動力よりも大きい。

ニ．0.1 MPa（絶対圧力）の大気を吸引し、1.0 MPa（ゲージ圧力）に昇圧する空気
圧縮機の圧力比は 10 である。

(1) イ、ロ　　(2) イ、ハ　　(3) ロ、ハ　　(4) ロ、ニ　　(5) ハ、ニ

問3｜｜[H26 問 14]

次のイ、ロ、ハ、ニの記述のうち、断熱圧縮過程を用いる圧縮機について正しいもの
はどれか。

イ．各段の冷却温度を一定にした多段往復圧縮機の段数を増やすと、各段の冷却器の
除熱量の合計は増加する。

ロ．遠心圧縮機では、回転数が一定で、吸込み温度、吸込み圧力ならびに吐出し圧力
が同一のとき、比熱容量の比（比熱比）の大きいガスほど吐出しガス温度は上がる。

ハ．ねじ（スクリュー）圧縮機は、雌雄ロータをもった容積形回転圧縮機であり、吐
出し圧力は回転数のほぼ 2 乗に比例する。

ニ．水素ガス（分子量 2）用往復圧縮機の試運転を空気（分子量 29）で行うと、理
論圧縮動力は増える。ただし水素ガスと空気の比熱容量の比（比熱比）は同一とする。

(1) イ、ロ　　(2) イ、ハ　　(3) イ、ニ　　(4) ロ、ニ　　(5) ハ、ニ

問4｜｜[H28 問 14]

次のイ、ロ、ハ、ニの記述のうち、往復圧縮機について正しいものはどれか。

イ．吐出し体積流量は、回転数にほぼ比例する。

ロ．吐出し圧力は、回転数の 2 乗にほぼ比例する。

ハ．圧縮中のガスがシリンダ内で冷却されると、軸動力は減少する。

ニ．吐出し管に設けた絞り弁により風量を調整する。

62

(1) イ、ロ　　(2) イ、ハ　　(3) イ、ニ　　(4) ロ、ハ　　(5) ハ、ニ

問5 [H30 問14]

次のイ、ロ、ハ、ニの記述のうち、圧縮機の特徴について正しいものはどれか。

イ．遠心圧縮機では、吐出し側の抵抗が小さくなると風量が増大し、逆流と圧力変動が発生するサージング現象の不安定な運転状態となる。

ロ．遠心圧縮機の吸込みガスの体積流量、温度、圧力および吐出しガス圧力が一定のとき、断熱圧縮の理論軸動力は、等温圧縮の場合よりも小さい。

ハ．多段往復圧縮機の各段で中間冷却を行った場合、断熱圧縮の理論軸動力の合計は、1段で断熱圧縮した場合よりも小さい。

ニ．ねじ圧縮機（スクリュー圧縮機）は、互いにかみ合った雌雄ロータが回転する容積形回転圧縮機である。

(1) イ、ロ　　(2) ロ、ハ　　(3) ハ、ニ　　(4) イ、ロ、ニ　　(5) イ、ハ、ニ

問題 15 流体の漏えい防止

《過去5年間の出題頻度》

毎回出題される。

《出題内容》

年度		出題内容
		流体の漏えい防止
H26（2014）	イ	ピンホールからの漏えい量
	ロ	オイルフィルムシール
	ハ	ラビリンスシール
	ニ	ドライガスシール
		流体の漏えい
H27（2015）	イ	相当大きな破断口からの漏えい量計算式
	ロ	ガスケットの締付け力
	ハ	ピンホールからの漏えい量計算式
	ニ	メカニカルシールしゅう動面の材質
H28（2016）	イ	ピンホールからの漏えい量計算式
	ロ	フランジの漏えい防止（**ガスケット**選択）
	ハ	オイルフィルムシール
	ニ	メカニカルシールのエコライジングパイプ
H29（2017）	イ	**破断口からの液体の漏えい量**
	ロ	自緊式ガスケット
	ハ	ラビリンスシール
	ニ	ドライガスシール
		流体の漏えい防止
H30（2018）	イ	ピンホールからの漏えい量計算式
	ロ	ガスケットの締付け力（ボルトの伸び量とガスケットの復元量の関係）
	ハ	メカニカルシールしゅう動面の材質
	ニ	ガスケットの選定

《今後の予想》

今後も問題15は「流体の漏えい防止」と思われる。

問題 15 流体の漏えい防止

重要項目

1. 漏えい量

流出箇所	漏えい量（体積流量）
ピンホール	漏えいする流れが粘性流（層流）とし、$q = (\pi/128)\Delta p D^4/(\mu L)$ 漏えい量（q）はピンホールの内径（D）の4乗に、また圧力差（Δp）に比例し、ピンホールの長さ（L）と流体の粘度（μ）に反比例する。
破断口	液体と気体では計算式が異なる。 液体の場合：$q = CA\sqrt{2gh}$ 　　　　　　漏えい量（q）は破断口の断面積（A）に、また破断口にかかる内外圧力差（液頭）（h）の平方根に比例する。 　　　　　　Cは流出係数である。 気体の場合：ガスの比熱容量の比と噴出前後の圧力比によって式が異なる。
フランジ式管継手 （接合面）	圧力が高いほど、流体の密度が小さいほど、粘度が小さいほど多くなる。

2. ガスケット

ガスケットの種類、ガスケットの選定基準、ガスケットの締付け力（ボルトの伸び量とガスケットの復元量の関係）

3. 動的機器の軸封装置

- 遠心圧縮機：ラビリンスシール（インジェクションシール）、オイルフィルムシール、ドライガスシール
- 遠心ポンプ：メカニカルシール

過去問題に挑戦！

解答・解説は p.96 ！

問1 [H26 問 15]

次のイ、ロ、ハ、ニの記述のうち、流体の漏えい防止について正しいものはどれか。

イ．ピンホールなどから気体または液体が少量漏えいする場合、粘性流（層流）であると考えられ、漏えい量はピンホールの内径の4乗に、また圧力差および粘度に正比例し、ピンホールの長さに反比例する。

ロ．オイルフィルムシールは、はめ込まれたリング間に油膜を形成させ、ガスがすき間から大気中に漏れるのを防ぐ構造であり、漏れが許されないガスに用いられる。

1章　学　識

ハ．圧縮機の軸封装置に採用されるラビリンスシールは、高圧の気体が狭いすき間から広いすき間へ流れ出るごとに、逐次圧力を失い、気体の流れが生じる圧力勾配をなくし有効に漏れを止めようというものである。

ニ．高速の遠心圧縮機では、シール部の周速が従来のメカニカルシールの周速限界を超えているため、最近は、シール面を非接触としたドライガスシールの使用が主力になりつつある。

(1) イ、ロ　　(2) イ、ニ　　(3) ロ、ハ　　(4) イ、ハ、ニ　　(5) ロ、ハ、ニ

問2 ‖‖‖[H27 問15]

次のイ、ロ、ハ、ニの記述のうち、流体の漏えいについて正しいものはどれか。

イ．ピンホール状ではなく相当大きな破断口から漏えいする場合は、液体と高圧ガスでは計算式が同じであり、漏えい量 q〔m^3/s〕は破断口の断面積の2乗に比例する。

ロ．フランジ面にガスケットを挿入しボルトを締め付けた後内圧がかかることによって生じたボルトの伸び量を Δl、ガスケットの復元量を Δt とすると、漏れを生じないためには $\Delta l < \Delta t$ の条件が必要である。

ハ．ピンホールから気体または液体が少量漏えいする場合、漏えい量はピンホールの内径の4乗に比例し、圧力差に正比例し、ピンホールの長さおよび流体の粘度に反比例する。

ニ．遠心ポンプの軸封装置のメカニカルシールのしゅう動面は一方がカーボン、他方がステンレス、超硬合金、セラミックなどを使用している。

(1) イ、ロ　　(2) イ、ハ　　(3) ロ、ニ　　(4) イ、ハ、ニ　　(5) ロ、ハ、ニ

問3 ‖‖‖[H28 問15]

次のイ、ロ、ハ、ニの記述のうち、流体の漏えいについて正しいものはどれか。

イ．ピンホールから流体が少量漏えいする場合の漏えい量は、内径の2乗と圧力差に比例する。

ロ．フランジの漏えい防止のため、ガスケットの材質、形状は、内容物および設計温度・圧力に応じて選択する。

ハ．オイルフィルムシールは、軸とリングの間に油膜を形成させた構造であり、大気中へのガス漏れが許されない場合に用いられる。

ニ．液化ガスを取り扱うメカニカルシールでエコライジングパイプを設けるのは、しゅう動部を加圧するためである。

(1) イ、ロ　　(2) ロ、ハ　　(3) ハ、ニ　　(4) イ、ロ、ニ　　(5) イ、ハ、ニ

問題 15　流体の漏えい防止

問 4　　　　　　　　　　　　　　　　　　　　　　　　　　　　[H29 問 15]

次のイ、ロ、ハ、ニの記述のうち、流体の漏えいについて正しいものはどれか。

イ．液体がピンホール状ではなく相当大きな破断口から漏えいする場合、漏えい量 q〔m^3/s〕は流出係数、破断口にかかる内外圧力差（液頭）〔m〕に正比例する。

ロ．超高圧装置のフランジガスケットには自緊式も採用されており、内圧の上昇に伴い自己締付けを行う構造である。

ハ．ラビリンスシールは、高圧の気体が狭いすき間から広いすき間へ流れ出るごとに逐次圧力を失うことを利用した軸封装置である。

ニ．ドライガスシールは異物混入に対して耐性があり、シール部に清浄なガスを供給することは重要でない。

(1) イ、ロ　　(2) イ、ニ　　(3) ロ、ハ　　(4) イ、ハ、ニ　　(5) ロ、ハ、ニ

問 5　　　　　　　　　　　　　　　　　　　　　　　　　　　　[H30 問 15]

次のイ、ロ、ハ、ニの記述のうち、流体の漏えい防止について正しいものはどれか。

イ．ピンホールからの流体が少量漏えいする場合の漏えい量は、内径の 4 乗と圧力差に比例し、長さに反比例する。

ロ．フランジ面からの漏れを生じないためには、内圧がかかったときのボルトの伸び量はガスケットの復元量（回復量）より大であってはならない。

ハ．メカニカルシールのしゅう動面は摩耗するので、材質選定として、一方にステンレス、他方に超硬合金、セラミックスなどが採用されている。

ニ．ガスケットの選定には、使用条件（圧力、温度）に応じて適切に選択することが重要であり、流体の特性は考慮する必要はない。

(1) イ、ロ　　(2) イ、ニ　　(3) ハ、ニ　　(4) イ、ロ、ハ　　(5) ロ、ハ、ニ

「学識」過去問題の解説・解答

問題1 「SI単位」の解説・解答

問1 [SI単位]

【正解】(3) ロ、ニ

イ．(×) SI組立単位は、一般にSI基本単位の積や商の形で表される。

ロ．(○) 正しい。
仕事$(J)=$力$(N)×$距離(m)　なので　$J=N・m$
力$(N)=$質量$(kg)×$加速度(m/s^2)　なので　$N=kg・m/s^2$
∴　$J=N・m=kg・m/s^2×m=kg・m^2/s^2$

ハ．(×) SI接頭語のMはメガと読み、10^6を示す。

ニ．(○) 正しい。

問2 [SI単位]

【正解】(3) ロ、ニ

イ．(×) 質量の単位であるgではなくkg(キログラム)は、SI基本単位の1つである。

ロ．(○) 正しい。
圧力$(Pa)=$力$(N)/$面積(m^2)　なので　$Pa=N/m^2$
力$(N)=$質量$(kg)×$加速度(m/s^2)　なので　$N=kg・m/s^2$
∴　$Pa=N/m^2=kg・m/s^2÷m^2=kg/(m・s^2)$

ハ．(×) T(テラ)は10^{12}を示す。

ニ．(○) 正しい。

問3 [SI単位]

【正解】(4) イ、ハ、ニ

イ．(○) 正しい。SI組立単位は、SI基本単位を組み合わせてつくられるもので、例えば速度のメートル毎秒(m/s)、流量の立方メートル毎秒(m^3/s)のように一般に基本単位の積や商の形で表されるが、使用するときの便利さを考え、圧力のパスカル(Pa)、エネルギーのジュール(J)のように固有の名称と記号を与えられているものもある。

ロ．(×) SI接頭語のμ(マイクロ)は10^{-6}を表し、p(ピコ)は10^{-12}を表す。

ハ．(○) 正しい。J/sが仕事率のSI組立単位で、固有の名称ワット(W)が与えられている。

$W = J/s = N \cdot m/s = kg \cdot m/s^2 \cdot m/s = kg \cdot m^2/s^3 = kg \cdot m^2 \cdot s^{-3}$

〔注〕p.3 の SI 単位換算表で再確認すること

ニ．(○) 正しい。温度差の単位は、基本的には SI 基本単位である熱力学温度のケルビン〔K〕であるが、組立単位であるセルシウス度〔℃〕も使える。ケルビンとセルシウス度の温度は等しいので、ある温度差について、ケルビン〔K〕で表した ΔT とセルシウス度〔℃〕で表した Δt の数値も等しくなり、$\Delta t = \Delta T$ である。

力、圧力（応力）、エネルギー・仕事・熱量、仕事率の意味・定義と SI 組立単位と SI 基本単位で表すとどうなるか、については p.3 の SI 単位換算表を理解しておくこと。

問4 [SI 単位]

【正解】(3) ハ、ニ

イ．(×) SI 組立単位は、一般に SI 基本単位の積や商の形で表される。

ロ．(×) 質量の単位である kg（キログラム）は、SI 基本単位の1つである。

ハ．(○) 正しい。

ニ．(○) 正しい。

問5 [SI 単位]

【正解】(1) イ、ロ

乙種化学では、通常 SI 単位については、このような形で出題される。乙種機械の SI 単位では、4つの記述のうち1つは、よく使われる組立単位である N、Pa、J、W の SI 基本単位だけで表すとどうなるかを問う例が多い。その対応問題である。

イ．(○) 正しい。
  圧力〔Pa〕＝力〔N〕/面積〔m²〕　なので　$Pa = N/m^2$
  力〔N〕＝質量〔kg〕×加速度〔m/s²〕　なので　$N = kg \cdot m/s^2$
  ∴　$1\,Pa = 1\,N/m^2 = 1\,kg \cdot m/s^2 \div m^2 = 1\,kg/(m \cdot s^2) = 1\,kg \cdot m^{-1} \cdot s^{-2}$

ロ．(○) 正しい。
  仕事〔J〕＝力〔N〕×距離〔m〕　なので　$J = N \cdot m$
  力〔N〕＝質量〔kg〕×加速度〔m/s²〕　なので　$N = kg \cdot m/s^2$
  ∴　$1\,J = 1\,N \cdot m = 1\,kg \cdot m/s^2 \times m = 1\,kg \cdot m^2/s^2 = 1\,kg \cdot m^2 \cdot s^{-2}$

ハ．(×) 仕事率〔W〕＝仕事〔J〕/時間〔s〕
  ロより　$1\,J = 1\,kg \cdot m^2 \cdot s^{-2}$
  ∴　$1\,W = 1\,J/s = 1\,kg \cdot m^2 \cdot s^{-2}/s = 1\,kg \cdot m^2 \cdot s^{-3}$

ニ．(×) 力〔N〕＝質量〔kg〕×加速度〔m/s²〕　なので
  $1\,N = 1\,kg \cdot m/s^2 = 1\,kg \cdot m \cdot s^{-2}$

1章　学　識

問題2　「理想気体の性質（計算問題）」の解説・解答

問1　［理想気体の性質（計算問題）］…………………………………………………

【正解】（4）　500 kPa

理想気体の状態方程式を使って解く。

方法①　分圧とは、その成分しかない場合に同じ温度、体積条件で示す圧力であるから、酸素 1 mol が 27℃ で、5 L の容器に入っている場合の圧力を求めればよい。

状態方程式　$pV = nRT$　より

$p = nRT/V = 1\ \text{mol} \times 8.31\ \text{J}/(\text{mol·K}) \times (27 + 273)\text{K}/(5 \times 10^{-3}\ \text{m}^3)$

$= 499 \times 10^3\ \text{Pa} = 499\ \text{kPa} ≒ 500\ \text{kPa}$

方法②　混合気体の圧力（全圧）を求めて、この値と酸素のモル分率から分圧を求める。

混合気体 5 mol が 27℃ で、5 L の容器に入っている場合の圧力を求めればよい。

状態方程式　$pV = nRT$　より

$p = nRT/V = 5\ \text{mol} \times 8.31\ \text{J}/(\text{mol·K}) \times (27 + 273)\text{K}/(5 \times 10^{-3}\ \text{m}^3)$

$= 2\ 493 \times 10^3\ \text{Pa} = 2\ 493\ \text{kPa}$

酸素の分圧 ＝ 全圧 × 酸素のモル分率

$= 2\ 493 \times 1/5 = 499\ \text{kPa} ≒ 500\ \text{kPa}$

≪別解≫　理想気体 1 mol の体積は標準状態（0℃ ＝ 273 K、101.3 kPa）で 22.4 L であることと、ボイル‐シャルルの法則から次のように求めることもできる。

$p_1 V_1 / T_1 = p_2 V_2 / T_2$

$p_1 V_1 / T_1 = 101.3 \times 22.4/273 = p_2 V_2 / T_2 = p_2 \times 5/(27 + 273)$　p_2 が求める分圧。

$101.3 \times 22.4/273 = p_2 \times 5/(27 + 273)$

$p_2 = 101.3 \times (22.4/5) \times (300/273) = 499\ \text{kPa} ≒ 500\ \text{kPa}$

問2　［理想気体の性質（計算問題）］…………………………………………………

【正解】（4）2.4 倍

27℃での体積を V_1、87℃での体積を V_2 とすると、

$T_1 = (273 + 27)\text{K}$、$T_2 = (273 + 87)\text{K}$、$p_1 = 1\ \text{MPa}$、$p_2 = 0.5\ \text{MPa}$　であるから

「学識」過去問題の解説・解答

ボイル - シャルルの法則 $\dfrac{p_1V_1}{T_1} = \dfrac{p_2V_2}{T_2}$ より

$$\dfrac{V_2}{V_1} = \dfrac{p_1T}{p_2T} = \dfrac{1\ \text{MPa} \times (273+87)\ \text{K}}{0.5\ \text{MPa} \times (273+27)\ \text{K}} = 2.4\ 倍$$

問3 [理想気体の性質（計算問題）]

【正解】(5) 330 ℃

理想気体の圧力、体積、温度のうち、1 つが一定で、他の 2 つの関係に関する問題を解くには、ボイル - シャルルの法則を用いるとよい。

ボイル - シャルルの法則 $\dfrac{p_1V_1}{T_1} = \dfrac{p_2V_2}{T_2}$

本問題は容器内の変化なので、体積が一定で、圧力と温度の関係についてのものである。

$V_1 = V_2$ なので、上式は $p_1/T_1 = p_2/T_2$ → $p_2/p_1 = T_2/T_1$ になる。

$p_1 = 1.0$ MPa、$p_2 = 2.0$ MPa、$T_1 = 27 + 273 = 300$ K であり、求める温度 T_2 は

$T_2 = T_1 \times (p_2/p_1) = 300\ \text{K} \times (2.0\ \text{MPa}/1.0\ \text{MPa}) = 600\ \text{K}$

600 K は、600 - 273 = 327 ℃ ≒ 330 ℃

問4 [理想気体の性質（計算問題）]

【正解】(2) 273 ℃

考え方は問 3 と同じであるが、圧力が一定で、体積と温度の関係についてのものである。

$p_1 = p_2$ なので、ボイル - シャルルの法則は $V_1/T_1 = V_2/T_2$ → $V_2/V_1 = T_2/T_1$ になる（これがシャルルの法則である）。

$V_2/V_1 = 2$、$T_1 = 0 + 273 = 273$ K であり、求める温度 T_2 は

$T_2 = T_1 \times (V_2/V_1) = 273\ \text{K} \times 2 = 546\ \text{K}$

546 K は、546 - 273 = 273 ℃

問5 [理想気体の性質（計算問題）]

【正解】(1) 50 kPa

混合気体の物質量を n、全圧を p、理想気体 A の物質量を n_A、分圧を p_A、理想気体 B の物質量を n_B、分圧を p_B とすると、

$p : p_A : p_B = n : n_A : n_B$ が成り立つ。当然ながら、$p : p_A = n : n_A$ すなわち $pn_A = p_A n$ も成り立つ。これより、求める全圧 p は $p = p_A n/n_A = p_A(n_A + n_B)/n_A$

$n_A = 64\ \text{kg}/(32 \times 10^{-3}\ \text{kg/mol}) = 2\,000$ mol、

$n_B = 22\ \text{kg}/(44 \times 10^{-3}\ \text{kg/mol}) = 500$ mol

$p_A = 40$ kPa

1章　学　識

$$p = \frac{p_A(n_A + n_B)}{n_A} = 40 \text{ kPa} \times (2\,000 \text{ mol} + 500 \text{ mol})/2\,000 \text{ mol} = 50 \text{ kPa}$$

問題3 「熱と仕事」の解説・解答

問1 ［熱と仕事］

【正解】(2) イ、ハ

イ．（○）必要な熱量 Q は　　$Q = mc_p\Delta T = 1 \text{ kg} \times 500 \text{ J}/(\text{kg·K}) \times 100 \text{ K}$
$$= 50\,000 \text{ J} = 50 \text{ kJ}$$

ロ．（×）定圧変化では　　$Q = \Delta U + p\,\Delta V = \Delta H$

定圧変化では加えられた熱量は内部エネルギーの増加ではなくエンタルピーの増加に使われる。

ハ．（○）正しい。

ニ．（×）比熱容量の比 γ が 1.67 のアルゴンの定圧モル熱容量 $C_{m,p}$ は、γ が 1.41 の水素の $C_{m,p}$ よりも小さい。

理想気体の場合は　　$C_{m,p} = \dfrac{\gamma}{\gamma - 1}R$

$\gamma = 1.67$ の場合　　$C_{m,p} = 2.49R$

$\gamma = 1.41$ の場合　　$C_{m,p} = 3.44R$

問2 ［熱と仕事］

【正解】(4) ロ、ニ

イ．（×）仕事量 $W = p\,\Delta V = 200 \text{ kPa} \times (0.2 \text{ m}^2 \times 0.1 \text{ m}) = 4 \text{ kJ}$

次のように求めることもできる。

仕事＝力×移動した距離

ピストンに働く力 $= 200 \text{ kN/m}^2 \times 0.2 \text{ m}^2 = 40 \text{ kN}$

仕事 $= 40 \text{ kN} \times 0.1 \text{ m} = 4 \text{ kN·m} = 4 \text{ kJ}$

ロ．（○）圧力を p、温度を T、体積を V、比熱容量の比を γ、圧縮前と圧縮後の状態をそれぞれ添字 1、2 で表すと、断熱変化の場合、$p_1 V_1^{\gamma} = p_2 V_2^{\gamma}$ であるから

$$\frac{p_2}{p_1} = \frac{V_1^{\gamma}}{V_2^{\gamma}} = \left(\frac{V_1}{V_2}\right)^{\gamma} = \left(\frac{1}{1/10}\right)^{\gamma} = 10^{\gamma} \text{ 倍}$$

ハ．（×）熱機関で熱エネルギーを仕事に変える場合、供給された熱エネルギーはすべて仕事に変換されるわけではない。

ニ．（○）熱量 Q、質量 m、定圧比熱容量 c_p、定容比熱容量 c_V、比熱容量の比 γ、加熱前後の温度差 Δt の関係は、定圧での加熱なので

$$Q = mc_p\,\Delta t = m\gamma c_V\,\Delta t \quad \text{であるから}$$

72

「学識」過去問題の解説・解答

$Q = 2 \text{ kg} \times 1.4 \times 1.0 \text{ kJ/(kg·K)} \times (200℃ - 100℃) = 280 \text{ kJ}$

問3 [熱と仕事]

【正解】(2) イ、ニ

イ. (○) 正しい。
p 〔Pa〕の圧力で、断面積 A 〔m²〕のピストンを l 〔m〕動かす仕事量 W 〔J〕は
$W = pAl$
与えられた数値を代入すると
$W = 1 \times 10^6 \text{ Pa} \times 0.1 \text{ m}^2 \times 1 \text{ m} = 1 \times 10^5 \text{ J} = 100 \times 10^3 \text{ J} = 100 \text{ kJ}$

ロ. (×) 定圧状態での加熱量は
$Q = mc_p \Delta T = 1 \text{ kg} \times 5 \text{ kJ/(kg·K)} \times 100 \text{ K} = 500 \text{ kJ}$

ハ. (×) カルノーサイクルの熱効率は作動流体の種類に関係なく、高・低熱源の温度だけで決まる。

ニ. (○) 正しい。

問4 [熱と仕事]

【正解】(2) イ、ニ

イ. (○) 正しい。比熱容量の比 γ、定圧モル熱容量 $C_{m,p}$、定容モル熱容量 $C_{m,V}$、気体定数 R の関係は次のとおり。
$\gamma = C_{m,p}/C_{m,V}$ ………… ①
$C_{m,p} - C_{m,V} = R$ ……… ②
式①、②より、$C_{m,p} = \dfrac{\gamma}{\gamma - 1} R$　この式に $\gamma = 7/5 = 1.4$ を代入すると　$C_{m,p} = 3.5R$

ロ. (×) 熱機関サイクルにおいて、作動流体が高温の熱源から受け取る熱量を Q_1、外部に行う有効仕事を W、熱機関が低温の熱源に捨てる熱量を Q_2 とすると、受け取る熱量と捨てる熱量の差が有効仕事になるので、$Q_1 - Q_2 = W$ である。つまり、$Q_2 = Q_1 - W$ となる。

ハ. (×) 圧力一定での加熱量 Q は、$Q = c_p m \Delta T$ となる。ここで、c_p は定圧比熱容量（定圧比熱）、m は質量、ΔT は加熱前後の温度差である。与えられた数値を代入すると
$Q = c_p m \Delta T = 1.0 \text{ kJ/(kg·K)} \times 1 \text{ kg} \times 100 \text{ K} = 100 \text{ kJ}$

ニ. (○) 正しい。理想気体の等温変化では $\Delta U = 0$、つまり内部エネルギーは変化しない。温度変化がなければ内部エネルギー変化もない。数式的にいうと、理想気体では内部エネルギー変化 ΔU は、$\Delta U = nC_{m,V} \Delta T$ なので、$\Delta T = 0$ なら $\Delta U = 0$ となる。

1章　学識

問5 ［熱と仕事］ ･･･

【正解】(2) イ、ニ

イ. (○) 正しい。記述は圧力一定なので、比熱容量は定圧比熱容量である。

熱量 Q〔J〕、質量 m〔kg〕、定圧比熱容量 c_p〔J/(kg・K)〕、温度差 ΔT〔K〕の関係は

$$Q = mc_p \Delta T$$

定圧比熱容量　$c_p = Q/(m \Delta T) = 160 \times 10^3 \text{ J}/(2.0 \text{ kg} \times (130-30)\text{K})$

$$= 0.8 \times 10^3 \text{ J/(kg·K)} = 0.80 \text{ kJ/(kg·K)}$$

ロ. (×) 物体を持ち上げるときの仕事 W は　$W = mgh$

記述の仕事は　$W = mgh = 5 \text{ kg} \times 9.8 \text{ m/s}^2 \times 2 \text{ m} = 98 \text{ J}$

ハ. (×) 熱機関では、摩擦による損失がなくとも、供給された熱エネルギーをすべて仕事に変換することはできない。

ニ. (○) 正しい。可逆カルノーサイクルの高熱源温度を T_1〔K〕、低熱源温度を T_2〔K〕とすると、熱効率 η_c は

$$\eta_c = \frac{T_1 - T_2}{T_1} = 1 - \frac{T_2}{T_1}$$

よって、「可逆カルノーサイクルの熱効率は、高熱源と低熱源の絶対温度の比によって決まる」は正しい。

問題4 「理想気体の状態変化」の解説・解答

問1 ［理想気体の状態変化］ ･･

【正解】(3) ハ、ニ

イ. (×) シャルルの法則より、圧力一定の場合、体積は絶対温度に比例する。

$(100+273)/273 = 1.37$倍

ロ. (×) ある気体をある初期状態から圧縮前後の体積の比が一定の条件で、断熱圧縮する場合と等温圧縮する場合とでは、断熱圧縮のほうが圧縮に要する仕事は大きい。

ハ. (○) 正しい。理想気体の可逆断熱変化では pV^γ が成り立つ。また、理想気体であれば、どのような変化であっても、ボイルの法則、シャルルの法則、ボイル-シャルルの法則、理想気体の状態方程式は常に成り立つ。

ニ. (○) 正しい。

問2 ［理想気体の状態変化］ ･･

【正解】(3) ハ、ニ

イ. (×) 気体の定圧変化では、体積は絶対温度に正比例し、加えられた熱量はエン

「学識」過去問題の解説・解答

タルピーの増加量に等しい。

ロ．（×） 気体を断熱圧縮する場合、同一圧力比では、比熱容量の比（比熱比）$\gamma=1.67$ のアルゴンよりも $\gamma=1.40$ の空気のほうが、圧縮後の温度は低い。

吸込み側のガスの温度、圧力を T_1、p_1、吐出し側のガスの温度、圧力を T_2、p_2、比熱容量の比を γ とすると、断熱圧縮では吐出しガス温度 T_2 は次式で表される。

$$T_2 = T_1 \left(\frac{p_2}{p_1}\right)^{\frac{\gamma-1}{\gamma}}$$

したがって、比熱容量の比 γ が大きいほど、指数 $(\gamma-1)/\gamma = 1 - 1/\gamma$ は大きくなり、吐出しガス温度 T_2 は高くなる。

ハ．（○） 正しい。

ニ．（○） 正しい。

等温変化では　$\Delta U = 0$（温度が同じであれば内部エネルギーは変化しない）

よって、$\Delta Q = \Delta U + \Delta W = \Delta W$

問3 [理想気体の状態変化]

【正解】（3）ハ、ニ

イ．（×） ボイル - シャルルの法則　$\dfrac{pV}{T} = $ 一定　より計算する。

体積一定なので、この式は　$\dfrac{p}{T} = $ 一定　→　$\dfrac{p_1}{T_1} = \dfrac{p_2}{T_2} = $ 一定

$p_1 = 0.1$ MPa、$T_1 = 20 + 273 = 293$ K、$p_2 = 0.3$ MPa なので、求める T_2 は上式より
$T_2 = T_1 \times p_2/p_1 = 293$ K $\times 0.3$ MPa$/0.1$ MPa $= 879$ K
$879 - 273 = 606$ ℃

ロ．（×） 等温変化では、熱力学第一法則 $Q = \Delta U + W$ は、温度一定時は $\Delta U = 0$ なので、$Q = W$ になる。したがって、加えられた熱量はすべて気体が外部になす仕事に使われるので、問題の「外部に対して仕事を行わない」は誤っている。

ハ．（○） 正しい。温度上昇 ΔT (K)、物質量 n (mol)、定圧モル熱容量 $C_{m,p}$ 〔J/(mol·K)〕、定容モル熱容量 $C_{m,V}$ 〔J/(mol·K)〕の場合、定圧変化時の必要加熱量 Q_p は

$Q_p = nC_{m,p} \Delta T$

定容変化時の必要加熱量 Q_V は

$Q_V = nC_{m,V} \Delta T$

$C_{m,p} = \gamma C_{m,V}$ なので、$Q_p = nC_{m,p} \Delta T = n\gamma C_{m,V} \Delta T = \gamma Q_V$

ニ．（○） 正しい。$Q = \Delta U + W$ で、断熱変化では $Q = 0$ なので、$\Delta U = -W$ となる。$-W$ は外部からなされる仕事（圧縮）である。内部エネルギーが増加すれば、温度は上昇する。

問4 [理想気体の状態変化]

【正解】(1) イ、ハ

イ．(○) 正しい。加熱量 Q と加熱前後の温度差 ΔT の関係は、$Q = cm\Delta T$ である。これより、$\Delta T = (Q/m)/c$ となる。ここで、c は比熱容量、m は質量である。題意の「一定量の気体に一定量の熱を加えるとき」は、Q/m が一定なので、加熱前後の温度差は比熱容量に反比例することになる。つまり、比熱容量が小さいほど温度差は大きくなる（加熱後の温度が高くなる）。定容比熱容量は定圧比熱容量より小さいので記述は正しい。

ロ．(×) 断熱変化では、熱力学の第一法則 $Q = \Delta U + W$ は、$0 = \Delta U + W \to \Delta U = -W$ となる。これより、断熱圧縮の場合は内部エネルギーが増加、断熱膨張の場合は内部エネルギーが減少する。内部エネルギーが変化する場合は温度も変化する。

ハ．(○) 正しい。等温圧縮と断熱圧縮時の体積と圧力の関係は右図のとおり。これより体積比が同じなら、断熱圧縮のほうが圧縮後の圧力が高くなる。また、圧力を p、温度を T、体積を V、比熱容量の比を γ、圧縮前と圧縮後の状態をそれぞれ添字 1、2 で表すと、断熱変化の場合、$p_1V_1^\gamma = p_2V_2^\gamma$ であるから

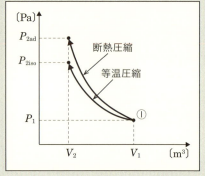

$$\frac{p_2}{p_1} = \frac{V_1^\gamma}{V_2^\gamma} = \left(\frac{V_1}{V_2}\right)^\gamma = \left(\frac{1}{1/10}\right)^\gamma = 10^\gamma 倍$$

であるが、等温圧縮ではボイルの法則より $p_2/p_1 = 10$ 倍である。$\gamma > 1$ であるから、断熱圧縮のほうが圧縮後の圧力 p_2 が大きくなる。

ニ．(×) 圧力一定なので、体積は絶対温度に比例する（シャルルの法則）。
$V_2/V_1 = T_2/T_1 = (227 + 273)/(27 + 273) = 500/300 = 5/3$ 倍

問5 [理想気体の状態変化]

【正解】(5) ロ、ハ、ニ

イ．(×) 1 mol の気体を断熱圧縮するとき、圧縮に要する仕事は気体の種類が変わると異なる。

理由①：可逆断熱変化の仕事 W [J/mol] は

$$W = \frac{1}{\gamma - 1}RT_1\left\{\left(\frac{p_2}{p_1}\right)^{\frac{\gamma-1}{\gamma}} - 1\right\}$$

比熱容量の比 γ が違うと、仕事も違ってくる。比熱容量の比 γ はすべての気体で同じではない。

「学識」過去問題の解説・解答

理由②：断熱圧縮では $Q = \Delta U + W$ で $Q = 0$ なので、$-W = \Delta U$〔J〕

断熱圧縮の仕事は内部エネルギーの増加

$\Delta U = nC_{m,V}\Delta T$ → 気体 1 mol の断熱圧縮仕事は $C_{m,V}\Delta T$〔J/mol〕

定容モル熱容量 $C_{m,V}$ はすべての気体で同じではない。ΔT は圧力比が同じでも γ が違うと違ってくるので、厳密には理由①での比較になるが、「気体 1 mol の断熱圧縮仕事は $C_{m,V}\Delta T$〔J/mol〕」でも問題記述は間違いだろうと判断はつく。

ロ.（○）正しい。

ハ.（○）正しい。

ニ.（○）正しい。「定圧変化では、加えられた熱量はエンタルピーの増加に使われる」ことから正しい。また、理想気体では $\Delta H = nC_{m,p}\Delta T$ であることからも正しい。

問題5 「燃焼・爆発」の解説・解答

問1〔燃焼・爆発〕 ……………………………………………………………………

【正解】(4) ロ、ニ

イ.（×）$C_2H_6 + 3.5\,O_2 \rightarrow 2\,CO_2 + 3\,H_2O$

1 モルのエタン C_2H_6 を完全燃焼させるには、理論上 3.5 モルの酸素 O_2 が必要となる。

ロ.（○）正しい。

ハ.（×）静電気放電では、放電エネルギーが可燃性混合ガスの最小発火エネルギーより小さい場合は発火源にはならない。

ニ.（○）正しい。

問2〔燃焼・爆発〕 ……………………………………………………………………

【正解】(2) イ、ハ

イ.（○）プロパンの完全燃焼反応は次式で表され、5 mol の酸素が必要なので正しい。

$C_3H_8 + 5\,O_2 \rightarrow 3\,CO_2 + 4\,H_2O$

ロ.（×）燃焼速度は、可燃性混合ガス中を進む火炎の速度であり、可燃性ガスの種類により異なる。

ハ.（○）正しい。熱損失がないものと仮定して計算で得られる火炎温度を断熱火炎温度という。

一般の火炎の断熱火炎温度は、熱損失がある実際の火炎温度よりも約 100 ℃ 高いと考えられている。

ニ.（×）爆ごうは、通常の燃焼と比較して伝ぱ速度は大きく、波面前後の圧力変化も大きい。

1章 学識

問3 [燃焼・爆発]

【正解】(5) イ、ハ、ニ

イ．(○) 正しい。
化学量論組成は完全燃焼組成のことである。プロパンと酸素の完全燃焼反応式は
$$C_3H_8 + 5\,O_2 \rightarrow 3\,CO_2 + 4\,H_2O$$

ロ．(×) 断熱火炎温度は熱損失がないとした場合の温度である。実際の燃焼では熱損失があるので、その際の火炎温度は低くなる。

ハ．(○) 正しい。
ガス放射：高温の火炎では、ガス放射は燃焼ガス中に含まれる二酸化炭素と水蒸気からの放射が大きく寄与する。
固体放射：炭素原子を多く含む可燃性ガスでは、火炎中に生じるすすも多くなる。すすは火炎中で高温のために熱を放射する。
記述に「熱放射には液体放射がある」とあれば、その記述は間違いである。

ニ．(○) 正しい。

問4 [燃焼・爆発]

【正解】(3) ロ、ハ

イ．(×) メタンの燃焼式は次式のとおりであるから、酸素 O_2 は理論上 2 mol 必要である。
$$CH_4 + 2\,O_2 \rightarrow CO_2 + 2\,H_2O$$

ロ．(○) 正しい。 爆発範囲内にある可燃性混合ガスを発火させるのに必要な最小のエネルギーを最小発火エネルギーという。

ハ．(○) 正しい。

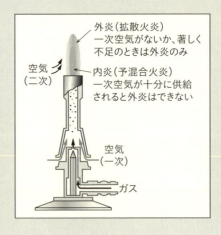

78

「学識」過去問題の解説・解答

ニ．（×）爆ごうは下表のように密度は増加する。

特 性	爆 ご う	爆 燃
伝ぱ速度	約 1 000〜3 000 m/s	約 0.3〜100 m/s
波面圧力	1〜5 MPa	波面前後でほぼ一定
波面温度	1 400〜4 000 ℃	1 200〜3 500 ℃
波面密度	最初の 1.4〜2.6 倍	最初の 0.06〜0.25 倍

問5 ［燃焼・爆発］

【正解】（2）ロ、ハ

イ．（×）メタンの完全燃焼反応式は
　　$CH_4 + 2 O_2 \rightarrow CO_2 + 2 H_2O$
したがって、1 mol のメタン CH_4 を完全に燃焼させるのに必要な酸素 O_2 は、理論上 2 mol である。

ロ．（○）正しい。

ハ．（○）正しい。

ニ．（×）火炎や火災では周囲に対して影響を与える主要なものは熱放射である。熱放射には主としてガス放射と固体放射がある。液体放射は該当しない。可燃性の液滴は、問題になる高温になるまでに燃焼するので熱放射に関与しない。

問題6 「流体の流れ」の解説・解答

問1 ［流体の流れ］

【正解】（3）イ、ニ

イ．（○）正しい。ベルヌーイの定理より各点の運動エネルギー、位置エネルギー、圧力エネルギーの総和は同じであるが、問題の場合水槽内の流動はないので運動エネルギーはゼロである。よって、位置エネルギーと圧力エネルギーの和はどの点でも同じになる。

ロ．（×）流出口Ⓐでは位置エネルギー $(3/4)gh$ が運動エネルギー $u^2/2$ に変化する。

ハ．（×）流出口Ⓐからの流出量は円管内径 d の 2 乗に正比例する。

ニ．（○）流出口Ⓐからの流速 u_A はトリチェリの定理より $u_A = \sqrt{2g(3/4)h}$
　　流出口Ⓑからの流速 u_B はトリチェリの定理より $u_B = \sqrt{2g(1/3)h}$
　　出量の比は u_B/u_A であり、計算すると 2/3 になる。

問2 ［流体の流れ］

【正解】（5）イ、ロ、ハ

静圧 p は $p = \rho g h$
水平配管の場合（管摩擦損失がない場合）
$$(\rho \bar{u}^2/2) + p = 一定 〔Pa〕$$
ここで、$\rho \bar{u}^2/2$ を動圧、p を静圧といい、動圧と静圧の和を全圧という。
以上と、管摩擦損失がある場合のベルヌーイの定理より解く。

イ．（〇） 定常状態、管内径一定、温度一定、つまり体積流量一定なので、どの地点でも $\bar{u} =$ 一定。また、温度が一定なので $\rho =$ 一定。したがって、動圧 $\rho \bar{u}^2$ はどの地点でも一定。

ロ．（〇） 静圧 p は $p = \rho g h$ より正しい。

ハ．（〇） A 点と B 点の間の管摩擦損失 p_F〔Pa〕とすると、ベルヌーイの定理より
$$(\rho \bar{u}^2/2) + \rho g h_1 = (\rho \bar{u}^2/2) + \rho g h_2 + p_F$$
これより、$p_F = \rho g h_1 - \rho g h_2 = \rho g (h_1 - h_2) = \rho g h_3$

ニ．（×） A 点の全圧は $(\rho \bar{u}^2/2) + \rho g h_1$、B 点の全圧は $(\rho \bar{u}^2/2) + \rho g h_2$ であり、異なる。

問3 ［流体の流れ］

【正解】(1) イ、ロ

イ．（〇） 正しい。
水 1 kg 当たりの運動エネルギーは、断面①で $\bar{u}_1^2/2$〔J/kg〕、断面②で $\bar{u}_2^2/2$〔J/kg〕内径一定で水温も一定（密度が一定）なので、平均流速が同じ→運動エネルギーも同じ。

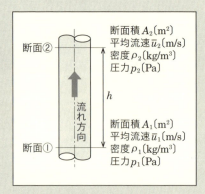

断面積 A_2 (m²)
平均流速 $\bar{u}_2$ (m/s)
密度 ρ_2 (kg/m³)
圧力 p_2 (Pa)

断面積 A_1 (m²)
平均流速 $\bar{u}_1$ (m/s)
密度 ρ_1 (kg/m³)
圧力 p_1 (Pa)

ロ．（〇） 正しい。
水 1 kg 当たりの位置エネルギーは gh〔J/kg〕、
断面①の位置を基準にすると、$h_1 = 0$〔m〕、$h_2 = h$〔m〕なので
断面①の位置エネルギーは 0＜断面②の位置エネルギーは gh

ハ．（×） 流体が水で、液温が一定なので、一般化されたベルヌーイの式は、
$$(\bar{u}^2/2) + g h_1 + (p_1/\rho_1) + w = (\bar{u}^2/2) + g h_2 + (p_2/\rho_2) + F$$
外部からのエネルギーの供給はないので、$w = 0$
イ．より $\bar{u}_1^2/2 = \bar{u}_2^2/2$
ロ．より $g h_1 = 0$、$g h_2 = gh$ また、$\rho_1 = \rho_2 = \rho$
以上より、上式は
$$p_1/\rho = gh + (p_2/\rho) + F$$

これより　$(p_1/\rho) - (p_2/\rho) = (p_1-p_2)/\rho = gh + F$
　　$p_1 - p_2 = \rho gh + \rho F$

したがって、断面①の圧力と断面②の圧力の差 p_1-p_2 は、断面①-②間の管摩擦損失 Δp（$=\rho F$）に ρgh を加えたものになる。

ニ．（×） ファニングの式 $\Delta p = 4f(\rho \bar{u}^2/2)(L/D)$ より、配管の管摩擦損失 Δp は、配管長さ L に比例する。

問4 ［流体の流れ］

【正解】**(2) イ、ハ**

イ．（○） 正しい。レイノルズ数 Re は　$Re = D\bar{u}\rho/\mu = \bar{u}D/\nu$ である。D は管の内径〔m〕、$\bar{u}$ は平均流速〔m/s〕、μ は粘度〔Pa·s〕、ρ は密度〔kg/m³〕、ν は動粘度〔m²/s〕である。$Re = \bar{u}D/\nu$ より、レイノルズ数 Re は、管の内径と平均流速に正比例し、流体の動粘性係数（動粘度）に反比例する。

ロ．（×） ベルヌーイの定理は、非圧縮性流体の保有する機械的エネルギーのバランスだけ考えた理想的なケースであるが、実際の流体輸送では、流体の粘性に基づく摩擦による損失、気体のような圧縮性流体で生ずる体積変化、輸送途中での加熱や冷却の熱エネルギー、ポンプなどの流体輸送機械によって与えられるエネルギーなどがあるので、これらを組み込んで、ベルヌーイの式を一般化する必要がある（ベルヌーイの定理は、粘性のない非圧縮性流体にのみ適用できる）。

ハ．（○） 正しい。

ニ．（×） 乱流では管摩擦係数はレイノルズ数 Re だけでなく、管壁面の粗度にも影響を受ける。

問5 ［流体の流れ］

【正解】**(1) イ、ロ**

イ．（○） 正しい。

ロ．（○） 正しい。

ハ．（×） 圧縮性流体の場合は、体積変化があるので、非圧縮性流体の場合ほど簡単ではないが、絶対圧力に比べて圧力差が極めて小さいときには、非圧縮性の場合と同じ式を使うことができる。同じ式を使えない条件でも各種補正式で補正は可能であるので、圧縮性流体にも適用できる。

ニ．（×） ピトー管は、測定点の全圧と静圧の差（＝動圧）を測定することにより流速を求めるものである。

1章 学 識

問題 7 「伝熱、分離」の解説・解答

問1 ［伝熱、分離］ ......
【正解】(3) ロ、ハ

イ.（×） 熱伝導によって壁面を伝わる単位時間当たりの伝熱量は、温度差が大きくなるほど、また壁の厚さが薄くなるほど増加する。

ロ.（○） 正しい。

ハ.（○） 正しい。

ニ.（×） 液相の吸着質濃度が高く、温度が低いほど吸着量は大きくなる。

問2 ［伝熱、分離］ ......
【正解】(2) イ、ニ

イ.（○） 正しい。

ロ.（×） 黒体は、熱放射線をすべて吸収する仮想的な物体であり、熱放射する能力が最も大きい。

ハ.（×） 活性炭は炭化水素類などの非極性分子を吸着しやすい。

ニ.（○） 適切な措置である。

問3 ［伝熱、分離］ ......
【正解】(4) イ、ハ、ニ

イ.（○） 正しい。一般に熱放射率はアルミニウムや銅の研磨面で $0.03 \sim 0.06$、炭素鋼の研磨面で $0.06 \sim 0.2$ と小さいが、コンクリート $0.88 \sim 0.93$、ガラス $0.90 \sim 0.95$、土 $0.93 \sim 0.96$、水 0.96 などは大きい値を示す。

ロ.（×） 総括伝熱係数 U は、液体－液体系の熱交換器では $60 \sim 1\,200$ W/$(m^2 \cdot K)$、気体－気体系では $10 \sim 35$ W/$(m^2 \cdot K)$ 程度なので、液体－液体系のほうが大きい。これは、熱伝導率が気体より液体のほうが大きいからと考えてよい。

ハ.（○） 正しい。

ニ.（○） 正しい。

問4 ［伝熱、分離］ ......
【正解】(5) ハ、ニ

イ.（×） 伝導伝熱は熱が主として固体内を通って、高温部から低温部へ伝わる現象で、物体を構成する分子や原子が熱により振動し、生じたエネルギーが順次隣接する分子や原子に伝わっていく。熱伝導は固体だけでなく、液体や気体でも起こるが、流体では流れが生ずると、伝熱の主体は対流伝熱になる。

82

「学識」過去問題の解説・解答

ロ．（×）混合物が常温、常圧で気体であっても、加圧するか操作温度を下げて液体にすれば、蒸留を用いて分離することができる。

ハ．（○）正しい。吸着特性の違いを利用してさまざまなガスがPSAにより分離できる。吸着されにくいH_2、N_2、Arなどのガスは、吸着されずに装置から出てくるため、これを製品として回収することが一般的である。しかし、CO、CO_2などの吸着されやすいガスは、吸着剤に吸着したガスを脱着させて製品として回収したり、不純物として除去している。H_2は最も吸着しにくいガスであるために、PSAによって容易に高純度なH_2ガスとして得ることができる。

ニ．（○）正しい。物質の熱伝導率〔W/(m·K)〕は、100℃で、アルミニウムは205、黄銅は105、低炭素鋼は55、ガラスは0.76、ポリエチレンは0.25〜0.34（常温）、グラスウールは0.052、ウレタンフォームは0.03〜0.042、水は0.561（0℃）、空気は0.024（0℃）程度である。一般に、熱伝導率は金属は大きく、次いで液体、気体の順に小さくなるが、ウレタンフォームやグラスウールなどは極めて小さく、断熱材として多用されている。

問5 ［伝熱、分離］

【正解】（5）ロ、ハ、ニ

イ．（×）炭素鋼より黄銅のほうが熱伝導率が大きいので、伝熱量は増加する。

ロ．（○）正しい。

ハ．（○）正しい。

ニ．（○）正しい。

問題8 「変形と破壊、強度設計の基本事項」の解説・解答

問1 ［変形と破壊、強度設計の基本事項］

【正解】（3）ハ、ニ

イ．（×）引張試験によって得られる応力－ひずみ線図において、試験片が破断するときの応力を破壊応力という。

ロ．（×）熱応力は棒の長さには関係しない。
熱応力σは　$\sigma = -E\alpha\Delta T$で計算され、線膨張係数$\alpha$、ヤング率$E$、温度変化$\Delta T$に比例する。

ハ．（○）正しい。

ニ．（○）正しい。

1章　学　識

問2 ［変形と破壊、強度設計の基本事項］ ･･････････････････････････････

【正解】(5) ロ、ハ、ニ

イ. （×）実際の材料には微小な傷やボイドなどの欠陥を存在したり、不純物や異物が混入したりするため、材料の強度には本質的にばらつきがある。

ロ. （○）正しい。

ハ. （○）正しい。

ニ. （○）正しい。

問3 ［変形と破壊、強度設計の基本事項］ ･･････････････････････････････

【正解】(2) イ、ニ

イ. （○）正しい。

ロ. （×）引張試験において、試験片に加えた引張荷重から応力を求め、試験片の標点間の伸び量からひずみを求めて描いたグラフを応力－ひずみ線図と呼ぶ。

ハ. （×）一般に細長い棒の両端を固体した状態で温度を上昇させると圧縮応力、温度を低下させると引張応力が生じ、これらを熱応力という。

ニ. （○）正しい。

問4 ［変形と破壊、強度設計の基本事項］ ･･････････････････････････････

【正解】(5) ロ、ハ、ニ

イ. （×）せん断ひずみではなく横ひずみである。

ロ. （○）正しい。

ハ. （○）正しい。

ニ. （○）正しい。

問5 ［変形と破壊、強度設計の基本事項］ ･･････････････････････････････

【正解】(1) イ、ロ

イ. （○）正しい。

ロ. （○）正しい。

ハ. （×）強度のばらつき、使用する環境などのすべての条件を考慮して、機械や構造物の使用中の破壊に対する安全性のうえから、部材に許される最大の応力としての許容値が設定される。

このように設定された許容値を許容応力という。機械や構造物の使用中に、各部材に実際に生じている応力を使用応力という。

ニ. （×）安全率は、荷重、使用環境、応力解析の精度などの種々の確率的要因や不確かさを考慮して決められるもので、1より大きい値である。

84

「学識」過去問題の解説・解答

問 6 ［変形と破壊、強度設計の基本事項］ ……………………………………

【正解】(2) イ、ハ

イ. (○) 正しい。

ロ. (×) 熱応力 σ は $\sigma = E\alpha\,\Delta T$ であり、棒の長さは関係しない。

ハ. (○) 正しい。

ニ. (×) ステンレス鋼、アルミニウム合金は低温脆性を示さない。

問題 9 「薄肉円筒・球形胴の強度」の解説・解答

問 1 ［薄肉円筒・球形胴の強度］ ……………………………………………

【正解】(2) イ、ニ

イ. (○) 正しい。

ロ. (×) σ_θ は、$pD_i/(2t)$ で与えられる。

ハ. (×) σ_z は、$pD_i/(4t)$ で与えられる。

ニ. (○) 正しい。

問 2 ［薄肉円筒・球形胴の強度］ ……………………………………………

【正解】(4) イ、ハ、ニ

イ. (○) 正しい。

ロ. (×) σ_z は、厚さ方向に一様に分布し、σ_θ の $1/2$ 倍になる。

ハ. (○) 正しい。

ニ. (○) 正しい。

問 3 ［薄肉円筒・球形胴の強度］ ……………………………………………

【正解】(1) イ、ロ

イ. (○) 正しい。

ロ. (○) 正しい。

ハ. (×) 薄肉の場合は、σ_r の大きさは σ_θ や σ_z と比べ非常に小さいので、$\sigma_r \fallingdotseq 0$ と考えて無視してよい。

ニ. (×) $\sigma_\theta = pD/(2t) = 1\,\mathrm{MPa} \times 200\,\mathrm{mm}/(2 \times 5\,\mathrm{mm}) = 20\,\mathrm{MPa}$

$10\,\mathrm{MPa}$ となるのは σ_z である。

問 4 ［薄肉円筒・球形胴の強度］ ……………………………………………

【正解】(2) イ、ニ

内径 D、肉厚 t の両端閉じ薄肉円筒に内圧 p が作用するとき、胴部に生じる応力は、

85

1章　学　識

次のとおりである。

円周応力　　$\sigma_\theta = \dfrac{pD}{2t}$ 〔Pa〕

軸応力　　　$\sigma_z = \dfrac{pD}{4t} = \dfrac{\sigma_\theta}{2}$ 〔Pa〕

半径応力　　$\sigma_r \fallingdotseq 0$

　イ．（○）正しい。軸応力 σ_z は一定の大きさで厚さ方向に一様に分布している。円周応力 σ_θ は薄肉の場合近似的に厚さ方向に沿って一様に分布すると考えてよい。

　ロ．（×）σ_θ は、σ_z の2倍である。

　ハ．（×）σ_z は、$pD/(4t)$ で与えられる。設問の記述とは内径と肉厚が逆になっている。円筒胴の材料が受ける力と、それを受ける材料の面積が内径、肉厚によってどうなるかを考えれば、どちらが正しいかはわかると思われる。

　ニ．（○）正しい。半径応力 σ_r の大きさは、内面で $-p$、外面で0となるが、薄肉の場合には、軸応力や円周応力と比べて非常に小さいので、$\sigma_r \fallingdotseq 0$ と考えて無視してよい。

| 問5 | ［薄肉円筒・球形胴の強度］ ……………………………………………………

【正解】（1）イ、ロ

　イ．（○）正しい。

　ロ．（○）正しい。

　ハ．（×）薄肉円筒胴において、軸応力は円周応力の 1/2 である。

　ニ．（×）薄肉円筒胴の円周応力は　$\sigma_\theta = pD_i/(2t)$、薄肉球形胴の円周応力は　$\sigma_\theta = pD_i/(4t)$、どちらも、肉厚に反比例し、内径と内圧に正比例する。

問題10　「高圧装置用材料と材料の劣化」の解説・解答

| 問1 | ［高圧装置用材料と材料の劣化］ ……………………………………………

【正解】（1）イ、ハ

　イ．（○）正しい。

　ロ．（×）アルミニウム合金は、極低温になっても脆性を示さないので、極低温において使用できる。

　ハ．（○）正しい。

　ニ．（×）腐食疲労は、腐食環境中で応力が繰返し作用することによって、寿命が短くなる現象である。

「学識」過去問題の解説・解答

問 2 ［高圧装置用材料と材料の劣化］ ………………………………………

【正解】(1) イ、ハ

イ.（○）正しい。

ロ.（×）焼なましは、材料の軟化、結晶組織の調整、内部応力の除去のために、ある適当な温度（主に変態点 + 50℃前後くらい）に加熱した後ゆっくりと冷却する（炉冷：加熱保持時間終了後も炉から出さずにゆっくりと（1時間当たり30℃下げるくらい）冷却する方法）処理である。

ハ.（○）正しい。

ニ.（×）電気防食法は、埋設パイプライン、海底パイプライン、護岸や海洋構造物の海中部にしばしば適用される。防食対象はほとんどが鋼構造物であるので、「有効でない」は誤り。

　［注］　ロ、ニの記述のような出題頻度の低い問題が出てくる場合は、正誤を決めるキーワードに着目し判定する（ロは冷却速度が速いのか遅いのか。ニは有効なのかどうか）。ニの正誤がわからなくても、イ、ロ、ハの正誤がわかれば正解は得られる。

問 3 ［高圧装置用材料と材料の劣化］ ………………………………………

【正解】(2) イ、ハ

イ.（○）正しい。

ロ.（×）鋼に加えたクロムやモリブデンは安定な炭化物を作るため、水素侵食の防止に有効である。

ハ.（○）正しい。

ニ.（×）チタンの不動態皮膜は塩化物イオンによる破壊に強く、温度が高くなければ局部腐食を生じない。

問 4 ［高圧装置用材料と材料の劣化］ ………………………………………

【正解】(2) イ、ハ

イ.（○）正しい判断である。

ロ.（×）応力腐食割れではなく腐食疲労に関する記述である。

ハ.（○）正しい。

ニ.（×）ステンレス鋼と炭素鋼が接触すると、腐食電池を形成し、アノードとなる炭素鋼の腐食が促進される（理屈がわかっていなくても、ステンレス鋼のほうが炭素鋼より耐食性があることから間違えることのない記述だと思われる）。

問 5 ［高圧装置用材料と材料の劣化］ ………………………………………

【正解】(3) ハ、ニ

1

2

3

学

識

87

1章　学　識

イ．（×）炭素鋼は常温の濃硫酸の環境では不動態皮膜を生成し、良い耐食性を示す。

ロ．（×）粒界での炭化クロムの生成は粒界腐食の原因である。炭化クロムは鋼中のクロムと炭素が結合してできるので、炭素の添加量を減らすことは対策になる。

ハ．（○）正しい。

ニ．（○）正しい。

問題 11 「溶接」の解説・解答

問 1 ［溶接］

【正解】（3）ロ、ニ

イ．（×）被覆アーク溶接では、アークの温度は 6 000℃前後であり、この高温により被覆アーク溶接棒および母材の一部を溶融させて溶接を行う。

ロ．（○）正しい。

ハ．（×）高張力鋼の溶接では、溶接後に時間を経過して低温割れが生じやすい。

ニ．（○）正しい。

問 2 ［溶接］

【正解】（4）イ、ロ、ニ

イ．（○）正しい。

ロ．（○）正しい。

ハ．（×）高張力鋼の低温割れは通常は溶接後ある時間経過してから発生するものであり、鋼中の拡散性水素の放出を促進し、応力を低減することにより防止できる。

ニ．（○）正しい。

問 3 ［溶接］

【正解】（1）イ、ロ

イ．（○）正しい。

ロ．（○）正しい。

ハ．（×）低温割れではなく高温割れである。

ニ．（×）タングステン電極棒はほとんど消耗しない。

問 4 ［溶接］

【正解】（3）ハ、ニ

イ．（×）高張力鋼の溶接では、溶接後に時間を経過して低温割れを生じやすい。

ロ．（×）差込み溶接式管継手は、振動や腐食の激しい箇所や急激な温度変化を生じ

「学識」過去問題の解説・解答

る箇所などには使用を避けなければならない。　→振動は繰返し応力が作用する例なので、この場合は突合せ溶接式管継手を採用すべきである。

ハ．(〇) 正しい。サブマージアーク溶接は、あらかじめ散布された粒状のフラックス中にワイヤ（電極）を送給しワイヤ先端と母材との間にアークを発生させて溶接を行う。

ニ．(〇) 正しい。特殊なろう付として、真空ろう付と呼ばれる方法があり、高圧設備では、真空ろう付によるアルミニウム合金の熱交換器が多く使用されている。詳しいことは次のサイトを参照。

http://www.jlwa.or.jp/faq/pdf/18.pdf
http://www-it.jwes.or.jp/qa/details.jsp?pg_no=0080010130

問5 [溶接]

【正解】(2) ロ、ハ

イ．(×) ティグ（TIG）溶接のタングステン電極棒はほとんど消耗しない。

ロ．(〇) 正しい。

ハ．(〇) 正しい。

ニ．(×) オーステナイト系ステンレス鋼の溶接熱影響部では、溶接の入熱により炭化クロムが生成するのでクロム濃度が低下し不動態皮膜を生成できなくなる。このため、母材よりも応力腐食割れが生じやすくなる。

問題12　「高圧装置」の解説・解答

問1 [高圧装置]

【正解】(2) イ、ニ

イ．(〇) 正しい。

ロ．(×) 二重殻式円筒形貯槽は、低温液化ガスを貯蔵するために、内槽と外槽の間に断熱材（パーライト粒）を充てんし、真空によって断熱している。

ハ．(×) プレート式熱交換器は、熱伝導率が大きいため、同じ伝熱量で考えると多管円筒形に比べて小型化が図れ、分解・組立が容易であり清掃しやすいが、圧力損失は大きい。

ニ．(〇) 正しい。

問2 [高圧装置]

【正解】(4) イ、ロ、ニ

イ．(〇) 正しい。

1章　学　識

ロ．（○）正しい。

ハ．（×）熱交換器の伝熱面に汚れやスケールが付着したときの伝熱抵抗を示す値を汚れ係数と呼ぶ。

ニ．（○）正しい。

問3　［高圧装置］ ……………………………………………………………………

【正解】（4）イ、ロ、ハ

イ．（○）正しい。

ロ．（○）正しい。

ハ．（○）正しい。

ニ．（×）コールドスプリングは熱伸縮の吸収対策として採用される。

問4　［高圧装置］ ……………………………………………………………………

【正解】（3）イ、ニ

イ．（○）正しい。

ロ．（×）内槽は低温の液化ガスと接触するので低温材料を使う必要がある。炭素鋼は使えない。

ハ．（×）熱交換器の伝熱面に汚れやスケールが付着すると総括伝熱係数は減少する。

ニ．（○）正しい。

問5　［高圧装置］ ……………………………………………………………………

【正解】（4）イ、ロ、ハ

イ．（○）正しい。

ロ．（○）正しい。

ハ．（○）正しい。

ニ．（×）安全弁の放出管のように突発的な衝撃による振動が考えられる配管系に対しては、曲りの少ないルート形状とし強固なサポートを設けなければならない。

問題13　「計装(計測機器・制御システム・安全計装)」の解説・解答

問1　［計装（計測機器・制御システム・安全計装）］ …………………………………

【正解】（3）ロ、ニ

イ．（×）熱電温度計は、2種類の金属導線の熱起電力が温度差にほぼ比例する関係を利用している。

ロ．（○）正しい。

ハ．（×）渦流量計で計測する流速は、渦発生体の下流に発生する渦列の周波数に比例する。
ニ．（○）正しい。

問2 [計装（計測機器・制御システム・安全計装）]
【正解】(2) ロ、ハ

イ．（×）赤外線式分析計は、測定対象の分子に関する赤外線吸収量を測定することにより、ガス濃度を求めるものであり、赤外線が吸収されないヘリウム、アルゴンなどの希ガスの濃度測定には使用できない。
ロ．（○）正しい。
ハ．（○）正しい。
ニ．（×）回転翼の回転速度を電気信号として取り出し、流量を測定するのがタービン式流量計である。

問3 [計装（計測機器・制御システム・安全計装）]
【正解】(2) ロ、ハ

イ．（×）バイメタル式温度計は、2種類の金属を貼り合わせたもので、温度が上昇すると線膨張係数（熱膨張率）の小さい金属のほうへ曲がることを利用している。金属の電気抵抗が温度により変化することを利用しているのは抵抗温度計である。
ロ．（○）正しい。
ハ．（○）正しい。
ニ．（×）調節弁のなかで、ケージ弁はケージ内にしゅう動するプラグを設けた弁で、流体の流れの均一化が図られ、プラグの振動が抑制され、高差圧流体に対して安定した動作が得られる。

問4 [計装（計測機器・制御システム・安全計装）]
【正解】(5) ロ、ハ、ニ

イ．（×）容積式流量計は、ケース内の回転子の回転数を計測し流量を測定するものである。
ロ．（○）正しい。
ハ．（○）正しい。
ニ．（○）正しい。

問5 [計装（計測機器・制御システム・安全計装）]
【正解】(3) ロ、ハ

1章　学　識

イ．(×) 抵抗温度計ではなく、熱電温度計に関する記述である。
ロ．(○) 正しい。
ハ．(○) 正しい。
ニ．(×) 機器および設備に故障が生じたときでも、装置が安全な状態になるよう設計上配慮することをフェール・セーフという。

問題14 「ポンプあるいは圧縮機」の解説・解答

(1) ポンプ

問1 ［ポンプあるいは圧縮機］
【正解】(4) イ、ロ、ハ

イ．(○) 正しい。B点とA点の圧損の差（右図の d）が全体の圧損の増加量である。

ロ．(○) 題意のとおりである。運転点がAのときの絞り弁の抵抗はゼロであるから、問題文の抵抗曲線は「絞り弁を除く配管系」（以下、単に「配管系」という）の抵抗曲線であり、流量 Q による配管系の圧損の変化を表す。よって、流量が Q_1 のときの圧損（右図の a）と流量が Q_2 のときの圧損（上図の b）の差（h_1-h_0）が配管系の圧損の減少量である。

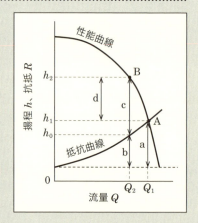

ハ．(○) 正しい。流量が Q_2 のときの絞り弁の圧損（上図の c）と流量が Q_1 のときの絞り弁の圧損（ゼロ）の差に相当する c、すなわち「h_2-h_0」が絞り弁自体の圧損の増加量である。

ニ．(×) 遠心ポンプの場合、絞り弁が全閉の状態で、軸動力は最小となる。

問2 ［ポンプあるいは圧縮機］
【正解】(4) ロ、ニ

イ．(×) 遠心ポンプでは取扱い液の密度が変わっても揚程はほぼ同一である。

ロ．(○) 正しい。ポンプの軸動力 P は、体積流量を q、液の密度を ρ、重力加速度を g、揚程を h、ポンプ効率を η とすると、$P = q\rho gh/\eta$ である。

ハ．(×) 往復ポンプのような容積形ポンプの吐出し量は回転数に比例するが、吐出し圧力は送液側の圧力で決まり、回転数には比例しない。

ニ．(○) 正しい。粘度が低下すると、ポンプ内部のすき間から吸込み側へリークするので、吐出し量は減少する。

「学識」過去問題の解説・解答

問3 ［ポンプあるいは圧縮機］

【正解】（1）イ、ロ

イ．（○）正しい。

ロ．（○）正しい。

ハ．（×）記述は逆である。締切り運転時の軸動力は、遠心ポンプでは最小となり、軸流ポンプでは最大となる。

ニ．（×）遠心ポンプ2台を直列運転する目的は、揚程を増大させるためである。

問4 ［ポンプあるいは圧縮機］

【正解】（2）ロ、ハ

イ．（×）下図参照（吸込み水面および吐出し水面にかかる圧力がともに大気圧の場合）。吐出し部直近の指示値は、吐出し実揚程に吐出し側摩擦損失を足したもの。

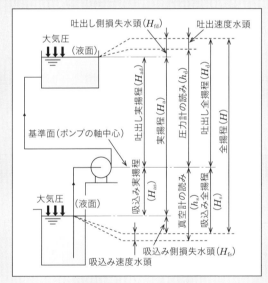

ロ．（○）正しい。ポンプ軸動力は $P = q\rho gh/\eta$ であり、軸動力 P は密度 ρ に正比例する。

ハ．（○）正しい。プランジャポンプの軸動力 P と回転数 N の関係は $P = V_0 N\rho gh/\eta$ であり、軸動力は回転数に正比例する。式中、V_0 は行程容積、ρ は液体の密度、g は動力加速度、h は揚程、η はポンプ効率である。

ニ．（×）ポンプの回転数を上げ流量を増やすと、「利用しうるNPSH」は小さくなる。流量を増加すると吸込み管内の摩擦損失が増え、ポンプ吸込み直前の圧力がその分下がることになり、「利用しうるNPSH」は小さくなる。

1章　学　識

問5 ［ポンプあるいは圧縮機］ ………………………………………………………

【正解】(1) イ、ロ

イ．(○) 正しい。

ロ．(○) 正しい。

ハ．(×) 遠心ポンプの揚程は、羽根車の回転数の2乗に正比例する。

ニ．(×) ターボ形（遠心、斜流、軸流）ポンプのうち軸流ポンプは、締切り起動・停止ができない。

問6 ［ポンプあるいは圧縮機］ ………………………………………………………

【正解】(2) イ、ハ

イ．(○) 正しい。

ロ．(×) 全揚程は実揚程と吸込み側・吐出し側の摩擦損失などの和として求められる。吸込み液面と吐出し液面の間の垂直距離は実揚程である。

ハ．(○) 正しい。理論動力 P_0〔W〕は、$P_0 = q\rho gh$ で計算できる。ここで q はポンプ吐出し量〔m^3/s〕、ρ は液体の密度〔kg/m^3〕、g は重力加速度〔m/s^2〕、h は全揚程〔m〕である。

ニ．(×) キャビテーションを発生させないためには、利用しうる NPSH ＞必要 NPSH である必要がある。このため、必要 NPSH が大きいほど、利用しうる NPSH も大きくしなければならないので、キャビテーションが起こる可能性は高くなる。

(2) 圧縮機

問1 ［ポンプあるいは圧縮機］ ………………………………………………………

【正解】(5) イ、ハ、ニ

イ．(○) 正しい。

ロ．(×) 危険速度を超えて運転してもよい。この場合、危険速度域を速やかに通過するようにする。

ハ．(○) 正しい。

ニ．(○) 正しい。

問2 ［ポンプあるいは圧縮機］ ………………………………………………………

【正解】(1) イ、ロ

イ．(○) 正しい。遠心圧縮機の風量 q、ヘッド h、動力 P は回転数 N の変化によって、圧力比があまり大きくなければ近似的に $q \propto N$（風量は回転数に比例）、$h \propto N^2$（ヘッドは回転数の2乗に比例）、$P \propto N^3$（動力は回転数 n の3乗に比例）の関係で変化する。

ロ．(○) 正しい。

94

ハ．（×）多段往復圧縮機の各段で中間冷却を行った場合の理論軸動力の合計は、1段で圧縮した場合の理論軸動力よりも小さい。

ニ．（×）圧縮前の圧力を p_1、圧縮後の圧力を p_2 とすると、圧力比は p_2/p_1 である。計算する場合は絶対圧力で計算する。1.0 MPa（ゲージ圧力）≒1.1 MPa（絶対圧力）なので、圧力比は 1.1/0.1＝11 となる。

問3 ［ポンプあるいは圧縮機］

【正解】(1) イ、ロ

イ．（○）段数を増やすと動力（単位時間当たりの仕事量）の節約になる（節約量が増える）。断熱圧縮では圧縮仕事＝内部エネルギーの増加量である。吐出し温度を吸込み温度まで冷却することは、この増加した内部エネルギーをすべて除去することになる（温度が同じなら内部エネルギーは同じ）。これより節約した仕事量に同等な熱量を除熱することになるので、節約した仕事量が増えれば除熱量も増える。

ロ．（○）吸込み側のガスの温度、圧力を T_1、p_1、吐出し側のガスの温度、圧力を T_2、p_2、比熱容量の比を γ とすると、断熱圧縮では吐出しガス温度 T_2 は次式で表される。

$$T_2 = T_1 \left(\frac{p_2}{p_1}\right)^{\frac{\gamma-1}{\gamma}}$$

したがって、比熱容量の比 γ が大きいほど、指数 $(\gamma-1)/\gamma = 1 - 1/\gamma$ は大きくなり、吐出しガス温度 T_2 は高くなる。

ハ．（×）ねじ圧縮機は容積形圧縮機であり、往復圧縮機と同様に、吐出し圧力は送気側の圧力によって決まる。なお、ターボ形圧縮機は、吐出し圧力が回転数のほぼ2乗に比例する性能をもつ。

ニ．（×）断熱圧縮の理論動力 N_{ad} は

$$N_{ad} = \frac{\gamma}{\gamma-1} p_1 Q_1 \left[\left(\frac{p_2}{p_1}\right)^{\frac{\gamma-1}{\gamma}} - 1\right] \text{(W)}$$

ここで、吸入ガス量 Q_1 は吸入条件（p_1、T_1）における実流量〔m³/s〕である。

同じ圧縮機で同じ条件で運転するので、p_1、p_2、Q_1 は同じである。さらに比熱比 γ が同じであれば断熱圧縮の理論動力は同じになる。

問4 ［ポンプあるいは圧縮機］

【正解】(2) イ、ハ

イ．（○）正しい。ピストン1ストロークで吸い込み、吐き出す体積は回転数によらずほぼ一定なので、吐出し体積流量は、回転数にほぼ比例する。

ロ．（×）ヘッド（圧力）が回転数の2乗にほぼ比例するのは遠心圧縮機である。

ハ．（○）正しい。ガスの温度が下がるので等温圧縮サイドにずれるので動力減少方

1章　学　識

向になる。

　ニ．（×）往復圧縮機容量調整に吐出し絞りはない。吐出し絞りで容量調整が行える
のは遠心圧縮機。

[問5] ［ポンプあるいは圧縮機］ ……………………………………………………

【正解】（3）ハ、ニ

　イ．（×）遠心圧縮機では、吐出し側の抵抗が大きくなると風量が減少し、逆流と圧
力変動が発生するサージング現象の不安定な運転状態となる。

　ロ．（×）圧縮の場合には、等温圧縮の仕事が最小となる。→断熱圧縮の理論軸動力
は、等温圧縮の場合よりも大きい。

　ハ．（○）正しい。

　ニ．（○）正しい。

問題15 「流体の漏えい防止」の解説・解答

[問1] ［流体の漏えい防止］ ……………………………………………………………

【正解】（5）ロ、ハ、ニ

　イ．（×）ピンホールなどから気体または液体が少量漏えいする場合、粘性流（層流）
であると考えられ、漏えい量はピンホールの内径の4乗に、また圧力差に比例し、粘
度およびピンホールの長さに反比例する。

　ロ．（○）正しい。

　ハ．（○）正しい。

　ニ．（○）正しい。

[問2] ［流体の漏えい防止］ ……………………………………………………………

【正解】（5）ロ、ハ、ニ

　イ．（×）ピンホール状ではなく相当大きな破断口から漏えいする場合は、液体と高
圧ガスでは計算式が異なる。

　ロ．（○）正しい。

　ハ．（○）正しい。

　ニ．（○）正しい。

[問3] ［流体の漏えい防止］ ……………………………………………………………

【正解】（2）ロ、ハ

　イ．（×）漏えい量 q は、次式のようにピンホールの内径 D の4乗と圧力差 Δp に比例

96

し、粘度 μ とピンホールの長さ L に反比例する。

$q = (\pi/128)\Delta p D^4/(\mu L)$

ロ．(○) 正しい。

ハ．(○) 正しい。

ニ．(×) 液化ガスを取り扱うメカニカルシールでは端面密封しゅう動部に蒸気がたまって、乾燥状態でしゅう動が行われると発熱事故を起こすので、しゅう動部の冷却とともにエコライジングパイプによるガス抜きを行う必要がある。

〔注〕エコライジングパイプとは、equalizing pipe（equalizing の equal は等しいのイコールです）、つまり均圧管です。

問 4 ［流体の漏えい防止］

【正解】(3) ロ、ハ

イ．(×) 液体がピンホール状ではなく相当大きな破断口から漏えいする場合、漏えい量 q〔m³/s〕は次式で表せる。

$q = CA\sqrt{2gh}$ 〔m³/s〕

ここで、C は流出係数で 0.5～0.6〔-〕、A は破断口の断面積〔m²〕、g は重力の加速度（9.8 m/s²）、h は破断口にかかる内外圧力差（液頭）〔m〕である。

これより、「漏えい量 q〔m³/s〕は流出係数、破断口にかかる内外圧力差（液頭）〔m〕の平方根に正比例する」が正しい。

ロ．(○) 正しい。

ハ．(○) 正しい。

ニ．(×) ドライガスシールを使用するうえで注意しなければならないことは、シール部に清浄なガスを供給することで、一般的にはガスの供給ラインにフィルタを付けて対処している。

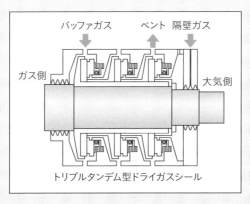

1章 学 識

問5 ［流体の漏えい防止］ ………………………………………………………

【正解】（1）イ、ロ

イ.（○）正しい。

ロ.（○）正しい。

ハ.（×）メカニカルシールのしゅう動面は摩耗するので、一方がカーボン、他方がステンレス、超硬合金、セラミックスなどを使用している。

ニ.（×）一般に継手およびガスケットの選定は使用条件（圧力、温度、流体の特性）、機器の要求性能を考慮して慎重に行う。流体の特性も考慮する必要がある。

2章
保安管理技術

問題 1 燃焼・爆発

【過去5年間の出題頻度】
毎回出題される。

【出題内容】

年度		出題内容
		燃焼・爆発
H26 (2014)	イ	分解爆発と通常の燃焼との違い
	ロ	**爆発限界**の温度依存性
	ハ	**粉じん爆発**
	ニ	**消炎距離**の定義
H27 (2015)	イ	高温物体による**発火**
	ロ	**消炎距離**の濃度依存性
	ハ	**最小発火エネルギー**のガスの種類による大小関係
	ニ	不活性ガス種類による希釈効果の違い
H28 (2016)	イ	自然**発火**の定義
	ロ	**消炎距離**と最大安全すきま
	ハ	爆ごうの伝ぱ速度、波面圧力
	ニ	**最小発火エネルギー**の圧力依存性
H29 (2017)	イ	**蒸気爆発**の定義
	ロ	断熱圧縮による**発火**
	ハ	**最小発火エネルギー**のガス種類依存性
	ニ	**消炎距離**（すき間が狭くなると消炎する理由）
H30 (2018)	イ	**爆発範囲**（空気中と酸素中の比較）
	ロ	引火点の定義
	ハ	静電気放電による**発火**
	ニ	**蒸気爆発**の定義

【今後の予想】
今後も問題1は「燃焼・爆発」と思われる。

問題 1　燃焼・爆発

重要項目

➡1. 爆発限界（爆発範囲）
- 爆発を起こす可燃性ガスと支燃性ガスの混合ガスの、可燃性ガスの濃度範囲で、その下限値を爆発下限界、上限値を爆発上限界という。
- 温度が高くなれば、下限界は低下し、上限界は上昇して爆発範囲は広くなる。
- 圧力が高くなれば、下限界は低下し、上限界は上昇して爆発範囲は広くなる。例外として、例えば一酸化炭素では、圧力が高くなれば爆発範囲は狭くなる。
- 酸素と混合した場合には、空気と混合した場合に比べて、爆発範囲は広くなる。
- 不活性ガス（N_2、CO_2など）を混入して酸素濃度を減少していけば、ある濃度以下では爆発しなくなる。CO_2で薄めるほうがN_2で薄めるより有効。

➡2. 消炎距離
- 可燃性混合ガス中を伝ぱする火炎が狭いすき間に進入し、周囲の壁で冷却されて火炎が維持できなくなり消炎する最大のすき間距離
  （消炎距離に対し、配管内や容器中の爆発火炎の消炎に必要な最大のすき間距離を最大安全すきまという。消炎距離＞最大安全すきま）
- 消炎距離の小さいガス：水素、アセチレン

➡3. 発火
- 自然発火：点火源がない状態での発火現象。
  熱発火理論：反応による発熱速度≧放熱速度　で発火
  連鎖発火理論：活性化学種の生成速度≧活性化学種の失活速度　で発火
- 外部発火源：電気火花
  　　　　　　静電気放電：ガス・液体の高速での噴出はこれに該当。摩擦熱ではない
  　　　　　　高温物体
  　　　　　　裸火
  　　　　　　断熱圧縮：高圧設備のバルブを急激に開く場合など
  　　　　　　衝撃波
  　　　　　　レーザ光などの光線
  　　　　　　打撃、摩擦、触媒

➡4. 最小発火エネルギー
- 爆発範囲内にある可燃性混合ガスを発火させるのに必要な最小のエネルギー。
- 濃度依存性：化学量論組成付近で最低値になり、爆発限界に近づくにつれ大きくなる。
- 温度依存性：温度が高いほど小さい。
- 圧力依存性：圧力が高いほど小さい。

101

2章 保安管理技術

➡5. 蒸気爆発

- 加圧下にある低温液化ガス、高温加熱液体の容器などの破裂により内圧が解放され、激しい沸騰が起こり、爆発的に蒸発する現象。物理的爆発であり、燃焼を伴う化学的爆発である「蒸気雲爆発」と混同しないこと。

 過去問題に挑戦！　　　　　　　　　　　　　解答・解説はp.168！

問1　　　　　　　　　　　　　　　　　　　　　　　　　　　　　[H26 問1]

次のイ、ロ、ハ、ニの記述のうち、燃焼・爆発について正しいものはどれか。

イ．ガスが爆発する場合には、必ず可燃性ガスと支燃性ガスの両者が必要となる。

ロ．可燃性混合ガスの爆発限界は温度により変化するが、同じ圧力でもガスの温度が低下すると密度が大きくなるため、爆発範囲が広がる。

ハ．石炭粉、小麦粉、金属粉などの微細な可燃性の粉じんが空気中に浮遊している状態では、発火源があれば爆発が生じることがある。

ニ．伝ぱする火炎が細い管やすき間に侵入するとき、火炎の前後で圧力変化がほとんどない場合に消炎する最大のすき間距離のことを、消炎距離という。

（1）イ、ロ　　（2）イ、ニ　　（3）ハ、ニ　　（4）イ、ロ、ハ　　（5）ロ、ハ、ニ

問2　　　　　　　　　　　　　　　　　　　　　　　　　　　　　[H27 問1]

次のイ、ロ、ハ、ニの記述のうち、燃焼・爆発について正しいものはどれか。

イ．可燃性混合ガスが高温物体と接触すると、発火することがある。

ロ．空気中の可燃性ガスの消炎距離は、空気との混合比によって変わり、爆発限界付近よりも化学量論組成のときのほうが小さい。

ハ．水素の化学量論組成における最小発火エネルギーは、飽和炭化水素のそれに比べて小さい。

ニ．不活性ガスの添加により可燃性混合ガスの爆発防止を図るとき、不活性ガスのモル数が同じであれば、その種類によらず効果は同じである。

（1）イ、ロ　　（2）イ、ニ　　（3）ハ、ニ　　（4）イ、ロ、ハ　　（5）ロ、ハ、ニ

問3　　　　　　　　　　　　　　　　　　　　　　　　　　　　　[H28 問1]

次のイ、ロ、ハ、ニの記述のうち、燃焼・爆発について正しいものはどれか。

イ．可燃性ガスと空気の混合ガスをある温度以上に保持すると、点火源がない状態でも酸化反応が進行し、その発熱により発火することがある。

ロ．密閉空間で可燃性混合ガスが発火して火炎がすき間に進入するとき、常温、大気

圧での消炎距離よりすき間が狭い場合でも、火炎が消炎されないことがある。
ハ．爆ごうの伝ぱ速度は約 1 000 〜 3 000 m/s であり、波面前後での圧力変化はほとんどない。
ニ．可燃性混合ガスの最小発火エネルギーは、圧力の減少に伴い増大するため、減圧下では発火しにくくなる。
(1) イ、ロ　　(2) ロ、ハ　　(3) ハ、ニ　　(4) イ、ロ、ニ　　(5) イ、ハ、ニ

問4 [H29 問1]
次のイ、ロ、ハ、ニの記述のうち、燃焼・爆発について正しいものはどれか。
イ．加圧下で貯蔵されている低温液化ガスの容器が破裂すると、激しい沸騰が生じて爆発的に蒸発することがある。これは蒸気爆発である。
ロ．高圧設備のバルブを急激に開くと、高圧ガスの流入により下流のガスが断熱圧縮されて高温となり、発火することがある。
ハ．最小発火エネルギーは可燃性ガスの種類によって異なり、アンモニアは水素やアセチレンよりも最小発火エネルギーが大きい。
ニ．可燃性ガス中を伝ぱする火炎が狭いすき間に入ると消炎することがあるのは、狭いすき間では可燃性ガス濃度が爆発下限界より低くなるためである。
(1) イ、ハ　　(2) イ、ニ　　(3) ロ、ニ　　(4) イ、ロ、ハ　　(5) ロ、ハ、ニ

問5 [H30 問1]
次のイ、ロ、ハ、ニの記述のうち、燃焼・爆発について正しいものはどれか。
イ．可燃性ガスの爆発範囲は、空気中と比較して酸素中では広くなる。
ロ．可燃性液体の液面に小火炎を近づけた場合、発火が生ずる可燃性液体の最低温度を引火点という。
ハ．可燃性の高圧ガスがノズルから噴出するときに発火することがあるのは、摩擦熱のためである。
ニ．加圧されている低温液化ガスや高温加熱液体が容器の破裂などで急激に減圧した際に、爆発的に蒸発する現象は、蒸気爆発である。
(1) イ、ロ　　(2) イ、ハ　　(3) ハ、ニ　　(4) イ、ロ、ニ　　(5) ロ、ハ、ニ

問題 2 ガスの性質・利用方法

〘過去5年間の出題頻度〙

毎回出題される。以前は学識でも出題されたが、最近は出題されていない。

〘出題内容〙

年度		出題内容
		ガスの性質
H26 (2014)	イ	LPガス（帯電危険性）
	ロ	エチレン（構造分類、用途）
	ハ	アセチレン（混触危険性）
	ニ	液化アンモニア（混触危険性）
H27 (2015)	イ	水素（拡散速度、熱伝導率）
	ロ	メタン（構造分類、ガス比重）
	ハ	アンモニア（用途）
	ニ	ヘリウム（沸点、用途）
		ガスの性質・利用方法
H28 (2016)	イ	水素（貯蔵方法）
	ロ	一酸化炭素（性質、生成条件）
	ハ	塩素（性質）
	ニ	二酸化炭素（性質）
		ガスの性質
H29 (2017)	イ	一酸化炭素（性質）
	ロ	プロピレン（用途）
	ハ	モノシラン（性質）
	ニ	モノゲルマン（性質）
H30 (2018)	イ	アセチレン（危険性）
	ロ	一酸化炭素（人体への影響）
	ハ	塩素（金属への腐食性）
	ニ	窒素（性質）

　ガス各論の中の各種ガスの性質（性状、毒性、反応性、燃焼・爆発の危険性、腐食性など）について出題される。

〘今後の予想〙

　今後も問題2は「ガスの性質・利用方法」と思われる。

問題 2　ガスの性質・利用方法

重要項目

➡1. 出題頻度が高いのは可燃性ガスと毒性ガス

ガス名		出題有無					出題内容		
		H26	H27	H28	H29	H30	性質	用途	製造法
1 可燃性ガスおよび支燃性ガス	1.1 水素		○	○			○		
	1.2 メタン			○			○		
	1.3 LPガス	○					○		
	1.4 エチレン（酸化エチレンも含む）	○					○	○	
	1.5 プロピレン				○		○	○	
	1.6 アセチレン	○				○	○		
	1.7 酸素および空気								
2 毒性ガス	2.1 一酸化炭素			○	○	○	○		
	2.2 アンモニア	○	○				○	○	
	2.3 シアン化水素						○		
	2.4 塩素			○		○	○		
	2.5 フッ素						○		
	2.6 亜酸化窒素および一酸化窒素						○		
	2.7 ホスゲン								
3 不燃性ガス	3.1 希ガス		○ He				○	○	
	3.2 窒素					○	○		
	3.3 二酸化炭素			○			○		
4 フルオロカーボン									
5 特殊高圧ガス	5.1 シランおよびジシラン				○		○		
	5.2 アルシン								
	5.3 ホスフィン								
	5.4 ジボラン								
	5.5 ゲルマン				○				
	5.6 セレン化水素								
	5.7 三フッ化窒素								

- 上の表の出題内容で、一番重要なのが各ガスの「性質」である。「過去問題に挑戦！」と3章の「模擬試験」で、出題頻度の高い可燃性ガスと毒性ガスの性質を把握しておくこと。
- 4フルオロカーボン、5特殊高圧ガスはほとんど出ていない。ただし、平成29（2017）

2章　保安管理技術

年に特殊高圧ガスから2題出題されたので無視はできない。

●1. ガスの金属に対する反応性・腐食性

本問題と「高圧装置用材料・材料の劣化」に出ることがある。特に、アセチレン、アンモニア、塩素は要チェック。

ガス名	金属に対する反応性・腐食性
水素	水素は金属結晶格子の中に容易に侵入し、金属中を拡散するため、材料の強度の劣化などのいわゆる水素脆化を起こす危険性がある。高温高圧で水素ガスが金属中に浸透すると、冷却により金属組織内にできた微小空隙中に水素分子として蓄積し、水素ガスの高圧力と材料の冷却応力が加わって組織を破壊して内部に欠陥を残すことがある。また、水素は高温高圧において鋼材中の炭素と反応してメタンを生成し、脱炭作用による水素侵食を起こす。
アセチレン	アセチレンは銅および銀ならびにそれらの塩と接触すると、金属アセチリドが生成し、それが極めて容易に分解を起こし、アセチレンの分解爆発を引き起こす危険性が高いので、銅や銀などとの接触は避けなければならない。なお、銅の含有率62%以上の銅合金も使用を避ける。
酸素	高温において、空気（酸素）、水蒸気、二酸化炭素などにより酸化が起こる。
一酸化炭素	鉄、コバルト、ニッケルなどの金属と反応して金属カルボニルを生成する。例えば、微粉状のニッケルとは100℃以上で反応してニッケルカルボニルをつくる。鉄とは高圧で反応して揮発性の鉄カルボニル［$Fe(CO)_5$］を生成することにより鉄を侵食する。また、高温の一酸化炭素 は鋼などと接触すると、炭素を生成して金属組織内に拡散浸透することにより、いわゆる浸炭を起こし、金属材料を脆化させる。したがって、高温や高圧の一酸化炭素を使用する場合は炭素鋼、低合金鋼の使用を避けなければならない。
アンモニア	アンモニアは銅および銅合金に対して激しい腐食を示す。鉄および鉄合金に対しては腐食性は示さないが、アンモニア合成プラントなどのように、高温・高圧下でアンモニアの生成および分解が生じる条件では、普通鋼に対して窒化および水素脆化作用を示す。
塩素	水分を含んだ塩素ガスは常温でも極めて腐食性が強く、チタン以外のほとんどの金属材料を激しく腐食するが、乾燥した塩素ガスは常温では金属に対する腐食性がほとんどなく、鉄も十分使用できる。しかし、湿った塩素に対して耐食性のあるチタンも、乾燥した塩素に対しては 激しく反応し、発火燃焼してガス状の四塩化チタンになる。したがって、チタンを乾燥した塩素の配管などに使ってはならない。また、鉄では120℃を超えると腐食が進み、高温になると急激に反応して塩化物になる。
フッ素	フッ素は腐食性が強く常温でもほとんどの金属と反応してフッ化物をつくる。しかし、アルミニウム、マグネシウム、銅、鉄、ニッケルなどの金属は、フッ素と接触すると金属表面に薄いフッ化物の皮膜（不動態皮膜）が形成されるため、内部への腐食の侵入が抑制される。
ホスゲン	ホスゲンは常温において乾燥状態では通常の金属材料をほとんど腐食しないが、水分は存在すると加水分解し、塩酸を生ずるために金属を腐食する。

問題2 ガスの性質・利用方法

（つづき）

ガス名	金属に対する反応性・腐食性
窒素	高温の窒素ガスは、金属に侵入して窒化物を生成するので、炭素鋼や低合金鋼は脆化する。ステンレス鋼、特にニッケル量の高いオーステナイト系ステンレス鋼は、耐窒化性が良い。
二酸化炭素	乾燥したガスは炭素鋼に対してほとんど影響を与えないが、水分を含むと炭酸を生じるため炭素鋼を腐食させる。酸素が共存したり、高圧になると腐食はさらに激しくなる。
硫化水素	硫化水素やこれを含む高温ガスは、金属と反応して硫化する。炭素鋼やニッケルは硫化しやすく、一方、アルミニウムやクロムは優れた耐硫化性をもつ。クロムを加えた鋼では、鉄-クロム複合硫化物皮膜を生成するため耐硫化性が改善される。しかし、水素が共存すると硫化物皮膜は多孔質化して保護性が低下するため、ステンレス鋼の使用が必要となる。

 過去問題に挑戦！　　　　　　　　　　解答・解説は p.169！

問1 [H26問2]

次のイ、ロ、ハ、ニの記述のうち、ガスの性質について正しいものはどれか。
イ．LPガスは、電気絶縁性が高く、流動、滴下、噴霧、漏れなどの際に静電気が蓄積されやすく、その放電による火花で発火する危険性が高い。
ロ．エチレンは、簡単な構造のパラフィン炭化水素で、石油化学工業の基礎原料として重要な位置を占めている。
ハ．アセチレンは、銅、銀およびそれらの塩と接触すると、金属アセチリドを生成し、それがアセチレンの分解爆発を引き起こす危険性が高い。
ニ．液化アンモニアは、ハロゲン、強酸などと接触すると激しく反応し、発火爆発することもある。
(1) イ、ロ　　(2) イ、ハ　　(3) ロ、ニ　　(4) イ、ハ、ニ　　(5) ロ、ハ、ニ

問2 [H27問2]

次のイ、ロ、ハ、ニの記述のうち、ガスの性質について正しいものはどれか。
イ．水素は、拡散速度が気体の中で最も小さく、熱伝導率も非常に小さい。
ロ．メタンは、オレフィン炭化水素であり、空気より重いガスである。
ハ．アンモニアは、肥料、工業製品、合成繊維などの原料であり、冷凍冷蔵用冷媒としても使用されている。
ニ．ヘリウムは、沸点が物質の中で最も低く、液体ヘリウムは医療用の磁気共鳴画像

2章　保安管理技術

診断装置（MRI）の超伝導マグネットの冷却などに用いられる。

(1) イ、ロ　　　(2) イ、ハ　　　(3) ハ、ニ　　　(4) イ、ロ、ニ　　　(5) ロ、ハ、ニ

問3 ‖‖[H28 問2]

次のイ、ロ、ハ、ニの記述のうち、ガスの性質・利用方法について正しいものはどれか。

イ．水素の貯蔵は、気体、液体で行うほか、水素吸蔵合金を利用する方法がある。

ロ．一酸化炭素は、無色の不燃性のガスであり、炭化水素系燃料の不完全燃焼の際に発生する。

ハ．塩素は、空気より重く、激しい刺激臭のあるガスであり、毒性が極めて強く、可燃性物質に対して支燃性を示す。

ニ．二酸化炭素は、無色、無臭のガスであり、大気圧では低温にすると液化することなく直接固体になる。

(1) イ、ロ　　　(2) イ、ニ　　　(3) ロ、ハ　　　(4) イ、ハ、ニ　　　(5) ロ、ハ、ニ

問4 ‖‖[H29 問2]

次のイ、ロ、ハ、ニの記述のうち、ガスの性質について正しいものはどれか。

イ．一酸化炭素は、極めて酸化性が強い。

ロ．プロピレンは、重合すればポリプロピレン、水素化すればプロパンになる。

ハ．モノシランは、可燃性であるだけでなく、自然発火性がある。

ニ．モノゲルマンは、青色、無臭の不燃性ガスで、毒性がある。

(1) イ、ロ　　　(2) イ、ニ　　　(3) ロ、ハ　　　(4) イ、ハ、ニ　　　(5) ロ、ハ、ニ

問5 ‖‖[H30 問2]

次のイ、ロ、ハ、ニの記述のうち、ガスの性質について正しいものはどれか。

イ．アセチレンは分解爆発を起こす危険性がなく、そのまま圧縮して容器に充てんすることができる。

ロ．一酸化炭素を吸入すると、赤血球の機能を破壊して酸素運搬機能が失われ、死に至ることがある。

ハ．乾燥した塩素ガスは、チタンに対して腐食性がないが、水分を含むとチタンに対する腐食性が強くなる。

ニ．窒素は、無色、無臭で、常温付近では不活性なガスである。

(1) イ、ハ　　　(2) ロ、ハ　　　(3) ロ、ニ　　　(4) イ、ロ、ニ　　　(5) イ、ハ、ニ

問題3
高圧装置用材料・材料の劣化

〘過去5年間の出題頻度〙

毎回出題される。以前は、高圧装置用材料として金属材料から1問、材料の劣化（腐食）から1問出題されていたが、最近は「高圧装置用材料と材料の劣化」で1問の出題。

〘出題内容〙

☐高圧装置用材料　　☐材料の劣化

年度		出題内容
		材料の腐食と防食
H26 (2014)	イ	アンモニア溶液に対する使用材料
	ロ	低温用材料
	ハ	炭素鋼の腐食特性
	ニ	通気差腐食
		材料の選定と腐食の検査
H27 (2015)	イ	ネルソン線図
	ロ	低温用材料
	ハ	エロージョン・コロージョン
	ニ	行き止まり配管の腐食
		材料の強度と劣化
H28 (2016)	イ	アンモニア溶液と銅合金
	ロ	低温用材料
	ハ	保温材への雨水浸入
	ニ	通気差腐食
		材料の劣化
H29 (2017)	イ	水素脆化
	ロ	炭素鋼の腐食特性
	ハ	行き止まり配管の腐食
	ニ	鋭敏化
		材料の腐食、劣化
H30 (2018)	イ	通気差腐食
	ロ	腐食検査対象：流れの方向が急に変化する箇所
	ハ	電気防食法
	ニ	溶接部の低温割れ

〘今後の予想〙

今後も問題3は「高圧装置用材料・材料の劣化」と思われる。

保安管理技術

109

2章　保安管理技術

最近出題が多い「材料の劣化（腐食）」の出題範囲は次のとおり。

	保安管理技術					
	H26	H27	H28	H29	H30
1　腐食概説					
2.1　腐食電池					
2.2　種々の金属の腐食特性	○			○	
2.3　種々の湿食	○		○	○	○
2.4　まとめ					
3　乾食		○			
4.1　腐食対策の考え方					
4.2　各種の防食法					○
5.1　摩耗とエロージョンの違い					
5.2　エロージョンの種類					
5.3　材料の耐エロージョン性					
腐食の検査対象		○	○	○	○
その他（「材料の劣化」範囲外）	○	○		○	○

特記事項

保安管理技術
　平成26年：その他は炭素鋼とステンレス鋼の低温脆性
　平成27年：腐食の検査対象としての流れの方向が急に変化する箇所と行き止まり配管
　平成27年：その他は低温用材料
　平成28年：腐食の検査対象：保温材下の機器の外面腐食（雨水浸入）
　平成29年：腐食の検査対象：行き止まり配管
　平成29年：その他は炭素鋼（高温高圧でアンモニアの生成および分解が生じる条件下での水素脆化）
　平成30年：腐食の検査対象としての流れの方向が急に変化する箇所
　平成30年：その他は溶接部の低温割れ

　腐食の検査対象として出題された「流れの方向が急に変化する箇所」、「行き止まり配管」、「保温材下の機器の外面腐食」については、出題過去問で確認されたい。

問題 3 高圧装置用材料・材料の劣化

過去問題に挑戦！

解答・解説は p.171！

問 1 ....[H26 問 3]

次のイ、ロ、ハ、ニの記述のうち、材料の腐食と防食について正しいものはどれか。

イ．アンモニア溶液の熱交換器の伝熱管に熱伝導率の高い銅合金を採用した。

ロ．低温での脆性破壊を防止するために、機器の材料を炭素鋼からオーステナイト系ステンレス鋼に変更した。

ハ．コンクリート中の鉄筋は、コンクリートがアルカリ性であるため、表面に不動態皮膜を生成し、耐食性を示す。

ニ．炭素鋼製機器の内面にこぶ状のかさの高いさび（さびこぶ）が生じると、さびこぶの下は酸素の供給が遮断されるので腐食は進行しない。

(1) イ、ロ　　(2) ロ、ハ　　(3) ハ、ニ　　(4) イ、ロ、ニ　　(5) イ、ハ、ニ

問 2 ....[H27 問 3]

次のイ、ロ、ハ、ニの記述のうち、材料の選定と腐食の検査について正しいものはどれか。

イ．ネルソン線図を用いて高温高圧の水素ガス配管の材料として、炭素鋼ではなくクロム-モリブデン鋼を採用した。

ロ．液体窒素の配管の脆性破壊を防止するために、配管材料をフェライト系ステンレス鋼にした。

ハ．腐食性流体が流れる配管のエルボおよびティーのように流れの方向が急に変化する箇所は、エロージョン・コロージョンが生じやすいので、局部腐食の検査対象とした。

ニ．行き止まり配管は、内部流体がほとんど流れないため、腐食減肉の検査対象から除外した。

(1) イ、ハ　　(2) ロ、ニ　　(3) ハ、ニ　　(4) イ、ロ、ハ　　(5) イ、ロ、ニ

問 3 ....[H28 問 3]

次のイ、ロ、ハ、ニの記述のうち、材料の強度と劣化について正しいものはどれか。

イ．アンモニア溶液の冷却を行う熱交換器のチューブに、熱伝導率の高い銅合金を採用した。

ロ．低温での脆性破壊を防止するために、配管材料を炭素鋼からオーステナイト系ステンレス鋼に変更した。

ハ．機器の保温材に雨水が浸入すると、保温材下の機器の外面腐食の原因になること

111

2章　保安管理技術

がある。

ニ．機器の内面に発生したさびこぶの下は、酸素の供給が遮断されるので腐食の進行が抑制される。

(1)　イ、ロ　　　(2)　ロ、ハ　　　(3)　ハ、ニ　　　(4)　イ、ロ、ニ　　　(5)　イ、ハ、ニ

問4 ||||||||||||||||||||||||||||||||||||||||||||||||||||||||||||||||||||||||||||||||||||||[H29 問3]

次のイ、ロ、ハ、ニの記述のうち、材料の劣化について正しいものはどれか。

イ．炭素鋼は、高温高圧でアンモニアの生成および分解が生じる条件では、水素脆化を起こすことがある。

ロ．コンクリート中の鉄筋は、コンクリートがアルカリ性であるため、表面に不動態皮膜を生成し、耐食性を示す。

ハ．行き止まり配管は、内部流体がほとんど流れないため、腐食減肉の検査対象から除外した。

ニ．オーステナイト系ステンレス鋼 SUS 304 の溶接熱影響部において、炭化クロムの生成により不動態皮膜が生成できなくなる現象を鋭敏化という。

(1)　イ、ロ　　　(2)　ロ、ハ　　　(3)　ハ、ニ　　　(4)　イ、ロ、ニ　　　(5)　イ、ハ、ニ

問5 ||||||||||||||||||||||||||||||||||||||||||||||||||||||||||||||||||||||||||||||||||||||[H30 問3]

次のイ、ロ、ハ、ニの記述のうち、材料の腐食、劣化について正しいものはどれか。

イ．炭素鋼の水配管の内面にさびこぶ（こぶ状のかさの高いさび）が生じると、さびこぶの下は酸素の供給が遮断されるので腐食は進行しない。

ロ．腐食性液体が流れる配管のエルボおよびティーのように流れの方向が急に変化する箇所は、エロージョン・コロージョンが生じる可能性があるので、腐食の検査対象とした。

ハ．炭素鋼配管の高温ガス腐食を防止するために、電気防食法を適用した。

ニ．高張力鋼、低合金鋼の溶接部で生じやすい低温割れを防止するために、低水素系の溶接棒を使用した。

(1)　イ、ハ　　　(2)　ロ、ハ　　　(3)　ロ、ニ　　　(4)　イ、ロ、ニ　　　(5)　イ、ハ、ニ

112

問題 4
計装 (計測機器・制御システム・安全計装)

【過去5年間の出題頻度】

毎回出題される。以前は計測機器からの出題であったが、2015年度より制御システムと安全計装も出るようになった。

【出題内容】

計測機器 ☐ 制御システム・安全計装

年度		出題内容
		計測器
H26 (2014)	イ	測温抵抗体材料
	ロ	電磁流量計の用途
	ハ	差圧式流量計の圧力損失
	ニ	ブルドン管圧力計の用途
		計測機器および制御システム
H27 (2015)	イ	フール・プルーフ
	ロ	オリフィス流量計の直管部
	ハ	隔膜式圧力計
	ニ	微分動作
		計装
H28 (2016)	イ	差圧発信器
	ロ	微分動作
	ハ	ベンチュリ流量計
	ニ	インターロックシステム
H29 (2017)	イ	フール・プルーフ
	ロ	積分動作（制御動作）
	ハ	電磁流量計
	ニ	バイメタル式温度計
H30 (2018)	イ	バイメタル式温度計、液体充満圧力式温度計
	ロ	容積式流量計、ベンチュリ流量計
	ハ	ディスプレーサ式液面計
	ニ	フール・プルーフ

【今後の予想】

今後も問題4は「計装（計測機器・制御システム・安全計装）」と思われる。

2章　保安管理技術

1. 計測機器

記述4つのうち2つ以上が計測機器から出題されている。

計測機器		保安管理技術				
		H26	H27	H28	H29	H30
温度計	ガラス製温度計					
	バイメタル式温度計				○	○
	液体充満圧力式温度計					○
	熱電温度計					
	抵抗温度計	○				
	放射温度計					
	赤外線温度計					
圧力計	U字管圧力計					
	重錘式圧力計					
	ブルドン管圧力計	○				
	隔膜式圧力計		○			
	ベローズ式圧力計					
	差圧発信器			○		
流量計	差圧式流量計	○ オリフィス	○ オリフィス	○ ベンチュリ		○ ベンチュリ
	面積式流量計					
	渦流量計					
	容積式流量計					○
	タービン式流量計					
	電磁流量計	○			○	
	超音波式流量計					
液面計	ゲージグラス					
	差圧式液面計					
	ディスプレーサ式液面計					○
	タンクゲージ					
	金属管式マグネットゲージ					
分析計	ガスクロマトグラフ					
	赤外線式分析計					
	熱伝導度式分析計					
	ジルコニア式酸素計					
	磁気式酸素計					

問題 4　計装（計測機器・制御システム・安全計装）

◆ 2. 安全計装

以下に示す意味をわかることが重要。

	意味	参考
フール・プルーフ	人為的に不適切な操作、過失を犯さないよう機器に対して配慮すること。仮にミスを犯しても機器の安全性を保持すること。	「フール・プルーフ（fool proof）」の意味 ・愚か者（fool）の使用にも耐用（proof）しうる設計思想 ・誰が使っても安全である設計思想 ・"ポカヨケ"や"バカヨケ"とも呼ばれる
フェール・セーフ	機器、設備に異常が生じても装置が安全な状態になるよう設計上配慮すること。	「フェール・セーフ（fail safe）」の意味 ・機械装置やシステムは必ず故障するという前提に立った設計思想 ・失敗・故障・異常（fail）が発生した場合、安全（safe）側に作動し被害の拡大を防ぐ設計思想
冗長システム	システムの一部に何らかの障害が発生した場合に備えて、障害発生後でもシステム全体の機能を維持し続けられるように、予備装置を平常時からバックアップとして配置し運用しておくこと。	冗長（じょうちょう）：（一般的な意味は）必要以上に物事が多く無駄なこと、長いこと、またはその様子。

 過去問題に挑戦！　　　　　　　　　　　　解答・解説は p.172！

問1 ....[H26 問4]

次のイ、ロ、ハ、ニの記述のうち、計測機器について正しいものはどれか。

イ．抵抗温度計の測温抵抗体材料として白金は適している。
ロ．導電性のある腐食性流体の流量測定に電磁流量計を使用した。
ハ．配管の圧力損失を小さくするためベンチュリ流量計をオリフィス流量計に交換した。
ニ．ブルドン管圧力計は、ブルドン管に圧力を加えたときの変形を利用しているので、負のゲージ圧力（真空計）の測定には使用できない。

（1）イ、ロ　　（2）イ、ニ　　（3）ロ、ハ　　（4）イ、ハ、ニ　　（5）ロ、ハ、ニ

問2 ....[H27 問4]

次のイ、ロ、ハ、ニの記述のうち、計測機器および制御システムについて正しいものはどれか。

115

2章　保安管理技術

イ．不適切な操作や過失を犯さないよう機器に対して配慮することと、仮にミスを犯
　　しても機器の安全性を保持することをフール・プルーフという。

ロ．オリフィス流量計を設置する場合、上流にはある長さの直管部が必要であるが、
　　下流では直管部の長さを考慮する必要はない。

ハ．腐食性流体やスラリーなどの固形物が混入した液体の圧力計に、隔膜式圧力計を
　　使用した。

ニ．計装制御システムにおける微分動作は、偏差の変化速度に正比例して操作量を変
　　える制御動作である。

(1) イ、ロ　　　(2) イ、ニ　　　(3) ロ、ハ　　　(4) イ、ハ、ニ　　　(5) ロ、ハ、ニ

問3 ||||||||||||||||||||||||||||||||||||||||||||||||||||||||||||||||||||||||||||||||||||||||||||||||||||||||||[H28 問4]

次のイ、ロ、ハ、ニの記述のうち、計装について正しいものはどれか。

イ．流量測定や液面測定に用いられる検出部の信号伝送器として差圧発信器を使用し
　　た。

ロ．微分動作（D動作）とは、目標値に対する制御量の偏差の変化速度に正比例して
　　操作量を変える制御動作である。

ハ．ベンチュリ流量計は、オリフィス流量計に比べ圧力損失が大きく、構造上沈殿物
　　がたまりやすい。

ニ．必要な起動条件が確保されていなければ機器が動作しないようにするため、イン
　　ターロックシステムを採用した。

(1) イ、ハ　　　(2) ロ、ハ　　　(3) ロ、ニ　　　(4) イ、ロ、ニ　　　(5) イ、ハ、ニ

問4 ||||||||||||||||||||||||||||||||||||||||||||||||||||||||||||||||||||||||||||||||||||||||||||||||||||||||||[H29 問4]

次のイ、ロ、ハ、ニの記述のうち、計装について正しいものはどれか。

イ．計装機器のフール・プルーフとして、緊急時のみに操作するスイッチに二段操作
　　式スイッチを採用した。

ロ．積分動作は、偏差の変化量に比例して操作量を変える制御動作であり、通常は比
　　例動作、微分動作と組み合わせて用いられる。

ハ．電磁流量計は、導電性の流体であれば、混入物を含む液体、腐食性液体の測定も
　　可能である。

ニ．バイメタル式温度計は、熱膨張率の異なる2種類の薄い金属を貼り合わせたも
　　のであり、白金抵抗温度計と比べ使用温度範囲が広い。

(1) イ、ロ　　　(2) イ、ハ　　　(3) ハ、ニ　　　(4) イ、ロ、ニ　　　(5) ロ、ハ、ニ

問題 4 計装（計測機器・制御システム・安全計装）

問 5 [H30 問 4]

次のイ、ロ、ハ、ニの記述のうち、計装について正しいものはどれか。

イ．バイメタル式温度計と液体充満圧力式温度計は、熱膨張を利用した温度計である。
ロ．容積式流量計は、異物を含む流体の場合や圧力損失を小さくしたい場合に用いられる。
ハ．ディスプレーサが受ける浮力を利用するディスプレーサ式液面計では、界面の測定も可能である。
ニ．不適切な操作や過失をしないように機器に対して配慮することや、仮にミスを犯しても機器の安全性を保持することをフール・プルーフという。

(1) イ、ロ　　(2) イ、ニ　　(3) ロ、ハ　　(4) イ、ハ、ニ　　(5) ロ、ハ、ニ

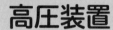

問題5 高圧装置

毎回出題される。

【出題内容】

年度		出題内容
		塔槽など
H26 (2014)	イ	流動床式反応器
	ロ	蒸留塔
	ハ	吸収塔
	ニ	吸着塔
		高圧ガス容器とその附属品
H27 (2015)	イ	継目なし容器
	ロ	溶接容器
	ハ	超低温容器
	ニ	繊維強化プラスチック複合容器
		管継手
H28 (2016)	イ	差込み溶接式管継手
	ロ	突合せ溶接式管継手
	ハ	フランジ式管継手
	ニ	ホットボルティングを要する管継手
		高圧装置
H29 (2017)	イ	吸着塔
	ロ	固定床管式反応器
	ハ	単殻式球形貯槽
	ニ	プレート式熱交換器
		貯槽
H30 (2018)	イ	球形貯槽
	ロ	横置円筒形貯槽
	ハ	二重殻式円筒形貯槽
	ニ	二重殻式平底円筒形貯槽

【今後の予想】

今後も問題5は「高圧装置」と思われる。

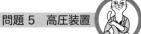

問題 5　高圧装置

重要項目

- **塔槽類**：反応器、吸着塔、蒸留塔、吸収塔
- **貯槽**：球形貯槽、二重殻式の円筒形貯槽・平底円筒形貯槽
- **熱交換器**：プレート式熱交換
- **高圧ガス容器**：容器の分類と形状・構造
- **管・管継手・バルブ**：管継手

高圧装置			保安管理技術				
			H26	H27	H28	H29	H30
塔槽類	反応器		○			○	
	蒸留塔		○				
	吸収塔		○				
	吸着塔		○			○	
	再生塔						
	槽						
貯槽	球形貯槽					○	○
	円筒形貯槽						○
	二重殻式平底円筒形貯槽						○
熱交換器	種類	多管円筒形熱交換器					
		二重管式熱交換器					
		プレート式熱交換器				○	
		空冷式熱交換器					
		蒸発器					
	特徴						
高圧ガス容器	容器の分類と形状・構造			○			
	刻印・表示						
	高圧ガス容器とその附属品						
管・管継手・バルブ	管						
	管継手				○		
	配管設計上の注意						
	バルブ						

119

2章 保安管理技術

 過去問題に挑戦！　　　　　　　　　　　解答・解説は p.174！

問 1 ‖‖‖[H26 問 5]

次のイ、ロ、ハ、ニの記述のうち、塔槽などについて正しいものはどれか。

イ．反応器のうち、固体触媒粒子が流動化した状態でガスと接触して、反応を起こさせるものを流動床式反応器という。

ロ．多成分系の混合液をその各成分の蒸気圧の差を利用して、目的に応じた成分に分離する塔を蒸留塔という。

ハ．液体または固体の混合物に溶剤を加え、その混合物中からある特定の物質のみを取り出し、他の物質と分離する塔を吸収塔という。

ニ．原料に含まれる特定成分を固体の吸着剤を用いて分離する塔を吸着塔という。

（1）イ、ハ　　（2）ロ、ハ　　（3）ロ、ニ　　（4）イ、ロ、ニ　　（5）イ、ハ、ニ

問 2 ‖‖‖[H27 問 5]

次のイ、ロ、ハ、ニの記述のうち、高圧ガス容器とその附属品について正しいものはどれか。

イ．継目なし容器は、継目なし鋼管の両端を鍛造により成形加工したもので、一般に内容積 47 L 程度以下の可搬式中小容器に使用されている。

ロ．溶接容器は、鋼板などを冷間加工で成形し、溶接によって接合したもので、LPガスのような蒸気圧が比較的低い液化ガス用の容器に使用される。

ハ．超低温容器は、内槽と外槽からなり、可搬式のものは一般にその間に不活性ガスが封入されている。

ニ．繊維強化プラスチック複合容器は、容器のライナに樹脂含浸連続繊維を巻き付けた複合構造を有するものである。

（1）イ、ロ　　（2）イ、ハ　　（3）ハ、ニ　　（4）イ、ロ、ニ　　（5）ロ、ハ、ニ

問 3 ‖‖‖[H28 問 5]

次のイ、ロ、ハ、ニの記述のうち、管継手について正しいものはどれか。

イ．差込み溶接式管継手は、振動や腐食の激しい箇所や急激な温度変化が生じる箇所には使用を避けたほうがよい。

ロ．突合せ溶接式管継手は、溶接が完全溶込みであり適正な熱処理が施された場合でも、接続される管材料と同等以上の強さを有することはない。

ハ．フランジ式管継手は、配管の分解組立を容易にする目的で使用されるが、漏えいを生じる要因の1つになるのでその使用は必要最小限となるよう設計されなけれ

問題 5　高圧装置

ばならない。

ニ．高圧配管のフランジ式管継手に用いられる金属ガスケットは、締付けによる変形
　後の復元力が小さいため、高温配管に使う場合は、ホットボルティングなどの考慮
　が必要である。

(1) イ、ロ　　(2) イ、ニ　　(3) ロ、ハ　　(4) イ、ハ、ニ　　(5) ロ、ハ、ニ

問 4 |||||||||||||||||||||||||||||||||||||||||||||||||||||||||||||||||||||||||||||||||||||||||||||||[H29 問 5]

次のイ、ロ、ハ、ニの記述のうち、高圧装置について正しいものはどれか。

イ．吸着塔は、オルト、メタ、パラの 3 種の異性体が混ざった混合キシレンからパ
　ラキシレンを分離するのに用いることがある。

ロ．固定床管式反応器は、有効触媒量を大きくとることが構造上難しい。

ハ．単殻式の球形貯槽は、プロパン、ブタンなどの液化ガスを常圧で大容量貯蔵する
　のに適した形式である。

ニ．プレート式熱交換器のプレート上の波形は、流体を層流にして伝熱を良くしたり、
　伝熱面積を増やすなどの役目を果たしている。

(1) イ、ロ　　(2) イ、ニ　　(3) ハ、ニ　　(4) イ、ロ、ハ　　(5) ロ、ハ、ニ

問 5 |||||||||||||||||||||||||||||||||||||||||||||||||||||||||||||||||||||||||||||||||||||||||||||||[H30 問 5]

次のイ、ロ、ハ、ニの記述のうち、貯槽について正しいものはどれか。

イ．球形貯槽は、プロパン、ブタンなどの液化ガスを高圧で貯蔵するのに適した貯槽
　形式であるが、天然ガスなどの圧縮ガスには使用できない。

ロ．横置円筒形貯槽は、円筒胴の両端に半だ円、球形または皿形鏡板を取り付けた圧
　力容器を横置きにしたもので、構造が単純で製作も容易であり、比較的小容量の貯
　槽に広く使用される。

ハ．二重殻式円筒形貯槽は、コールドエバポレータの貯槽などに用いられ、内槽と外
　槽の間に断熱材を充てんし、真空によって断熱した貯槽で、通常、内槽はオーステ
　ナイト系ステンレス鋼などが、外槽は炭素鋼が使用される。

ニ．二重殻式平底円筒形貯槽を地下式とする場合は、土砂や基礎の凍結防止のため、
　基礎中に電熱ヒータを敷設するなどの措置が講じられる。

(1) イ、ロ　　(2) イ、ニ　　(3) ハ、ニ　　(4) イ、ロ、ハ　　(5) ロ、ハ、ニ

121

問題 6 ポンプあるいは圧縮機
(「学識」問題14がポンプなら圧縮機)

【過去5年間の出題頻度】

毎回出題される。

【出題内容】

年度	出題内容 ポンプ		出題内容 圧縮機	
H24 (2012)	ポンプ		圧縮機	
	イ	キャビテーション異常措置	イ	サージング現象
	ロ	メカニカルシール	ロ	容量調整方法
	ハ	遠心ポンプの軸動力	ハ	多段往復圧縮機吐出し温度の異常
	ニ	往復ポンプ脈動対策	ニ	遠心圧縮機：ロータの振動発生要因
H25 (2013)	ポンプキャビテーション防止策		遠心圧縮機サージング防止	
	イ	低温吸込み配管の断熱強化	イ	バイパス弁を開ける
	ロ	吸込み配管径サイズダウン	ロ	吐出し弁を絞る
	ハ	吸込み液面アップ	ハ	回転数を下げる
	ニ	ポンプ回転数アップ	ニ	インレットガイドベーンの操作
H26 (2014)	ポンプ、配管系の異音・振動		出題なし	
	イ	遠心ポンプのキャビテーション		
	ロ	遠心ポンプのキャビテーション		
	ハ	遠心ポンプの長時間締切り運転		
	ニ	往復ポンプの脈動		
H27 (2015)	ポンプ		往復圧縮機および補機	
	イ	遠心ポンプ締切り運転	イ	シリンダのライナ
	ロ	水撃作用防止	ロ	緩衝器（スナッバタンク）
	ハ	キャビテーション防止策	ハ	吐出し圧力異常上昇の原因
	ニ	往復ポンプの流量調整	ニ	給油式圧縮機
H28 (2016)	ポンプおよびその配管系		圧縮機の振動、異音発生原因	
	イ	特性の異なるポンプの並列運転	イ	往復圧縮機のピストンリング摩耗
	ロ	容積形ポンプの種類	ロ	往復圧縮機冷却器水量増加
	ハ	液化ガスポンプのキャビテーション	ハ	遠心圧縮機の軸受け潤滑油の油温上昇、油圧低下
	ニ	水撃作用防止対策	ニ	遠心圧縮機サージング領域外運転
H29 (2017)	出題なし		圧縮機の運転管理	
			イ	多段往復圧縮機の圧力異常
			ロ	遠心圧縮機危険速度
			ハ	遠心圧縮機サージング
			ニ	往復圧縮機ガス配管脈動防止

(つづき)

年度	出題内容		
	ポンプ		圧縮機
H30 (2018)	ポンプの特徴		出題なし
	イ	液化ガスポンプのキャビテーション	
	ロ	水撃作用防止対策	
	ハ	遠心ポンプの長時間締切り運転	
	ニ	往復ポンプの脈動低減	

《今後の**予想**》

今後も問題6は「ポンプあるいは圧縮機」と思われる。

重要項目

1章「学識」問題14を参照のこと。

過去問題に挑戦！　　　解答・解説はp.176！

(1) ポンプ

問1　　　　　　　　　　　　　　　　　　　　　　　　　　　[H25 問6]

次のイ、ロ、ハ、ニの記述のうち、ポンプのキャビテーション防止策として有効なものはどれか。

イ．低温液化ガスの吸込み配管の断熱（保冷）を強化する。
ロ．吸込み配管径を細くする。
ハ．吸込み側の貯槽の液面を高くする。
ニ．ポンプの回転数を上げる。
　(1) イ、ロ　　(2) イ、ハ　　(3) イ、ニ　　(4) ロ、ハ　　(5) ハ、ニ

問2　　　　　　　　　　　　　　　　　　　　　　　　　　　[H26 問6]

次のイ、ロ、ハ、ニの記述のうち、ポンプおよび配管系において異音、振動発生の原因となる可能性のあるものはどれか。

イ．「利用しうる NPSH」が「必要 NPSH」より大きい遠心ポンプの運転
ロ．吸込みストレーナの閉塞状態での遠心ポンプの運転
ハ．遠心ポンプの長時間の吐出し弁締切り運転

2章　保安管理技術

ニ．アキュムレータが設置されていない往復ポンプの運転

（1）イ、ロ　　（2）イ、ニ　　（3）ハ、ニ　　（4）イ、ロ、ハ　　（5）ロ、ハ、ニ

問3 |||||||||||||||||||||||||||||||||||||||||||||||||||||||||||||||||||||||||||||||||||||||||||||||[H27 問7]

次のイ、ロ、ハ、ニの記述のうち、ポンプについて正しいものはどれか。

イ．遠心ポンプの吐出し弁を締切りで起動し、そのままの状態で長時間運転しても問題はない。

ロ．遠心ポンプの吐出し配管の水撃作用（ウォータハンマ）を防止するために、吐出し配管系をサイズダウンして流速を 2 m/s 以上にした。

ハ．遠心ポンプのキャビテーション防止策として、吸込み側の貯槽の液面を高くした。

ニ．往復ポンプの流量調整を吐出し弁の操作でなくポンプの回転数を変えて行った。

（1）イ、ロ　　（2）ロ、ニ　　（3）ハ、ニ　　（4）イ、ロ、ハ　　（5）イ、ハ、ニ

問4 |||||||||||||||||||||||||||||||||||||||||||||||||||||||||||||||||||||||||||||||||||||||||||||||[H28 問6]

次のイ、ロ、ハ、ニの記述のうち、ポンプおよびその配管系について正しいものはどれか。

イ．特性が異なる遠心ポンプを 2 台並列運転するとき、吐出し弁を絞り流量を下げすぎると片方のポンプの吐出し量がゼロになることがある。

ロ．容積形ポンプには往復ポンプと回転ポンプがあり、プランジャポンプは往復ポンプである。

ハ．蒸気圧が大気圧より高い液化ガスポンプの運転において、キャビテーションは考慮しなくてよい。

ニ．水撃作用（ウォータハンマ）が発生したので、流体の管内速度を現状より大きくなるように設備改造した。

（1）イ、ロ　　（2）イ、ハ　　（3）イ、ニ　　（4）ロ、ニ　　（5）ハ、ニ

問5 |||||||||||||||||||||||||||||||||||||||||||||||||||||||||||||||||||||||||||||||||||||||||||||||[H30 問6]

次のイ、ロ、ハ、ニの記述のうち、ポンプの特徴について正しいものはどれか。

イ．液化ガスを揚液する遠心ポンプの吸入圧力が大気圧より高い場合、キャビテーションが生じることはない。

ロ．遠心ポンプの揚液配管系で水撃（ウォータハンマ）が予測されたので、流速が 1 m/s 以下になるように吐出し配管径を選んだ。

ハ．遠心ポンプの吐出し弁を締切で起動し、そのままの状態で長時間運転しても問題はない。

ニ．往復ポンプの吐出し側にアキュムレータを取り付け、液の脈動による配管の振動

124

を低減させた。
(1) イ、ロ　(2) イ、ハ　(3) ロ、ニ　(4) イ、ハ、ニ　(5) ロ、ハ、ニ

(2) 圧縮機

問 1 [H24 問 6]

次のイ、ロ、ハ、ニの記述のうち、圧縮機について正しいものはどれか。
イ．圧縮機のサージング現象は、遠心圧縮機、往復圧縮機ともに風量が少ないときに発生する。
ロ．容量調整方法のうち速度（回転数）制御方式とバイパスコントロール方式は、遠心圧縮機、往復圧縮機ともに用いられる。
ハ．多段往復圧縮機の2段吐出しガス温度が異常上昇したので、1段のガス冷却器も点検した。
ニ．遠心圧縮機の羽根車に汚れが付着するとロータの振動発生の原因となる。
(1) イ、ロ　(2) イ、ハ　(3) ハ、ニ　(4) イ、ロ、ニ　(5) ロ、ハ、ニ

問 2 [H25 問 7]

次のイ、ロ、ハ、ニの記述のうち、遠心圧縮機の風量を下げる操作でサージング防止の観点から有効なものはどれか。
イ．バイパス弁を開き、余分な風量を吸込み側に戻し、風量を下げる。
ロ．吐出し弁を絞り、風量を下げる。
ハ．回転数を下げ、風量を下げる。
ニ．羽根車入口部の案内羽根（インレットガイドベーン）を操作し、風量を下げる。
(1) イ、ロ　(2) ロ、ハ　(3) ハ、ニ　(4) イ、ロ、ニ　(5) イ、ハ、ニ

問 3 [H27 問 6]

次のイ、ロ、ハ、ニの記述のうち、往復圧縮機および補機について正しいものはどれか。
イ．流体が腐食性ガスのため、シリンダの内面に耐腐食性の優れた材質のライナを選定した。
ロ．ガスの脈動を低減するため、緩衝器（スナッバタンク）を圧縮機の吸込みおよび吐出し側に設置した。
ハ．多段圧縮機で、2段のピストンリングが摩耗すると、3段の吐出し圧力が上昇する。
ニ．窒素用の給油式圧縮機を酸素用に転用した。
(1) イ、ロ　(2) イ、ニ　(3) ハ、ニ　(4) イ、ロ、ハ　(5) ロ、ハ、ニ

2章　保安管理技術

問4 ‖‖[H28問7]

次のイ、ロ、ハ、ニの記述のうち、圧縮機の振動、異音発生の原因として可能性のあるものはどれか。

　イ．往復圧縮機のピストンリングの摩耗

　ロ．往復圧縮機冷却器への冷却水量の増加

　ハ．遠心圧縮機の軸受け潤滑油の油温上昇、油圧低下

　ニ．遠心圧縮機のサージング領域外での運転

　（1）イ、ロ　　（2）イ、ハ　　（3）イ、ニ　　（4）ロ、ハ　　（5）ロ、ニ

問5 ‖‖[H29問6]

次のイ、ロ、ハ、ニの記述のうち、圧縮機の運転管理について正しいものはどれか。

　イ．多段往復圧縮機で、2段のピストンリングが摩耗すると3段の吐出し圧力が上昇する。

　ロ．遠心圧縮機では、羽根車と主軸で構成されたロータの危険速度付近での連続運転は避ける。

　ハ．遠心圧縮機でサージングが発生したとき、直ちに吐出し弁を絞る操作を行った。

　ニ．往復圧縮機のガス配管の脈動を低減するための緩衝器（スナッバタンク）を圧縮機の吸込みおよび吐出し側に取り付けた。

　（1）イ、ロ　　（2）イ、ハ　　（3）ロ、ハ　　（4）ロ、ニ　　（5）ハ、ニ

126

問題 **7**

高圧ガス関連の災害事故

〈過去**5年間**の**出題頻度**〉

2018年は出題されている。

〈**出題内容**〉

年度		出題内容
		災害・事故事例と要因
H24 (2012)	イ ロ ハ ニ	災害・事故事例と、その事故要因の組合せ問題
H25 (2013)		出題なし
		漏えい事故と、その事故要因
H26 (2014)	イ ロ ハ ニ	漏えい事故と、その事故要因の組合せ問題
H27 (2015)		出題なし
H28 (2016)		出題なし
		災害・事故事例と事故要因
H29 (2017)	イ ロ ハ ニ	災害・事故事例と、その事故要因の組合せ問題
		高圧ガス関連の災害・事故
H30 (2018)	イ	石油コンビナート等災害防止法制定理由
	ロ	災害・事故件数の推移
	ハ	事故防止のための自主保安
	ニ	災害・事故原因：設備の維持管理不良の割合

〈今後の**予想**〉

　今後も問題7は「高圧ガス関連の災害事故」と思われる。出ない場合は、問題6と問題7がポンプと圧縮機の問題になると予想される。

2章　保安管理技術

2018年度の出題内容を理解のこと。他の「災害・事故事例と事故要因」は、出題事例の予測も困難であるが、要因は限られているので、特に事例学習は必須ではない。

過去問題に挑戦！

解答・解説は p.179！

問1 [H24 問15]

次のイ、ロ、ハの災害・事故事例と、その事故要因の a、b、c について正しい組合せはどれか。

［災害・事故事例］
イ．接触改質装置の反応塔の安全弁が作動し、高温の炭化水素ガスが安全弁放出配管に流入したが、放出配管が錆で閉塞していたため破壊してガスが漏えいし、火災が発生した。
ロ．炭酸ガス用圧力調整器を高圧窒素容器に使用し、調整器付属の流量計が破裂して作業員が重傷を負った。
ハ．直射日光下に置いた炭酸ガス容器の溶栓が作動し、ガスが噴出した。

［事故要因］
a．不適切な環境
b．設備の維持管理の不備
c．設備部品の誤使用

	イ	ロ	ハ
(1)	a	b	c
(2)	b	c	a
(3)	c	a	b
(4)	b	a	c
(5)	a	c	b

問2 [H26 問7]

次のイ、ロ、ハ、ニの漏えい事故と、その事故要因の a、b、c、d の組合せについて、正しい組合せはどれか。

イ．ポリエチレン製造設備内で、結露がしばしば起こる配管の溶接部からエチレンが漏えいした。
ロ．配管の撤去作業を行っているときに、隣の供給中のモノシラン配管を切断し内部のモノシランが漏えいした。
ハ．バルクローリ受入れ作業時に、ローリの液取入れ弁を閉止せずにホースを外し、LPG が漏えいした。
ニ．塩化水素精留塔の圧力計取付け直後にガスケットからの微小漏えいを見過ごしたため、運転中に漏えいが拡大した。

問題 7 高圧ガス関連の災害事故

[事故要因]
a. 誤操作
b. 認知確認ミス
c. 点検不良
d. 腐食

	イ	ロ	ハ	ニ
(1)	c	b	a	d
(2)	d	c	b	a
(3)	a	c	d	b
(4)	d	b	a	c
(5)	c	b	d	a

問 3 [H29 問 7]

次のイ、ロ、ハの災害・事故事例とa、b、cの事故要因について、最も適切な組合せはどれか。

[災害・事故事例]
イ．反応器のドレンボスの本体とのすみ肉溶接部のピンホールから内容液が漏えいした。
ロ．自動車燃料用CNG容器を解体するため、電動回転式のこぎりで容器を切断中に残留ガスが着火し爆発した。
ハ．水素ステーション液体水素受入弁のパッキン材料の軸部しゅう動による摩耗で水素が漏えいした。

[事故要因]
a. 設備の設計、製作不良
b. 設備の維持、管理不良
c. ヒューマンファクター
　　（連絡・確認ミス）

	イ	ロ	ハ
(1)	a	b	c
(2)	a	c	b
(3)	b	a	c
(4)	c	b	a
(5)	c	a	b

問 4 [H30 問 7]

次のイ、ロ、ハ、ニの記述のうち、高圧ガス関連の災害・事故について正しいものはどれか。

イ．石油コンビナート等災害防止法が1976年（昭和51年）に施行されたのは、それ以前にコンビナートなどで重大事故が続発したためである。
ロ．高圧ガス関係の事故（災害・事故）全般をみると、2000年（平成12年）以降現在まで減少傾向が続いている。
ハ．高圧ガス保安法などのいろいろな関連法規が年ごとに整備されてきたが、事故防止の観点で高圧ガスを取り扱う側も自主保安の考え方が求められている。
ニ．最近の高圧ガス関係の災害・事故の原因を分析した結果では、腐食管理不良、検査管理不良などの設備の維持管理不良による原因が全体の約半数を占めている。

(1) イ、ニ　　(2) ロ、ハ　　(3) ロ、ニ　　(4) イ、ロ、ハ　　(5) イ、ハ、ニ

問題8 流体の漏えい防止

【過去5年間の出題頻度】

毎回出題される。

【出題内容】

年度		出題内容
		流体の大気中への漏えい防止
H26 (2014)	イ	継手からのガス漏れ量
	ロ	ガスケットとは
	ハ	ガスケットの種類
	ニ	ガスケットの締付け力
		圧縮機の軸封装置
H27 (2015)	イ	ピストンロッドパッキン
	ロ	ドライガスシール
	ハ	オイルフィルムシール
	ニ	ラビリンスシール
		遠心ポンプ・遠心圧縮機のシール
H28 (2016)	イ	メカニカルシール
	ロ	ラビリンスシール
	ハ	ドライガスシール
	ニ	グランドパッキン
		流体の漏えい防止
H29 (2017)	イ	ガスケットとパッキン
	ロ	マシンボルトとスタッドボルト
	ハ	ラビリンスシール
	ニ	ピンホールからの漏えい量計算前提
H30 (2018)	イ	ボルトの締付け方法：回転角法
	ロ	遠心圧縮機シール機構不具合の原因
	ハ	ホットボルティング
	ニ	設備からの漏えい防止対策

【今後の予想】

今後も問題8は「流体の漏えい防止」と思われる。

問題 8　流体の漏えい防止

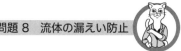

重要項目

➡1. **漏えい量**：1章「学識」問題15を参照。

➡2. **ガスケット・パッキン**
- ガスケットとパッキンの違い
- 素材別ガスケット分類
- ガスケットの締付け力（ボルトの伸び量とガスケットの復元量の関係）

➡3. **ボルトの締付け管理**
- ボルトの締付け方法
- ボルト・ナットの材質の組合せ

フランジなどを締め付けるボルト、ナット
・常温、低圧：炭素鋼製六角頭付きボルト（マシンボルト）
・高温、高圧：クロムモリブデン鋼両ねじボルト（スタッドボルト）

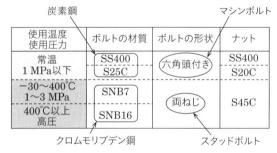

- 高温増し締め（ホットボルティング）

➡4. **動的機器の軸封装置**
- 往復圧縮機：ピストンロッドパッキン
- 遠心圧縮機：ラビリンスシール（インジェクションシール）、オイルフィルムシール、ドライガスシール
- 遠心ポンプ：グランドパッキン、メカニカルシール

2章　保安管理技術

 過去問題に挑戦！　　　　　　　　　　　　　　　解答・解説は p.181 !

問 1　　　　　　　　　　　　　　　　　　　　　　　　　　　　　　　　[H26 問 8]

次のイ、ロ、ハ、ニの記述のうち、流体の大気中への漏えい防止について正しいものはどれか。

イ．継手からのガスの漏れ量（体積流量）は、ガスの圧力が高いほど、粘度が小さいほど多くなる。

ロ．シール材のうち、往復運動、回転運動のしゅう動部に使用するものを一般的にガスケットと呼んでいる。

ハ．ガスケットの種類は、素材別には非金属ガスケット、金属ガスケットおよび組合せガスケットに分類される。

ニ．フランジ面に挿入されたガスケットに復元力がなければ、使用中に生じるボルトの伸びに対応できず漏えいが発生する。

(1) イ、ロ　　(2) イ、ハ　　(3) ロ、ニ　　(4) イ、ハ、ニ　　(5) ロ、ハ、ニ

問 2　　　　　　　　　　　　　　　　　　　　　　　　　　　　　　　　[H27 問 8]

次のイ、ロ、ハ、ニの記述のうち、圧縮機の軸封装置について正しいものはどれか。

イ．往復圧縮機に用いられるピストンロッドパッキンには、ロッドパッキンを三つ割にして外周をスプリングで締め付けるセグメントタイプが主に用いられる。

ロ．ドライガスシールは、非接触のため運転中のシール面の摩耗はほとんど発生しない。

ハ．オイルフィルムシールは、大気中へのガス漏れが許されない水素、アンモニアなどには適用できない。

ニ．大気中へのガス漏れが許される遠心式空気圧縮機に、ラビリンスシールを使用した。

(1) イ、ロ　　(2) イ、ハ　　(3) ハ、ニ　　(4) イ、ロ、ニ　　(5) ロ、ハ、ニ

問 3　　　　　　　　　　　　　　　　　　　　　　　　　　　　　　　　[H28 問 8]

次のイ、ロ、ハ、ニの記述のうち、遠心ポンプ・遠心圧縮機のシールについて正しいものはどれか。

イ．メカニカルシールは、漏えいをほぼ完全に止めることができるので、可燃性、毒性の流体に使用される。

ロ．ラビリンスシールは、圧縮機内のガスが大気中に漏れることが許される場合に採用される。

問題 8　流体の漏えい防止

ハ．ドライガスシールを使用する場合、シール部に清浄なガスを供給する必要がある。
ニ．グランドパッキンは、構造上シール面の潤滑が行えず、一般的にテフロン材は耐熱性が低いため使用できない。
(1) イ、ハ　　(2) イ、ニ　　(3) ロ、ニ　　(4) イ、ロ、ハ　　(5) ロ、ハ、ニ

問4　[H29 問8]

次のイ、ロ、ハ、ニの記述のうち、流体の漏えい防止などについて正しいものはどれか。
イ．漏えい防止機構をシールというが、一般に静止接合面に挿入するものをガスケット、往復運動や回転運動のしゅう動部に使用するものをパッキンと呼ぶ。
ロ．高温、高圧のフランジを締め付ける場合は、一般にマシンボルトと呼ばれる炭素鋼製六角頭付きボルトを使用する。
ハ．ラビリンスシールは、圧縮性のない流体に適している。
ニ．細長い円筒状のピンホールなどから気体または液体が少量漏えいする場合は、漏えい量は流体の粘性流（層流）として計算する。
(1) イ、ロ　　(2) イ、ニ　　(3) ハ、ニ　　(4) イ、ロ、ハ　　(5) ロ、ハ、ニ

問5　[H30 問8]

次のイ、ロ、ハ、ニの記述のうち、流体の漏えい防止について正しいものはどれか。
イ．ボルトの締付け方法のうち、回転角法はボルトの伸びをボルトテンショナで測定しながら締め付ける方法である。
ロ．遠心圧縮機は、高速で運転されており、軸とシール部材とのすき間が非常に小さいので、振動の発生、サージングなどがシール機構の不具合の原因となる。
ハ．高温で運転する装置で、運転開始時において昇温の過程で増し締めを行うことをホットボルティングという。
ニ．設備からの漏えいの防止対策として、点検・検査の信頼性の向上、装置の適正な組立、操業条件の適正な管理は重要である。
(1) イ、ロ　　(2) イ、ニ　　(3) ハ、ニ　　(4) イ、ロ、ハ　　(5) ロ、ハ、ニ

問題 9 リスクマネジメントと安全管理

【過去5年間の出題頻度】

毎回出題される。

2018年度までは「安全・信頼性管理」からの出題であったが、2019年からは「リスクマネジメントと安全管理」からの出題になると思われる。

過去問	2019年度以降
●安全・信頼性管理 1 安全理論 　a) ハインリッヒの法則 　b) 災害連鎖の防止 　c) 4M 　d) フェーズ理論 2 総合的な管理 3 危険度評価（安全性評価） 4 信頼性・安全性解析手法 　a) 特性要因図（魚の骨） 　b) FTA 　c) ETA 　d) HAZOP 　e) What-if 　f) FMEA 5 安全監査 6 リスクマネジメント 7 安全推進手法 　a) ヒヤリ・ハット 　b) 5S活動 　c) 指差呼称 　d) 危険予知	●リスクマネジメントと安全管理 1 高圧ガス製造施設の安全管理 2 リスクマネジメント 　a) リスクアセスメントの具体的手順 　　リスク解析手法として、HAZOP、What-if、FTA、ETA、FMEA、チェックリスト方式 　b) リスク対応 　c) リスクの受容 　d) リスクコミュニケーション 3 安全管理 　a) 安全理論 　　1) ハインリッヒの法則 　　2) 特性要因図（魚の骨） 　　3) 災害連鎖の防止 　　4) 4M 　　5) フェーズ理論 4 安全推進手法 　a) ヒヤリ・ハット 　b) 5S活動 　c) 指差呼称 　d) 危険予知 5 安全監査

〔注〕「過去問題に挑戦！」の解説・解答では、上表の変更に伴う「今後の記述予想」を追加しているので参考にされたい。

問題9 リスクマネジメントと安全管理

〈出題内容〉

年度		出題内容
安全・信頼性管理		
H26 (2014)	イ	フェーズ理論
	ロ	FTA
	ハ	HAZOP
	ニ	リスクアセスメント
信頼性・安全性解析手法		
H27 (2015)	イ	FTA
	ロ	ETA
	ハ	what‐if
	ニ	HAZOP
安全性評価手法		
H28 (2016)	イ	HAZOP
	ロ	ダウ方式
	ハ	FTA
	ニ	what‐if
安全・信頼性管理		
H29 (2017)	イ	フェーズ理論
	ロ	相対危険度評価法
	ハ	FTA、HAZOP
	ニ	リスクアセスメント
H30 (2018)	イ	フェーズ理論
	ロ	ダウ方式
	ハ	FTA
	ニ	HAZOP

〈今後の**予想**〉

今後も問題9は「リスクマネジメントと安全管理」と思われる。

重要項目

➡1. リスク解析手法

➡2. 安全理論

➡3. 安全推進手法

保安管理技術

135

2章　保安管理技術

➡1. リスク解析手法

手法		概要	特徴
HAZOP (Hazard and Operability)	連続系 HAZOP （定常系）	連続プロセスの定常運転状態を対象として適用される。プロセスプラントを構成する1本のラインまたは機器に着目し、流量、温度、圧力、液レベルといったプロセスパラメータの正常状態からのずれを想定する。次に、ずれの原因となる機器故障、誤操作などを洗い出し、それらが発生した場合のプラントへの影響を解析し、ハザードを特定する手法である。ずれの想定にあたってはNOまたは NOT、Less、More などのガイドワードとプロセスパラメータを組み合わせる。	○システムの状態変位に対して、構成要素の関わり方を知るのに便利。 ○FTA の頂上事象の選定に便利。
	バッチ系 HAZOP （非定常系）	バッチ反応プロセスおよびプラントのスタートアップ、シャットダウン、加熱炉の点火操作など非定常操作を対象とした HAZOP 手法である。バッチ反応 HAZOP においては、バッチの手順に示されている操作におけるずれを想定してハザードを特定する。また、プラントのスタートアップ操作などに対する手順 HAZOP においては、操作手順書（要領書）に示されている操作におけるずれを想定してハザードを特定する。連続系 HAZOP のガイドワードに加えて、タイミングと時間に関するずれを想定するために Soon er than、Longer than といったガイドワードも使用する。	
What-if		「もし……したら、どうなる。」という質問を繰り返すことにより、設備面、運転面でのハザードを特定し、それに対する安全対策を検討することによりシステムの安全化を図る手法。	○機器故障や誤操作などの正常状態と異なった事象発生の影響を考えるのに便利。 ○複数の事象の組合せを想定することも可能。
FTA (Fault Tree Analysis)		対象とするシステムの危険事象を頂上事象として設定し、頂上現象の原因を機器、部品レベルまで次々に掘り下げ、原因と結果を論理記号（AND、ORなど）で結びつけツリー状に表現する。次に、頂上事象の原因となる機器、部品の組合せを解析した後、機器、部品の故障確率を与えることにより頂上事象 の発生確率を解析する。	○要因相互の因果関係や、各要因の事故に対する寄与の度合いを知るのに便利。 ○事故発生確率の推定も可能。 ○事故の波及伝ば経路（排水、配管、配線など）の明確なシステム向き。
ETA (Evet Tree Analysis)		冷却水ポンプ停止といった引金事象が、どのように拡大していくかを、安全・防災設備および緊急対応 の成功と失敗を考慮して過程を解析し、最終的に到達する災害事象をツリー状に表現する。	○小規模のトラブルの波及拡大過程を解析するのに便利。 ○1つの引金事象が事故、災害に拡大する確率の推定も可能。

問題9　リスクマネジメントと安全管理

（つづき）

手法	概要	特徴
FMEA （Failure Mode and Effects Analysis）	システムを構成する機器に着目し、その機器に考えらえる故障モード（例えばバルブでは、故障全開、故障全閉、操作不能など）をとりあげ、故障がシステムに及ぼす影響と安全対策を解析する手法。 FMEA評価対象部位の故障率データを取り入れた 場合は、FMECA（Failure Mode, Effects and Criticality Analysis:故障モード影響、致命度評価）といい、システムに致命的な影響を与える故障モードを定量的に評価できる。	○重要なシステムを構成する部品の管理方針を考えるのに便利。 ○FTA の際に、頂上事象に関係する構成基本事象の選択に便利。
チェックリスト方式	過去の経験や知見に基づくチェックリストにより、網羅的にリスクの有無と程度を調査する手法。	○リスク低減策が実施されているかの確認に便利。

➡2. 安全理論

1	ハインリッヒ法則	重大な災害1件当たり、中程度災害29件、微小災害300件の比率がある。
2	特性要因図（魚の骨）	問題とする特性（問題点、事故など）とそれに影響していると思われる要因（原因）との関連を魚の骨状にまとめたもの。
3	災害連鎖の防止	プロセスの一部に不調があれば、そのプロセスのみを止める。
4	4M	事故の要因を、Man（人）、Machine（機械）、Media（媒体または環境）、Management（管理）の関係から管理する。
5	フェーズ理論	人間の意識を5段階に分けて管理する。 ①フェーズ0 →意識がないとき ②フェーズⅠ →意識がぼやけているとき。エラーが出やすい ③フェーズⅡ →正常レベル。行動上エラーが出やすい ④フェーズⅢ →正常レベル。脳は好調。エラーは出にくい ⑤フェーズⅣ →パニック状態

➡3. 安全推進手法

1	ヒヤリ・ハット活動	日常業務の中で、「ヒヤリ」「ハット」したことを報告し、全員の経験として注意を喚起する手法。ハインリッヒの法則より、ヒヤリの段階での危険要因排除は重大災害発生の予防に重要。
2	5S活動	整理・整頓・清掃・清潔・躾が安全の基本とする手法。
3	指差呼称	対象物を指差し呼称して、安全を確認し誤操作を防止する手法。フェーズ理論における意識レベルをフェーズⅢに切り換えるもの。
4	危険予知	潜在的な危険を予知する手法。危険予知能力を高める訓練が危険予知訓練（KYT）で、これを日常の作業の場で実施するのが危険予知活動（KYK）である。

2章　保安管理技術

過去問題に挑戦！

解答・解説は p.183！

講習などでは従来の「安全・信頼性管理」から「リスクマネジメントと安全管理」とリスクマネジメント寄りになった。これに伴い、今後の「保安管理技術」の問題9は出題内容が少し変更になる可能性があるが、大幅な出題内容変更にはならないと思われる。

以下の問題は、そのままの過去問である。今後の変更部分にはついては、「正解・解説」で説明する。

問1　[H26 問9]

次のイ、ロ、ハ、ニの記述のうち、安全・信頼性管理について正しいものはどれか。

- イ．フェーズ理論では意識レベルを0～IVの5段階に分けているが、作業のミスを防ぐためには、意識レベルが最も高いフェーズIVになるように刺激を与え続けることが必要である。
- ロ．FTA は、設定した現象の原因を機器・部品レベルまで掘り下げ、洗い出していく演繹的解析手法であり、実際に発生した事故だけではなく想定した事故の解析にも用いることができる。
- ハ．HAZOP は、操業条件が設計条件とずれた場合の影響とその原因を洗い出す手法であり、未操業のプロセスの安全性解析には適さない。
- ニ．リスクアセスメントでは、危険な事象の発生確率と危険な事象が発生したときの影響の大きさからリスクを定量化して評価する。

　(1) イ、ロ　　(2) イ、ハ　　(3) ロ、ニ　　(4) イ、ハ、ニ　　(5) ロ、ハ、ニ

問2　[H27 問9]

次のイ、ロ、ハ、ニの記述のうち、信頼性・安全性解析手法の特徴について正しいものはどれか。

- イ．FTA は、発生した災害の要因相互の因果関係を知るのに適しているが、災害の発生確率を推定することはできない。
- ロ．ETA は、事故拡大防止対策の重要性を認識することができるが、事故の要因のすべてを網羅するものではない。
- ハ．What-if は、正常状態と異なった事象発生の影響を考えるのに適しているが、網羅性に欠ける。
- ニ．HAZOP は、操業条件の変化に対して、構成要素の関わり方を知るのに適しているが、不足している安全対策を指摘するのには適さない。

　(1) イ、ロ　　(2) イ、ニ　　(3) ロ、ハ　　(4) イ、ハ、ニ　　(5) ロ、ハ、ニ

問題 9 リスクマネジメントと安全管理

問 3 [H28 問 9]

次のイ、ロ、ハ、ニの記述のうち、安全性評価手法について正しいものはどれか。

イ．HAZOP は、評価対象機器を構成する部品の故障率データを取り入れ、プロセスに致命的な影響を与える機器故障の発生確率を定量的に評価する手法である。

ロ．ダウ方式は、取扱い物質や運転条件などから危険指数を算出し、相対危険度を評価する手法である。

ハ．FTA は、事故などの頂上事象が出現する原因を掘り下げていく手法である。

ニ．What-if は、操業条件の変化を定められた手引用語に従って調べ、変化の原因と結果、対策を検討する手法である。

(1) イ、ロ　　(2) ロ、ハ　　(3) ハ、ニ　　(4) イ、ロ、ニ　　(5) イ、ハ、ニ

問 4 [H29 問 9]

次のイ、ロ、ハ、ニの記述のうち、安全・信頼性管理について正しいものはどれか。

イ．作業直前の指差呼称は、フェーズ理論での意識レベルを、リラックス状態となるフェーズにする効果がある。

ロ．取扱い物質の特性や保有量などから算出した危険指数で、相対的に危険度を評価する手法は、プラント機器の詳細な安全解析を実施するに当たってのスクリーニングにも用いられる。

ハ．信頼性・安全性解析手法に使われているシステム工学的手法には、FTA のような論理図に展開して解析するものや、HAZOP のように評価結果を表の形にまとめるものもある。

ニ．保安防災におけるリスクアセスメントは、対象設備の爆発などのハザードを設定し、その発生の可能性と発生したときの影響度の組合せによって、許容範囲内にあるかを評価することである。

(1) イ、ロ　　(2) イ、ニ　　(3) ロ、ハ　　(4) イ、ハ、ニ　　(5) ロ、ハ、ニ

問 5 [H30 問 9]

次のイ、ロ、ハ、ニの記述のうち、安全・信頼性管理について正しいものはどれか。

イ．フェーズ理論は、事故や災害に複雑に絡む人、物、環境などの要因を整理することにより、原因の本質を捉えやすくする考え方である。

ロ．相対危険度評価法であるダウ方式は、詳細な安全解析を実施するスクリーニングや安全防災対策の優先順位を選定するに当たっての判断材料として利用できる。

ハ．FTA は、事故などを頂上事象として設定し、その事象に関係する因果関係をツリー状に表示していく信頼性・安全性解析手法である。

2章　保安管理技術

ニ．HAZOP は、定められた手引用語に従って、操業条件の変化に対してそれぞれの
変位の原因と結果、とるべき対策を表にまとめて検討する信頼性・安全性解析手法
である。

(1) イ、ロ　　(2) イ、ニ　　(3) ロ、ハ　　(4) イ、ハ、ニ　　(5) ロ、ハ、ニ

140

問題 **10**

電気設備
（電気設備全体or静電気単独）

1

2

3

保安管理技術

《過去5年間の出題頻度》

毎回出題される。

《出題内容》

		出題年					重要度
		H26	H27	H28	H29	H30	
電気設備	1 電気設備計画	○		○		○	○
	2 保安電力					○	△
	3 接地計画	○	○		○	○	◎
	4 通報設備						

〔注〕上表において、◎：（ほぼ）毎回出題される　○：よく出題される　△：たまに出題される（以下、問題11、12も同じ）

年度		出題内容
電気設備、静電気		
H26 (2014)	イ	爆発性ガスの分類
	ロ	安全増防爆構造
	ハ	静電気の緩和、除去の促進
	ニ	放電エネルギー：導体、不導体の差
静電気		
H27 (2015)	イ	静電接地による静電気除去
	ロ	導体、不導体の放電エネルギー比較
	ハ	気体への液滴混入
	ニ	不活性ガスシール
電気機器の設置場所、防爆構造		
H28 (2016)	イ	危険箇所の区分
	ロ	第二類危険箇所での電気機器
	ハ	弱電機器の防爆
	ニ	防爆構造の選定
静電気		
H29 (2017)	イ	材質による静電接地の効果
	ロ	流動帯電
	ハ	噴出帯電
	ニ	静電気災害の防止対策
電気設備		
H30 (2018)	イ	防爆構造対象電気機器
	ロ	最大安全すきま
	ハ	ボンディング
	ニ	無停電電源装置

141

2章　保安管理技術

【今後の予想】
今後も問題10は「電気設備（電気設備全体or静電気単独）」と思われる。

重要項目

1. 電気設備計画
- 爆発性ガスの分類
- 危険箇所区分
- 電気機器の防爆構造

2. 保安電力
無停電電源装置（UPS）

3. 接地計画（静電気）：帯電物質が導体か不導体かによる区別

　帯電物質が導体の場合、放電エネルギーは帯電物質に蓄積された静電エネルギーとほぼ同じ。

　そのため、発生限界は、導体に蓄積している静電エネルギーが最小発火エネルギーを超えると、発火の可能性がある。

　不導体の場合は、帯電状態が不均一のため、一部が放電時に放出。

蓄積静電エネルギーと放電エネルギーの関係

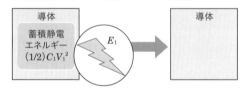

蓄積静電エネルギーが同じ（$C_1V_1^2/2 = C_2V_2^2/2$）でも放電エネルギーは
導体（$E_1 \fallingdotseq C_1V_1^2/2$）≫ 不導体（$E_2 \ll C_2V_2^2/2$）
⇒絶縁された帯電導体の怖さ

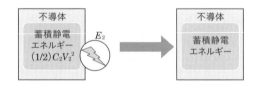

142

問題 10 電気設備（電気設備全体 or 静電気単独）

 過去問題に挑戦！ 　　　　解答・解説は p.186！

問 1 [H26 問 10]

次のイ、ロ、ハ、ニの記述のうち、電気設備、静電気について正しいものはどれか。

イ．発火温度、最大安全すきま、最小点火電流はそれぞれガスの種類に依存する値であり、防爆電気機器はその値によって分類された区分に応じて、対応する構造の機器を選定する。

ロ．安全増防爆構造は、電気回路から流出するエネルギーを爆発性ガスの最小発火エネルギー以下に抑制するための安全保持回路を付加した構造である。

ハ．絶縁体への帯電防止剤の添加による導電性付与は、静電気の緩和、除去を促進する効果がある。

ニ．蓄積された静電エネルギーが等しい場合、導体の帯電物質の放電エネルギーは、不導体の放電エネルギーに比べて小さくなる。

(1) イ、ハ　　(2) イ、ニ　　(3) ロ、ニ　　(4) イ、ロ、ハ　　(5) ロ、ハ、ニ

問 2 [H27 問 10]

次のイ、ロ、ハ、ニの記述のうち、静電気について正しいものはどれか。

イ．容器の静電気による帯電量が同等であれば、導電率の大きな材料のほうが静電接地による静電気除去が速やかにできる。

ロ．ステンレス製とポリエチレン製のそれぞれの絶縁状態にある容器からの放電エネルギーを比較すると、静電エネルギーが同じ場合にはポリエチレン製の容器からのほうが大きくなる。

ハ．配管内を流れる気体中に液滴が混入しないようにすることは、静電気の発生を抑制するのに効果がある。

ニ．可燃性の液体を貯蔵するタンクを窒素ガスでシールすることは、静電気の発生を抑制する効果はないが、タンク内での静電気による可燃物の発火を防止する対策となる。

(1) イ、ロ　　(2) ロ、ハ　　(3) ハ、ニ　　(4) イ、ロ、ニ　　(5) イ、ハ、ニ

問 3 [H28 問 10]

次のイ、ロ、ハ、ニの記述のうち、電気機器の設置場所、防爆構造について正しいものはどれか。

イ．電気機器を設置する場所は、爆発性ガスの種類に応じて、4つの危険箇所に区分される。

143

2章　保安管理技術

ロ．通常の状態において、爆発性雰囲気を生成するおそれが少なく、また生成した場合でも短時間しか持続しない場所に設置する電気機器は、防爆性能を有する構造とする。

ハ．計測機器の発信器や検査機器のような弱電機器を爆発危険箇所に設置する場合は、防爆性能を有した構造としなくてもよい。

ニ．電気機器の防爆構造は、設置する場所の危険の程度や、最大安全すきま、発火点など対象とする爆発性ガスの性質に応じた構造とする。

(1) イ、ニ　　(2) ロ、ハ　　(3) ロ、ニ　　(4) イ、ロ、ハ　　(5) イ、ハ、ニ

問4 ||||||||||||||||||||||||||||||||||||||||||||||||||||||||||||||||||||||||||||||||||||||||||||||||||||||||||[H29 問10]

次のイ、ロ、ハ、ニの記述のうち、静電気について正しいものはどれか。

イ．不導体である樹脂製のホッパーに、静電接地をしても、発生する静電気を速やかに除去できない。

ロ．樹脂製の配管内に可燃性液体を流す場合、液体中に金属粉を添加すれば、静電気の発生を抑制することができる。

ハ．導電率の大きい水は、ノズルなどから空気中に噴霧しても水滴が帯電することはない。

ニ．容器内においてブタンガスと共存する帯電物が容器内で放電した場合、その放電エネルギーがブタンガスの最小発火エネルギー以上であっても、容器内に支燃性ガスがなければ爆発は起こらない。

(1) イ、ロ　　(2) イ、ニ　　(3) ロ、ハ　　(4) イ、ハ、ニ　　(5) ロ、ハ、ニ

問5 ||||||||||||||||||||||||||||||||||||||||||||||||||||||||||||||||||||||||||||||||||||||||||||||||||||||||||[H30 問10]

次のイ、ロ、ハ、ニの記述のうち、電気設備について正しいものはどれか。

イ．爆発性ガスを取り扱う場所に設置する電気機器のうち、危険箇所の区分に応じた防爆構造とする必要があるのは、電動機や計測器が対象であり、照明設備は含まれない。

ロ．防爆電気機器の構造選定に用いられる最大安全すきまは、爆発性雰囲気にあるすき間で、爆発の火炎が内部から外部へ伝ぱすることを阻止しうる最大の値をいう。

ハ．ボンディングは、2つ以上の導体を電気的に接続して、相互にほぼ同電位にすることである。

ニ．非常用電源として用いられる無停電電源装置（UPS）は、通常時でも常用電源と接続されている。

(1) イ、ロ　　(2) イ、ハ　　(3) ロ、ニ　　(4) イ、ハ、ニ　　(5) ロ、ハ、ニ

問題 **11**

保安装置

〈過去5年間の**出題頻度**〉

毎回出題される。

〈**出題内容**〉

保安装置	出題年					重要度
	H26	H27	H28	H29	H30	
1 安全装置	◯	◯	◯	◯	◯	◎
2 緊急遮断装置・逆流防止装置	◯		◯	◯	◯	◯
3 貯槽の負圧防止対策	◯		◯			△

〔注〕上表の凡例については、p.141を参照。

年度	出題内容	
	保安装置	
H26 (2014)	イ	溶栓式安全弁
	ロ	ばね式安全弁
	ハ	緊急遮断装置
	ニ	逆流防止装置
	ばね式安全弁	
H27 (2015)	イ	適用流体
	ロ	入口配管
	ハ	作動設定圧力の調整
	ニ	破裂板との比較
	保安装置	
H28 (2016)	イ	溶栓
	ロ	破裂板
	ハ	緊急遮断装置
	ニ	可燃性液化ガス貯槽負圧防止対策
H29 (2017)	イ	安全装置の設置（圧力区分）
	ロ	破裂板
	ハ	緊急遮断装置
	ニ	溶栓式安全弁
H30 (2018)	イ	ばね式安全弁
	ロ	破裂板
	ハ	スイング逆止弁
	ニ	逃し弁

〈今後の**予想**〉

今後も問題11は「保安装置」と思われる。

保安管理技術

145

重要項目

1. 安全装置
機器の内部の圧力が許容圧力を超えた場合に、破損・破壊を防止するため、圧力を許容圧力以下に速やかに下げる装置。

(1) 安全装置の種類
① 安全弁：通常の運転状態では機械的荷重によって弁が閉の状態を維持しており、装置内の圧力が上がった場合に、その圧力で弁を押し上げて開となり、内部の流体を放出し、圧力を下げる装置。機械的荷重としてばねが用いられるばね式安全弁が最も多く使用されている。
- 開放型：弁座口から吹き出した流体の一部が安全弁の出口以外の部分から外部に放出される構造のもの。
- 密閉型：安全弁の出口以外の部分から外部に放出されない構造のもの。可燃性ガス、毒性ガスに用いられる。

② 破裂板：破裂板（通常、金属の薄板）が作動することにより、短時間で設備内の圧力を破損しない圧力に下げる装置。
圧力上昇が速く、ばね式安全弁が不適当な場合に効果的。
高粘性、固着性、腐食性の流体に適切。

③ 逃し弁：構造・機能はばね式安全弁と同様。
ポンプや配管内の液体の圧力上昇を防止するために使用される。
内部の液体を装置内の他の部分（貯槽、ポンプの吸込み側）に放出（回収）する。

④ 自動圧力制御装置：設備に流入する流体量を自動的に制御し、圧力の異常上昇を防止するもの。

⑤ 溶栓：容器等が規定温度以上になると可溶合金が融解して、内部の流体を外部に排出するもの。

(2) 安全装置の用法
① 気体の圧力上昇を防止する場合（②を除く）：ばね式安全弁または自動圧力制御装置
② 急激な圧力上昇のおそれがある場合、反応生成物の性状などによりばね式安全弁が不適当な場合：破裂板または自動圧力制御装置
③ ポンプ・配管などの液体の圧力上昇を防止する場合：逃し弁、ばね式安全弁または自動圧力制御装置
④ 一般高圧ガスの容器：破裂式・溶栓式または併用のもの

問題 11　保安装置

⑤ 車両に固定した容器・液化石油ガスの容器：ばね式安全弁

(3) 安全装置の設置
- 安全装置の設置：常用の圧力を相当程度異にし、または異にするおそれのある区分（圧力区分）ごとに設ける。

(4) 安全装置の選定と設計
所要吹出し量
① 液化ガスの高圧ガス設備（③を除く）：火災などで加熱され、内部の液化ガスが蒸発する量以上の量を1時間当たりの所要吹出し量とする。
② 圧縮ガスの高圧ガス設備（③を除く）：導入管内の圧縮ガスの流速などを用いて計算した数値を1時間当たりの所要吹出し量とする。
③ ポンプ・圧縮機：1時間当たりの吐出し量を1時間当たりの所要吹出し量とする。

➡ 2. 緊急遮断装置・逆流防止装置
(1) 緊急遮断装置
① 緊急遮断装置：万一、漏えいなどが発生した場合に、災害拡大防止のため、機器ごとやプロセスの系ごとに孤立化して内容物の流出を最小限に抑えたり、原材料の供給を遮断するための装置。
② 設置上の注意事項：貯槽に取り付ける緊急遮断弁は、貯槽元弁に近接して設置し、架台は貯槽本体と同一基礎とする。
③ ウォータハンマへの考慮：長い配管の緊急遮断弁の閉止速度が速いと配管内流体の流動が阻止され、局部的に圧力上昇（ウォータハンマ現象）を発生する。
弁の開閉時間に十分注意する。
④ 弁座漏えい検査：緊急遮断弁を製造、修理した場合は、弁座漏えい検査を行い、漏れ量が許容量を超えないこと。

(2) 逆流防止装置（逆止弁）
- 逆止弁：流体の背圧により弁を作動させ、逆流を防止するもの。リフト逆止弁、スイング逆止弁などがある。
一般則（一般高圧ガス保安規則）または液石則（液化石油ガス保安規則）の適用を受ける事業所の貯槽については、液化ガス受入れ専用配管に緊急遮断弁の代わりに使用することができる。

2章　保安管理技術

 過去問題に挑戦！　　　　　　　　　　　解答・解説はp.188

問1 [H26 問11]

次のイ、ロ、ハ、ニの記述のうち、保安装置について正しいものはどれか。

イ．溶栓式安全弁は、温度変化を伴わない圧力上昇がある場合に対する安全装置として有効である。

ロ．ばね式安全弁は、作動後、装置内の圧力が所定値まで下がれば自動的に復元して、放出が止まる。

ハ．緊急遮断装置は、漏えいなどの災害が発生した場合、その災害の拡大防止のため、機器ごと、プロセスの系ごとにブロックして内容物の流出を最小限に抑えたり、原材料の供給の遮断などを行う。

ニ．逆流防止装置は、貯槽が負圧になった場合に、空気または窒素を吸引して貯槽の圧力低下を防ぐものである。

(1) イ、ハ　　(2) ロ、ハ　　(3) ロ、ニ　　(4) イ、ロ、ニ　　(5) イ、ハ、ニ

問2 [H27 問11]

次のイ、ロ、ハ、ニの記述のうち、ばね式安全弁について正しいものはどれか。

イ．気体の圧力上昇を防止する場合に使用できるが、液体の場合には使用できない。

ロ．入口配管は、安全弁の呼び径以上の管径とし、ポケットを設けない。

ハ．作動設定圧力の微調整が可能であり、精度も良い。

ニ．破裂板と比較した場合、構造が複雑であり、圧力を降下させるまでの時間が短い。

(1) イ、ハ　　(2) ロ、ハ　　(3) ロ、ニ　　(4) イ、ロ、ニ　　(5) イ、ハ、ニ

問3 [H28 問11]

次のイ、ロ、ハ、ニの記述のうち、保安装置について正しいものはどれか。

イ．溶栓は、容器の破損防止のため、規定温度以上になると可溶合金が溶融して内部の流体を放出する安全装置である。

ロ．破裂板は、開き始めてから全開まで時間がかかり、圧力上昇速度が大きい場合には適当ではない。

ハ．緊急遮断装置は、ガス漏えい、火災などの災害が発生した場合、その災害の拡大防止のために設備をブロックしたり、原材料の供給を遮断するための装置である。

ニ．可燃性液化ガスの貯槽の負圧防止対策として、大気を吸引して貯槽内圧力を高める真空安全弁を設置した。

(1) イ、ハ　　(2) イ、ニ　　(3) ロ、ハ　　(4) イ、ロ、ニ　　(5) ロ、ハ、ニ

問題 11 保安装置

問 4 [H29 問 11]

次のイ、ロ、ハ、ニの記述のうち、保安装置について正しいものはどれか。
イ．多段式往復圧縮機の各段に、それぞれ安全弁を設置した。
ロ．破裂板は構造が簡単であるが、固着性の流体には適していない。
ハ．緊急遮断装置は災害防止上、速やかな動作が要求されるが、水撃現象の発生には十分注意して動作速度を設定することが必要である。
ニ．溶栓式安全弁の溶栓には、ビスマス、錫、鉛などを主成分とする可溶合金が用いられる。

(1) イ、ハ　　(2) ロ、ニ　　(3) イ、ロ、ハ　　(4) イ、ハ、ニ　　(5) ロ、ハ、ニ

問 5 [H30 問 11]

次のイ、ロ、ハ、ニの記述のうち、保安装置について正しいものはどれか。
イ．ばね式安全弁には、流体の排出状態により開放型と密閉型があるが、可燃性ガスや毒性ガスの場合は開放型を用いる。
ロ．破裂板は、ばね式安全弁に比べて、高粘性、固着性、腐食性の流体に適している。
ハ．スイング逆止弁は、弁座に対し弁体が垂直に作動するため、垂直配管に取り付けてはならない。
ニ．ポンプや液体配管などに設置されている逃し弁は、設定圧力になると自動的に弁が開き内部の流体をポンプの吸込み側や貯槽などに放出する。

(1) イ、ハ　　(2) ロ、ニ　　(3) イ、ロ、ハ　　(4) イ、ハ、ニ　　(5) ロ、ハ、ニ

問題 12

防災設備

【過去5年間の出題頻度】

毎回出題される。

【出題内容】 〔注〕下表の凡例については p.141 を参照。

防災設備	出題年 H26	H27	H28	H29	H30	重要度
1 防消火設備			○			
2 冷却装置		○				△
3 火災報知設備						
4 ガス漏えい検知警報設備	○	○	○	○	○	◎
5 地震検知と設備停止						
6 流動・流出および拡散を防止する設備			○	○		○
7 障 壁						
8 危険事態発生防止装置など			○			
9 フレアースタック、ベントスタック	○	○	○	○		◎
10 除害措置と除害設備	○				○	△
11 防災資機材の備蓄						

年度		出題内容
		防災設備
H26 (2014)	イ	ガス漏えい検知警報設備のサンプリング方式
	ロ	アンモニアの除害設備
	ハ	フレアースタックの逆火防止
	ニ	フレアースタックのガス流速
H27 (2015)	イ	フレアースタックの火炎安定性
	ロ	アンモニアガスの漏えい検知器
	ハ	可燃性ガスのベントスタック
	ニ	液化ガス貯槽の支柱温度上昇防止
H28 (2016)	イ	フレアースタック逆火防止方法
	ロ	接触燃焼式ガス漏えい検知器の標準校正ガス
	ハ	可燃性ガスの消火設備
	ニ	流動・流出および拡散を防止する設備
H29 (2017)	イ	インターロック機構
	ロ	定電位電解式ガス漏えい検知器
	ハ	流動・流出、拡散防止設備
	ニ	エレベーテッドフレアースタックの黒煙発生防止方法
H30 (2018)	イ	防液堤
	ロ	エレベーテッドフレアースタックの騒音防止方法
	ハ	塩素含有廃ガスの除害装置
	ニ	半導体式ガス漏えい検知警報設備の用途

問題12　防災設備

【今後の**予想**】
今後も問題12は「防災設備」と思われる。

重要項目

1. ガス漏えい検知警報設備

1) 検知方法とその原理

検知方法	原　理	適用ガス 可燃性	適用ガス 毒性	適用ガス 酸素
接触燃焼式	可燃性ガスが検知素子（白金線コイルに活性触媒をコーティングした検知素子）に接触するとその表面で燃焼反応が起こり温度が上昇し、白金線コイルの電気抵抗値が増大することを利用	○		
半導体式（セラミック式）	加熱された金属酸化物の半導体にガスが接触するとガス濃度の変化により金属酸化物の電気抵抗値が変化することを利用	○	○	
定電位電解式	作用電極、対極の2極間に酸化電位を与えておき、ガスが隔膜を通って侵入すると酸化反応が生じ、2極間にガス濃度に対応した電流が流れることを利用		○	
電量式（クーロメトリ）	電圧を印加した電極間に溶液を満たし、溶液とガスが反応する際に電流が流れることを利用		○	
隔膜イオン電極式	内部液に検知電極と比較電極が設置され、ガスが隔膜を透過して内部液と反応する際に検知電極の電流が変化することを利用		○	
ガルバニ電池式	電解溶液中に金陰極、鉛陽極を入れ電池を形成し、電池の出力が陰極付近の溶存酸素濃度に比例することを利用			○

2) 検知警報設備の機能と構造の基準・設置箇所

① ガスサンプリング方法には拡散型と強制吸引型があり、吸引型のほうが検知時間遅れが少ない。
② 検知警報設備が警報を発したのちは原則として、雰囲気中のガス濃度が変化しても、警報を発信し続けること。
③ 警報はランプの点灯または点滅と同時に警報音を発するものとする。

2章　保安管理技術

④ 警報設定値は次の値とする。

- 可燃性ガス：爆発下限界の1/4以下
- 酸素：25 %
- 毒性ガス：許容濃度値以下の値（ただしアンモニア、塩素その他これらに類する毒性ガスであって、試験用標準ガスの調整が困難なものにあっては、許容濃度値の2倍の値以下）

⑤ 設置場所および個数

- 屋外：ガスが漏えいしやすい場所の周囲20 m につき1個以上
- 屋内：周囲10 m につき1個以上

2. フレアースタック

フレアースタック：装置から移送される可燃性ガスを焼却するためのもの

- エレベーテッドフレアー：高所で焼却を行う塔型
- グランドフレアー：地上で焼却を行う燃焼炉型

① 燃焼炎の安定性：①ガスの流速がガス固有の燃焼速度に比べて過大：火炎の吹消え
　　　　　　　　　　②ガスの流速がガス固有の燃焼速度に比べて過小：逆火

② 安定燃焼：ガス流速が燃焼速度より大きく、かつ、ガス流速がマッハ0.2程度

③ 黒煙発生の防止：予混合バーナの使用、スチームの吹込み、小バーナの多数使用があるが、主に使用されているスチーム吹込み方式について、その防止原理（空気の吸引と水性ガス反応）と高周波騒音を発する環境上の問題点を理解しておくこと。

④ 逆火防止：ドライガスシール、水封、不活性ガスパージ、フレームアレスタ（詰まりを生じないガスの場合）などにより、フレアーからの逆火を防止する。

⑤ 騒音の防止：下の表による。

騒音の種類	原　因	防止方法
高周波騒音	スチーム吹込み→スチーム放出	スチームノズル部にマフラ取付け
低周波騒音	火炎の息つぎ→脈動燃焼音	・ガスシールドラム内のシールヘッド部形状変更 ・**スチーム量調節**

⑥ 放射熱：人体や周辺設備に放射熱による損傷を与えないようにする。

問題 12　防災設備

 過去問題に挑戦！　　　　　　　　　　解答・解説は p.189！

問 1　　　　　　　　　　　　　　　　　　　　　　　　　　　　　　[H26 問 12]

次のイ、ロ、ハ、ニの記述のうち、防災設備について正しいものはどれか。
イ．ガス漏えい検知警報設備のガスサンプリング方式のタイプとして、拡散型は吸引型に比べて検知時間の遅れが少ない。
ロ．アンモニアの除害のため、大量の水による吸収設備を設置した。
ハ．フレアースタックの逆火防止用に水封式のガスシールドラムを設置した。
ニ．フレアースタックの建設時、ガス流速がガス固有の燃焼速度より小さくなるように設計した。
(1) イ、ハ　　(2) イ、ニ　　(3) ロ、ハ　　(4) イ、ロ、ニ　　(5) ロ、ハ、ニ

問 2　　　　　　　　　　　　　　　　　　　　　　　　　　　　　　[H27 問 12]

次のイ、ロ、ハ、ニの記述のうち、防災設備について正しいものはどれか。
イ．フレアースタックでの噴出ガス流速が燃焼速度より小さいと燃焼は安定する。
ロ．アンモニアガスの漏えい検知に隔膜イオン電極式の検知器を使用した。
ハ．可燃性ガスのベントスタックで、万一着火した場合の消火のためスチーム吹込み配管を設置した。
ニ．液化ガス球形貯槽の支柱の温度上昇防止措置として、支柱への散水は効果がない。
(1) イ、ロ　　(2) ロ、ハ　　(3) ハ、ニ　　(4) イ、ロ、ハ　　(5) ロ、ハ、ニ

問 3　　　　　　　　　　　　　　　　　　　　　　　　　　　　　　[H28 問 12]

次のイ、ロ、ハ、ニの記述のうち、防災設備について正しいものはどれか。
イ．フレアースタックの逆火防止の方法としては、ドライシール、水封、不活性ガスによるパージなどがある。
ロ．接触燃焼式ガス漏えい検知器の標準校正ガスとして、イソブタンが一般的に使用される。
ハ．可燃性ガスの消火設備として、水噴霧装置を設置した。
ニ．漏えいした液化ガスの拡散防止および流出防止設備としては、スチームカーテン、防火壁、防液堤などがある。
(1) イ、ロ　　(2) イ、ハ　　(3) ハ、ニ　　(4) イ、ロ、ニ　　(5) ロ、ハ、ニ

2章　保安管理技術

問4 ‖‖‖[H29 問 12]

次のイ、ロ、ハ、ニの記述のうち、防災設備について正しいものはどれか。

イ．インターロック機構には、誤操作などにより適正な手順以外の操作が行われることを防止するものがある。

ロ．定電位電解式ガス漏えい検知器は、一酸化炭素や硫化水素などの毒性ガスの測定には適さない。

ハ．漏えいしたガスや液体の拡散の防止、ガスや液体が発火源に到達しないようにするための設備には、防液堤、スチームカーテン、防火壁などがある。

ニ．エレベーテッドフレアースタックの黒煙発生防止方法として、スチーム吹込みのほかに、予混合バーナの使用や小バーナの多数使用がある。

（1）イ、ロ　　（2）ロ、ハ　　（3）ハ、ニ　　（4）イ、ロ、ニ　　（5）イ、ハ、ニ

問5 ‖‖‖[H30 問 12]

次のイ、ロ、ハ、ニの記述のうち、高圧ガスの防災設備について正しいものはどれか。

イ．貯槽内の液化ガスが液体の状態で漏えいした場合、これを貯槽の周囲の限られた範囲を超えて他へ流出することを防止するために防液堤を設置した。

ロ．エレベーテッドフレアースタックのスチーム吹込み用ノズルに、騒音防止対策としてマフラを取り付けた。

ハ．塩素を含む廃ガスの除害装置として、カセイソーダ水溶液に吸収させる塔を設置した。

ニ．半導体式（セラミック式）ガス漏えい検知警報設備は、毒性ガス検知には使用できるが、可燃性ガスの検知には使用できない。

（1）イ、ロ　　（2）イ、ニ　　（3）ハ、ニ　　（4）イ、ロ、ハ　　（5）ロ、ハ、ニ

問題 **13**

運転管理

【過去 **5**年間の**出題頻度**】

毎回出題される。

【**出題内容**】

年度		出題内容
		運転管理
H26 (2014)	イ	ヒューマンエラー防止
	ロ	交替時の引継ぎ方法
	ハ	液化ガス貯槽火災時の対応
	ニ	ロールオーバ
H27 (2015)	イ	操作手順の明確化
	ロ	締切り用バルブの操作
	ハ	配管における流路閉塞
	ニ	可燃性ガスの大気への放出
H28 (2016)	イ	霜着き
	ロ	ポンプの空引き現象
	ハ	大量ガス漏れ発生時の緊急処置
	ニ	フラッディング現象
H29 (2017)	イ	運転開始前のラインアップ作業
	ロ	高圧ガス容器への充てん作業
	ハ	加熱炉加熱管のホットスポット
	ニ	誤操作防止（信頼性の向上）
H30 (2018)	イ	水撃作用防止
	ロ	加熱炉加熱管のホットスポット
	ハ	誤操作防止
	ニ	毒性ガス漏えい時の保護具

【今後の**予想**】

今後も問題13は「運転管理」と思われる。

155

2章 保安管理技術

1. 運転中に起こりうる異常現象

遠心圧縮機のサージング、ポンプのキャビテーション、ポンプ配管系の水撃作用は、1章「学識」問題14と、2章「保安管理技術」問題6の「ポンプあるいは圧縮機」の範囲。

異　常	発生機器	現　象	原因・要因
振動、異音	回転機器など	回転機器の振動、異音配管の振動	構成部品のいずれかの欠陥 内部流動流体との共振
流路閉塞	配管	固形物蓄積による流路閉塞	①石油精製装置におけるスラッジの沈着 ②液化ガス中の水分と結合して生成する水和物（ハイドレート） ③低温液体中に含まれる水分の氷結または潤滑油の固化 ④設備内部に残置されたウェスなど
飛沫同伴 （エントレインメント）	棚段塔	液滴が蒸気に同伴して上のトレイまで到達する	塔内の蒸気速度の増加 （運転が可能だが、段効率が低下）
横溢現象 （フラッディング）	棚段塔	降下液のすべてが上段に運ばれる	塔内の蒸気速度のさらなる増加（運転不可）
ホットスポット	加熱炉	局所的な過熱部の発生	ロングフレームによる過熱 スケール沈着部の加熱
	反応器		触媒不均一充てん
空引き現象	ポンプ	ケーシング内に液が満たされず、所定の揚程、流量に達せず、ハンチングが生ずる	・液温が沸点近くまたは沸点以上 ・吸込み側のガスだまり ・吸込み側圧力低下または液面低下
ロールオーバ	低温液化ガス貯槽	貯槽内の密度の異なる上下2液層の反転現象。急激な蒸発が起こり大量のガスが発生	貯液と密度の異なる液の受入れ
霜着き	低温装置外表面	空気中の水蒸気が凝縮氷結し霜状に付着	低温内部流体の漏えい、バルブの内漏れ、断熱不良

2. 運転停止時の不活性ガス置換、空気置換

設備の修理、清掃または検査を行う場合は、設備内のガス廃棄、ガス置換、配管の遮断を行ってから着手する。

ガスの廃棄と置換

(ⅰ) ガスの廃棄

①可燃性ガスの廃棄

設備運転圧 → 他の貯槽などに回収
設備大気圧近く → 放出ガスの着地濃度が爆発下限界の1/4以下になるように、徐々に大気中に安全に放出または、燃焼装置に導き燃焼させる
設備大気圧

②毒性ガスの廃棄

ガス回収後、残留ガスを大気圧になるまで除害設備に導入

(ⅱ) ガス置換

①置換に用いるガス

一般には窒素を用いることが多く、場合によってスチームや水を使用する。ただし、二酸化炭素はアンモニアと作用し、配管などを閉塞するので、アンモニア設備では使用不可 ⇒ 該当するガスと反応しにくいガスを使用。

②置換の方法

流通法：プロセスのフローに沿いガスを流す（吹流し）。

バッチ法：一定圧力までガスを入れ(加圧)、大気圧まで放出することを繰り返す。

➡3. バルブの操作

(1) 締切り用バルブ操作：操作時のトラブルである水撃作用（ウォータハンマ）、液柱分離の意味とその防止方法
(2) 手動バルブの操作：操作上の注意事項
(3) ハンドル廻しの使用制限：ハンドル廻しを使う際の注意事項
(4) バルブ操作の速度：徐々に行う大原則と、急激操作のトラブル例

➡4. 誤操作の防止

(1) 誤操作の発生原因：ヒューマンエラーと、その背後要因
(2) 誤操作の防止：人間の特性と盲点を踏まえて行う以下の防止策の具体例
　　①ヒューマンエラー防止（フェーズ理論からの対策）
　　②信頼性の向上（問4を参照）

③設備的対策
- マン・マシン・インターフェース
- 機器の配列など
- 表示・標識など
- スイッチなどの保護（問5を参照）
- 警報
- 設備の安全計装

④運転上の対策

⑤管理的対策

 過去問題に挑戦！　　　　　　　　　　解答・解説は p.190！

問1 [H26 問13]

次のイ、ロ、ハ、ニの記述のうち、運転管理について正しいものはどれか。

イ．ヒューマンエラーを防止するためには、人間の特性などを踏まえて対策を取る必要がある。

ロ．運転管理者は、交替時の引継ぎ方法として引継ぎ帳などに加え、図面、フローシートおよびチェックリストを活用させ、確実な引継ぎができるようにした。

ハ．液化プロパンの貯槽が設置されている防液堤内でプール火災が発生したとき、その貯槽の過熱防止対策として、まず、貯槽上部の放出弁を開き、内部のプロパンを大気に放出した。

ニ．液化天然ガス（LNG）貯槽においてロールオーバが起こると、液の急激な蒸発が起こり大量のガスが発生するので、事故につながることがある。

(1) イ、ハ　　(2) ロ、ニ　　(3) ハ、ニ　　(4) イ、ロ、ハ　　(5) イ、ロ、ニ

問2 [H27 問13]

次のイ、ロ、ハ、ニの記述のうち、運転管理について正しいものはどれか。

イ．原料をタンクローリで受け入れる場合、高圧ガスや液体が大気に触れる機会があるが、バルブ操作は単純であるので、特に手順を明確にしなくてもよい。

ロ．締切り用バルブの操作において、水撃作用を防止するため、バルブを急速に閉止することを避けるなど、流速変化の割合を小さくする。

ハ．配管における流路閉塞には、液化ガス中の水和物生成、低温液体中の水分の氷結、潤滑油の固化などによるものがある。

ニ．製造設備の運転停止時などに、貯槽から直接、残留可燃性ガスを大気中に放出す

問題13　運転管理

る場合には、放出ガスの着地濃度が爆発下限界以下の値になるように徐々に行う。
(1) イ、ニ　　(2) ロ、ハ　　(3) ハ、ニ　　(4) イ、ロ、ハ　　(5) イ、ロ、ニ

問3 [H28 問13]

次のイ、ロ、ハ、ニの記述のうち、運転管理について正しいものはどれか。
イ．低温装置などの外表面への霜着き現象は、装置内部の低温ガスの漏えいによって起こることがある。
ロ．ポンプの空引き現象が発生する原因の1つとして、吐出配管側のガスの滞留がある。
ハ．可燃性ガスを取り扱う高圧ガス設備の運転中に、大量のガス漏れが発生した場合の緊急処置として、漏えい箇所前後の緊急遮断弁および手動弁を閉め、漏えい量を最小限に抑えた。
ニ．棚段式蒸留塔では、塔内の蒸気速度が増大し過ぎると棚段上の泡沫層が高くなり、飛沫同伴量が増えてさらにこの状態が進めばフラッディング現象が起きる。
(1) イ、ロ　　(2) イ、ハ　　(3) ロ、ニ　　(4) イ、ハ、ニ　　(5) ロ、ハ、ニ

問4 [H29 問13]

次のイ、ロ、ハ、ニの記述のうち、運転管理について正しいものはどれか。
イ．運転開始前のラインアップ作業を2人でダブルチェックしながら行い、安全弁の元弁を開にしての封印、仕切板の取外しおよび取付けの確認などを実施した。
ロ．高圧ガス容器への充てん作業の際には、容器再検査期間を経過していなければ、外観の異常の有無、刻印と表示の確認を行わなくてもよい。
ハ．加熱炉の加熱管にはホットスポットと呼ばれる部位が生じることがあるので、点検窓からの目視確認を日常点検項目としている。
ニ．パニック状態では簡単な操作しかできないことが多いので、重要装置には複雑な操作を必要とせず、簡単に操作できる緊急遮断装置・緊急脱圧装置・緊急停止装置などを効果的に設ける。
(1) イ、ロ　　(2) ロ、ニ　　(3) ハ、ニ　　(4) イ、ロ、ハ　　(5) イ、ハ、ニ

問5 [H30 問13]

次のイ、ロ、ハ、ニの記述のうち、運転管理について正しいものはどれか。
イ．配管内の液の流速が急に低下すると、配管やバルブに衝撃を与え、破壊を起こすことがあるが、液圧が上昇しようとするときに、液を管系よりタンクに逃がすことは、衝撃、破壊を防止する一つの方法である。
ロ．加熱炉内の加熱管では、火炎の状況の変化や管内でのスケールの沈着によって局

2章　保安管理技術

　　部的に輝度が大きくなる部分が発生することがあるが、管の強度への影響はない。

ハ．誤操作防止を図るため、プロセスの緊急停止スイッチにカバーを設置した。

ニ．濃度が急に変動することが予想されるような毒性ガスの漏えい時には、隔離式防毒マスクの着用を標準として規定した。

（1）イ、ロ　　（2）イ、ハ　　（3）ロ、ニ　　（4）イ、ハ、ニ　　（5）ロ、ハ、ニ

問題 14、15
設備管理(1)、設備管理(2)

〈過去5年間の出題頻度〉

　毎回出題される。ただし、2014年は設備管理（1）としてではなく、非破壊試験として出題された。

〈出題内容〉

☐保全計画　　☐設備の検査・診断　　☐工事管理

年度	設備管理（1）		設備管理（2）	
	非破壊試験		**工事管理を含む設備管理**	
H26 (2014)	イ	浸透探傷試験	イ	保全方式
	ロ	磁気探傷試験（磁粉探傷試験）	ロ	貯槽配管の緊急遮断装置の検査
	ハ	渦電流探傷試験（渦流探傷試験）	ハ	保全部門から運転部門への引渡し
	ニ	超音波探傷試験	ニ	毒性ガス貯槽への入槽
	工事管理		**保全、点検、検査**	
H27 (2015)	イ	火気工事管理	イ	時間基準保全
	ロ	塔槽内作業前のガス置換	ロ	配管の検査方法
	ハ	入槽前槽内確認濃度	ハ	溶接補修後の耐圧試験
	ニ	酸素濃度基準	ニ	検査技術
	工事管理を含む設備管理		**設備管理**	
H28 (2016)	イ	保全カレンダー	イ	気孔（ブローホール）検出の非破壊試験
	ロ	寿命予測	ロ	熱交換器チューブ腐食減肉の検査
	ハ	火花の管理	ハ	設備診断技術
	ニ	設備管理不備で発生する事故の原因	ニ	塔槽内工事前ガス置換、再置換の目的
	設備管理（保全計画、検査）		**設備管理（検査・診断、工事管理）**	
H29 (2017)	イ	改良保全	イ	浸透探傷試験、磁気探傷試験（磁粉探傷試験）の適用材質
	ロ	保全計画対象設備の重要度ランクの設定	ロ	超音波厚み計
	ハ	予防保全	ハ	酸欠の防止（工事管理）
	ニ	日常検査	ニ	塔槽内作業の安全管理（作業終了後の窒素置換、仕切板撤去）
	工事管理と設備管理		**設備管理（検査・診断）**	
H30 (2018)	イ	塔槽内作業の安全管理（縁切り）	イ	渦電流探傷試験（渦流探傷試験）
	ロ	塔槽内作業の安全管理（ガス置換）	ロ	超音波探傷試験
	ハ	裸火の管理	ハ	浸透探傷試験
	ニ	状態基準保全	ニ	定期検査における気密試験

保安管理技術

161

2章　保安管理技術

■非破壊試験だけで１問

試験方法	H21	H22	H23	H24	H25	H26	H27	H28	H29	H30
(1) 浸透探傷試験	○	○	○	−	−	−	−	−	○	○
(2) 磁気探傷試験（磁粉探傷試験）	−	−	○	−	−	○	−	−	○	−
(3) 放射線透過試験	○	○	−	−	−	−	−	○	−	−
(4) 超音波探傷試験	−	○	○	−	−	−	−	−	○	○
(5) 渦電流探傷試験（渦流探傷試験）	−	−	−	−	−	−	−	○	−	−
(6) アコースティック・エミッション試験	○	−	○	−	−	−	−	−	−	−

〔注〕1.　平成28年：設備管理の4つの記述のうち2つが非破壊試験関係
　　　2.　平成29年：設備管理の4つの記述のうち2つが非破壊試験関係
　　　3.　平成30年：設備管理（検査・診断）の4つの記述のうち3つが非破壊試験関係

《今後の予想》

今後も問題14、問題15は「設備管理」と思われる。

重要項目

1. 非破壊試験

非破壊試験方法	検出原理
浸透探傷検査 PT（Penetrant Testing）	傷の内部に浸透させた浸透液を毛管現象によって、試験体表面に吸い出し、傷を知覚的に感知しやすくして行う検査手法
磁気探傷検査 MT（Magnetic Particle Testing）	被試験体を磁化すると表面または表面近くの欠陥により磁束が漏えいし、これを磁粉を用いて検出する
放射線透過検査 RT（Radiographic Testing）	放射線（X線、γ線）を照射し、透過後の放射線の強さの差を写真フィルム上に濃淡の像で現し、欠陥の有無や形状を検出する
超音波探傷検査 UT（Ultrasonic Testing）	入射された超音波が被試験体中の欠陥により反射・散乱することから欠陥の有無や形状を検出する
渦電流探傷検査 ET（Eddy Current Testing）	交流を流したコイルにより時間的に変化する磁場を被試験体（導体に限る）に加え、被試験体に生じる渦電流が欠陥などにより変化することを利用し、欠陥の有無などを検出する
アコースティック・エミッション検査 AE（Acoustic Emisshion Testing）	AEとは、材料に外力を加えたときに生じる、材料の変形や傷の進展に伴い超音波領域の弾性波が発生する事象をいい、その弾性波（AE波）を計測し、材料の健全性や強度などを評価する

162

問題 14、15 設備管理(1)、設備管理(2)

(つづき)

非破壊試験方法	検出欠陥	適用材料
浸透探傷検査 PT	目に見えない表面の傷を簡単な操作で検出できる	金属でも非金属でも適用
磁気探傷検査 MT	表面または表面直下の傷を検出できる	磁石に吸引される強磁性材料だけに適用
放射線透過検査 RT	X線やγ線を利用して目に見える内部の傷を検出できる	金属材料、溶接部、鋳物、非金属材料に適用
超音波探傷検査 UT	超音波の反射を利用して内部の傷が検出できる	金属材料、溶接部、非金属材料に適用
渦電流探傷検査 ET	渦電流を利用して小さなパイプなどの傷検出、材質判別に適用	導電性の材料に適用
アコースティック・エミッション検査 AE	音響を利用して構造物の健全性診断ができる	各種材料、構造物（地上、地下、海洋）、地滑りなどに適用

2. 保全方式

	計画保全	
予防保全 (PM)	設備が機能を停止する前、あるいは要求された性能の低下をきたす前に、計画的に設備を整備し、突発故障を防止することを目的とする方式。	時間基準保全 (TBM) あらかじめ定めた周期ごとに部品交換または修理などの整備を行う方式。**定期保全**ともいう。周期は、詰まり、摩耗、腐食、劣化などの要因を考慮して実績や同種設備の事例を参考にして定める。 周期短い：オーバメンテナンス 周期長い：突発故障 ⇒周期は十分に検討を要す。
		状態基準保全 (CBM) **予知保全 (PM)** ともいう。近年の検出技術、評価技術、設備診断技術などにより、設備の劣化傾向を連続的または定期的に監視、把握しながら設備の寿命などを予測し、次の整備時期を決める方式。 監視対象には、温度、振動、詰まり（圧力損失など）、電流変化、摩耗や腐食の進行状況などがある。 異常の早期発見に対して信頼性が高い。重要な設備や故障の発生と時間との相関が小さい設備に適用される。
計画事後保全 (BM)	設備が故障または要求された性能の低下をきたしてから整備、修理を行うことを前提に計画的に管理する方式。費用は小さく、重要度ランクの低い設備に適用される。	
改良保全 (CM)	設備の性能や健全性、保全性などを向上させる目的で設備を改善する方式。保全工事内容のみならず、機器設計上の改良点を提案し、再設計する行為も含まれる。	

2章　保安管理技術

⇒3. 置換完了の確認濃度

ガスの種類	置換完了の確認濃度	空気再置換完了後に作業員が設備の内部へ入る場合の確認濃度	
可燃性ガス又は特定不活性ガス	爆発下限界の1/4以下の値	—	酸素18〜22 vol%（修理などの作業期間中も確認）
毒性ガス	許容濃度以下の値	許容濃度以下（入る直前に再確認）	
酸素ガス	酸素22 vol%以下の値	—	

 過去問題に挑戦！　　　　　　　　解答・解説はp.192！

問1　　　　　　　　　　　　　　　　　　　　　　　　　　　　[H26 問14]

次のイ、ロ、ハ、ニの記述のうち、非破壊試験について正しいものはどれか。

イ．浸透探傷試験の適用できる材料は、金属に限らず、プラスチック、ガラス、セラミックスも対象となる。

ロ．磁気探傷試験（磁粉探傷試験）は、オーステナイト系ステンレス鋼などの非磁性材料には適用できない。

ハ．渦電流探傷試験（渦流探傷試験）は、線、棒などの製品の表面きずや熱交換器チューブの割れや腐食の検出などに用いられている。

ニ．超音波探傷試験は、基本的には材料の内在欠陥の検出に用いられるが、超音波は放射線に比べて材料中における減衰が大きいため、厚肉の材料での検査には向いていない。

（1）イ、ロ　　（2）イ、ニ　　（3）ハ、ニ　　（4）イ、ロ、ハ　　（5）ロ、ハ、ニ

問2　　　　　　　　　　　　　　　　　　　　　　　　　　　　[H26 問15]

次のイ、ロ、ハ、ニの記述のうち、工事管理を含む設備管理について正しいものはどれか。

イ．時間基準保全（TBM）は、予知保全（PM）ともいい、設備の劣化傾向を連続的または定期的に監視、把握しながら設備の寿命などを予測し、次の整備時期を決める方式である。

ロ．貯槽開放時の検査要点の1つとして、貯槽配管の緊急遮断装置については、目視検査、作動検査、弁座の漏れ検査などを行う。

ハ．工事完了後の運転開始前には、仕切板、足場などの状態を調べて、設備が完全に使用可能な状態になっていることを確認する。

ニ．毒性ガスの貯槽へ入槽するために、空気による再置換後に毒性ガスの濃度が許容濃度以下であることを再確認し、そのガスに適合した保護具を着用した。

（1）イ、ロ　　（2）イ、ニ　　（3）ハ、ニ　　（4）イ、ロ、ハ　　（5）ロ、ハ、ニ

問題 14、15 設備管理(1)、設備管理(2)

問3 [H27 問14]

次のイ、ロ、ハ、ニの記述のうち、工事管理について正しいものはどれか。

イ．火気工事を行う場合は、対象設備周辺のガス検知を行ってガスが滞留していないことを確認する。

ロ．塔槽内作業を行う場合、可燃性ガスを不活性ガスで置換し、濃度が基準値以下になったことを確認して、空気で再置換する。

ハ．毒性ガスを含む有害ガスの塔槽については、空気による再置換後においても、入槽の際に毒性ガスの濃度が基準値以下であることを再確認する。

ニ．酸欠を防止するためには、作業中酸素濃度を定期的にチェックして、酸素濃度が22％以上であることを確認する。

(1) イ、ロ　　(2) イ、ハ　　(3) ロ、ニ　　(4) ハ、ニ　　(5) イ、ロ、ハ

問4 [H27 問15]

次のイ、ロ、ハ、ニの記述のうち、保全、点検、検査について正しいものはどれか。

イ．保全方式のうち、時間基準保全（TBM）は、周期を短くすれば、点検など周期途中の保全工数が少なくなり、また、オーバメンテナンスにもなりにくい。

ロ．配管の検査には、超音波厚み計、放射線透過試験による減肉量のチェックなどがある。

ハ．溶接補修の後に耐圧試験を実施する場合は、原則として、水を用いた液圧試験によって行う。

ニ．検査技術には、検査部位を切断などせずに検査する非破壊試験による方法（超音波、放射線など）と、一部切断して作った試験片などにより検査する方法（引張試験、クリープ試験など）がある。

(1) イ、ロ　　(2) イ、ニ　　(3) ハ、ニ　　(4) イ、ロ、ハ　　(5) ロ、ハ、ニ

問5 [H28 問14]

次のイ、ロ、ハ、ニの記述のうち、工事管理を含む設備管理について正しいものはどれか。

イ．保全カレンダー（年間保全計画）は、当該年度に実施する保全活動の実施時期を操業計画と調整して作成し、工事計画や資材の発注計画立案に参考とする。

ロ．寿命予測は、設備診断の結果を基に、対象とする設備がいつまで使用可能であるかを予測する技術である。

ハ．電気器具の使用時の火花、手動工具使用時の衝撃火花、摩擦火花の生じる火気工事における安全対策としては、防爆器具または安全工具を使用するだけでよい。

ニ．設備管理の不備で発生する事故の原因としては、設備の構造や使用材質上のミス、

2章　保安管理技術

設計と製作・施工との不適合、不適切な保全計画のような例があげられる。

(1) イ、ロ　　(2) イ、ハ　　(3) イ、ロ、ニ　　(4) イ、ハ、ニ　　(5) ロ、ハ、ニ

問6 ‖‖[H28 問 15]

次のイ、ロ、ハ、ニの記述のうち、設備管理について正しいものはどれか。

イ．試験体の内部の気孔（ブローホール）を検出するためには、染色浸透液を用いた浸透探傷試験が最も広く用いられる。

ロ．熱交換器のチューブの腐食減肉の検査には、渦電流探傷試験（渦流探傷試験）が広く用いられる。

ハ．設備の異常や劣化の状態を的確に把握し、これに使用環境や材料特性などを加味して、その後の劣化の進行を予測することによって、設備の健全性を総合的に診断する技術が設備診断技術である。

ニ．塔槽内での工事の前に行うガス置換および再置換の目的は、可燃性ガスによる爆発、酸素欠乏による作業者の窒息、有害ガスや有機溶剤による中毒などを避けることである。

(1) イ、ロ　　(2) イ、ハ　　(3) ロ、ニ　　(4) イ、ハ、ニ　　(5) ロ、ハ、ニ

問7 ‖‖[H29 問 14]

次のイ、ロ、ハ、ニの記述のうち、設備管理について正しいものはどれか。

イ．改良保全（CM）は、設備の性能や健全性、保全性などを向上させる目的で設備を改善する方式であり、機器設計上の改良点を提案し、再設計する行為も含まれる。

ロ．保全業務を効率的に進めるための重要度ランクの設定に当たっては、生産性、保全性、品質の3要素で判定する。

ハ．予防保全（PM）は、計画的に設備を整備して突発故障の防止を目的とする保全方式であり、時間基準保全（TBM）と状態基準保全（CBM）がある。

ニ．製造設備の異常は運転中でなければ発見しにくい場合があり、また、定期検査だけでは運転中の経時的変化を把握しにくいので、日常検査はそれを補うものとして意義がある。

(1) イ、ロ　　(2) ロ、ニ　　(3) ハ、ニ　　(4) イ、ロ、ハ　　(5) イ、ハ、ニ

問8 ‖‖[H29 問 15]

次のイ、ロ、ハ、ニの記述のうち、設備の検査・診断および工事管理について正しいものはどれか。

イ．浸透探傷試験と磁気探傷試験（磁粉探傷試験）は、金属に限らず、プラスチック、ガラス、セラミックスにも適用できる。

166

問題 14、15　設備管理(1)、設備管理(2)

ロ．超音波厚み計（超音波厚さ計）は、試験体の厚さ方向に超音波を入射し、底面エコーの反射時間から厚さを測定する。

ハ．酸欠の防止には、空気流通スペースを十分に取って換気を行い、作業中は酸素濃度を定期的にチェックする。また、自然換気が不十分な場合は、強制換気設備を設置する。

ニ．可燃性ガスを扱う設備では、塔槽内作業の終了後に空気が満たされた状態で仕切板を撤去して、直ちにプロセス流体を入れられるようにしておく。

(1) イ、ロ　　(2) イ、ニ　　(3) ロ、ハ　　(4) イ、ハ、ニ　　(5) ロ、ハ、ニ

問 9　　　　　　　　　　　　　　　　　　　　　　　　　　　　　　[H30 問 14]

次のイ、ロ、ハ、ニの記述のうち、工事管理および設備管理について正しいものはどれか。

イ．可燃性ガス貯槽の内部の掃除、検査において、貯槽に接続している配管との遮断のため、元弁を閉止し、仕切板を挿入した。

ロ．可燃性ガスを扱う塔槽の内部作業のためのガス置換は、一般に当該塔槽内を不活性ガスで置換し、可燃性ガス濃度が基準値以下になったことを確認した後、空気で再置換する。

ハ．一般的に高所での溶接作業では通風がよいので、周囲に可燃性ガスがないことの確認は必要であるが、火花飛散防止などの処置は必要ない。

ニ．状態基準保全（CBM）は、設備が故障または要求された性能の低下をきたしてから整備、修理を行うことを前提に計画的に管理する方式で、一般的には寿命まで設備を使い切るので費用は小さく、重要度ランクの低い設備に適用される。

(1) イ、ロ　　(2) ロ、ハ　　(3) ハ、ニ　　(4) イ、ロ、ニ　　(5) イ、ハ、ニ

問 10　　　　　　　　　　　　　　　　　　　　　　　　　　　　　　[H30 問 15]

次のイ、ロ、ハ、ニの記述のうち、設備の検査・診断について正しいものはどれか。

イ．渦電流探傷試験（渦流探傷試験）は、導体の試験体を対象とし、線や棒などの製品の表面傷、熱交換器チューブの割れや腐食の検出などに用いられる。

ロ．超音波探傷試験は、部材の表面欠陥の検出には適用できるが、内部欠陥の検出には適用できない。

ハ．浸透探傷試験は、金属には適用できるが、プラスチック、ガラス、セラミックスなどの非金属には適用できない。

ニ．定期検査における気密試験は、配管、計器などを取り付けた運転開始直前、すなわち定期検査の終了段階で実施するのが一般的である。

(1) イ、ロ　　(2) イ、ニ　　(3) ハ、ニ　　(4) イ、ロ、ハ　　(5) ロ、ハ、ニ

「保安管理技術」過去問題の 解説・解答

問題1 「燃焼・爆発」の解説・解答

問1 ［燃焼・爆発］

【正解】(3) ハ、ニ

イ．(×) 両者を必要としない分解爆発という爆発がある。
ロ．(×) ガスの温度が低下すると爆発範囲は狭くなる。
ハ．(○) 正しい。
ニ．(○) 正しい。

問2 ［燃焼・爆発］

【正解】(4) イ、ロ、ハ

イ．(○) 正しい。
ロ．(○) 正しい。
ハ．(○) 正しい。
ニ．(×) 不活性ガスの添加により可燃性混合ガスの爆発防止を図るとき、不活性ガスのモル数が同じである場合、その種類によって効果は違う。モル熱容量が大きいほど冷却効果が大きく、添加量が少なくても希釈効果が大きい。

問3 ［燃焼・爆発］

【正解】(4) イ、ロ、ニ

イ．(○) 正しい。
ロ．(○) 正しい。
ハ．(×) 爆ごうは波面圧力が1～5 MPaに達する。

爆ごうと燃焼の特性の比較

特 性	爆 ご う	燃 焼
伝ぱ速度	約1 000～3 000 m/s	約0.3～10 m/s
波面圧力	1～5 MPa	波面前後でほぼ一定
波面温度	1 400～4 000 ℃	1 200～3 500 ℃
波面密度	最初の1.4～2.6倍	最初の0.06～0.25倍

ニ．(○) 正しい。

168

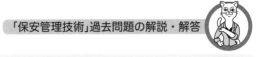

問4 [燃焼・爆発]

【正解】(4) イ、ロ、ハ

イ.（○）正しい。加圧化で貯蔵されている低温液化ガスや高温加熱液体の容器などが破裂により急激に内圧が解放されると、気液平衡がくずれて激しい沸騰が起こり爆発的に蒸発することがあり、これを蒸気爆発という。

ロ.（○）正しい。高圧設備のバルブを急激に開くと低圧側の配管や装置に高圧ガスが流入し、断熱的に圧縮されて高温が発生し、可燃性物質の発火源となりうる。また、アセチレンのように分解爆発性のガスの場合は分解爆発の発火源にもなる。

ハ.（○）正しい。常温、大気圧の空気中で最小発火エネルギーの最低値が小さいのは水素およびアセチレンなどがあり、逆に大きなものとしてはアンモニアをあげることができる。

ニ.（×）可燃性ガス中を伝ぱする火炎が狭いすき間に入ると消炎することがあるのは、狭いすき間では周囲の壁で冷却されて火炎が維持できなくなり消炎するためである。火炎が伝ぱするのは混合ガス中の可燃性成分が爆発範囲に入っているからである。伝ぱ中に他のガスが流入してくるという条件ではないので、可燃性成分の濃度は変化しない。この点からも記述は間違い。

問5 [燃焼・爆発]

【正解】(4) イ、ロ、ニ

イ.（○）正しい。
ロ.（○）正しい。
ハ.（×）摩擦熱ではなく静電気帯電による静電気放電が発火源である。
ニ.（○）正しい。

問題2 「ガスの性質・利用方法」の解説・解答

問1 [ガスの性質・利用方法]

【正解】(4) イ、ハ、ニ

イ.（○）正しい。
ロ.（×）エチレンは、最も簡単な構造のオレフィン炭化水素で、石油化学工業の基礎原料として重要な位置を占めている。
ハ.（○）正しい。
ニ.（○）正しい。

2章　保安管理技術

問2 ［ガスの性質・利用方法］ ……………………………………………………
　【正解】(3) ハ、ニ
　イ.（×）水素は、拡散速度が気体の中で最も大きく、熱伝導率も非常に大きい。
　ロ.（×）メタンは、パラフィン炭化水素であり、空気より軽いガスである。
　ハ.（○）正しい。
　ニ.（○）正しい。

問3 ［ガスの性質・利用方法］ ……………………………………………………
　【正解】(4) イ、ハ、ニ
　イ.（○）正しい。
　ロ.（×）一酸化炭素は可燃性ガスである。
　ハ.（○）正しい。
　ニ.（○）正しい。

問4 ［ガスの性質・利用方法］ ……………………………………………………
　【正解】(3) ロ、ハ
　イ.（×）一酸化炭素は、極めて還元性が強い。一酸化炭素は燃焼して（酸素と反応
して）二酸化炭素になるので酸化されやすい（相手を還元しやすい）ガスである。
　ロ.（○）正しい。
　ハ.（○）正しい。
　ニ.（×）モノゲルマンは、無色、吐き気を催すような不快臭のある可燃性のガスで、
毒性がある。

問5 ［ガスの性質・利用方法］ ……………………………………………………
　【正解】(3) ロ、ニ
　イ.（×）アセチレンは分解爆発を起こす危険性が高い。したがって、アセチレンは
そのまま圧縮して容器に充てんすると危険なので、高圧ガス容器の内部に多孔質物を詰
め、これにアセトンなどを浸み込ませ、それを溶剤としてアセチレンを溶解充てんする。
　ロ.（○）正しい。
　ハ.（×）チタンは湿った塩素に対して耐食性があるが、乾燥した塩素に対しては激
しく反応し、発火燃焼してガス状の四塩化チタンになる。→塩素ガスのチタンに対する
腐食性：湿ったものは腐食性がないが、乾燥したものは腐食性が強い。
　ニ.（○）正しい。

170

「保安管理技術」過去問題の解説・解答

問題3 「高圧装置用材料・材料の劣化」の解説・解答

問1 [高圧装置用材料・材料の劣化]
【正解】(2) ロ、ハ
イ．(×) アンモニアは銅および銅合金に対して激しい腐食を示す。
ロ．(○) 正しい。
ハ．(○) 正しい。
ニ．(×) 溶存酸素の供給が他の部分より悪い部分があると通気差腐食が進行する。

問2 [高圧装置用材料・材料の劣化]
【正解】(1) イ、ハ
イ．(○) 正しい措置である。
ロ．(×) 液体窒素の配管の脆性破壊を防止するために、配管材料はフェライト系ステンレス鋼ではなくオーステナイト系ステンレス鋼にする必要がある。通常のフェライト系ステンレス鋼は低温にて脆性を示す。
ハ．(○) 正しい措置である。
ニ．(×) 配管のデッドエンド部（行き止まり配管）は流体がほとんど流れないため、異物の堆積による通気差腐食の発生や、塩化物環境下では付着した異物の接触面のすき間で高濃度塩化物イオン環境による腐食が発生しやすいことから、腐食減肉検査の対象とする。

問3 [高圧装置用材料・材料の劣化]
【正解】(2) ロ、ハ
イ．(×) 銅・銅合金はアンモニア溶液中で皮膜が溶解するため耐食性をもたない。
ロ．(○) 正しい。
ハ．(○) 正しい。保温材下配管外面腐食（CUI：Corrosion Under Insulation）として知られている。外部から浸入した雨水または保温材内部で凝縮した水分が配管表面に形成する水膜を通じて鋼材の表面に腐食電池と呼ばれる電池が形成し、直流の電流が流れる現象（電気化学反応）による腐食である。
ニ．(×) 炭素鋼や銅では、部分的に溶存酸素の供給が悪いと、その部分を⊖極、周囲の溶存酸素の供給が良い部分を⊕極とするマクロ腐食電池が形成され、⊖極部分が腐食する。たとえば、炭素鋼水配管にこぶ状のさび（さびこぶ）が生じ、さびこぶの下の部分が溶存酸素の供給を受けにくい結果、孔状の侵食（孔食）を生じる（右図）。

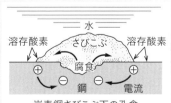

炭素鋼さびこぶ下の孔食

2章　保安管理技術

問4　［高圧装置用材料・材料の劣化］ ･･
【正解】（4）**イ、ロ、ニ**

イ．（○） 正しい。アンモニアは鉄および鉄合金に対しては腐食性は示さないが、アンモニア合成プラントなどのように、高温・高圧下でアンモニアの生成および分解が生じる条件では、（水素ガス、窒素ガスが存在するので）普通鋼に対して窒化および水素脆化作用を示す。

ロ．（○） 正しい。炭素鋼はいくつかの環境中で不動態皮膜を生成し、良い耐食性を示す。そのような環境に、濃硝酸や濃硫酸（酸化力のある酸）、コンクリートなどのアルカリ性環境などがある。

ハ．（×） 通常使用しない行き止まり配管の内部は、常時稼働している配管の流体の渦が発生していたり、腐食生成物が堆積したりしている。常時稼働している配管より、厳しい腐食条件にさらされている事例が多い。よって、腐食減肉の検査対象とする必要がある。

ニ．（○） 正しい。SUS 304 のようなステンレス鋼を溶接すると、その熱影響部の結晶粒界近傍では鋼中のクロムと炭素が結合して炭化クロムになり結晶粒界に集まる。このため、結晶粒界近傍のクロム濃度が低下し不動態皮膜を生成できなくなる。これを鋭敏化と呼ぶ。

問5　［高圧装置用材料・材料の劣化］ ･･
【正解】（3）**ロ、ニ**

イ．（×） 炭素鋼の水配管の内面にさびこぶ（こぶ状のかさの高いさび）が生じると、さびこぶの下は酸素の供給が遮断され溶存酸素濃度が低下し、孔状に腐食が進行する。

ロ．（○） 正しい。

ハ．（×） 電気防食法は湿食に対する防食法である。

ニ．（○） 正しい。

問題4　「計装（計測機器・制御システム・安全計装）」の解説・解答

問1　［計装（計測機器・制御システム・安全計装）］ ･･････････････････････････････
【正解】（1）**イ、ロ**

イ．（○） 正しい。

ロ．（○） 正しい。

ハ．（×） ベンチュリ流量計のほうがオリフィス流量計より圧力損失は小さい。

ニ．（×） ブルドン管圧力計は、負のゲージ圧力（真空計）の測定に使用できる。

「保安管理技術」過去問題の解説・解答

問2 ［計装（計測機器・制御システム・安全計装）］

【正解】（4）イ、ハ、ニ

イ．（○）正しい。

ロ．（×）必要な直管部の長さは、管路に設けてある継手の種類、絞り面積比によって異なるが、上流は管内径の 5 ～ 80 倍程度、下流は管内径の 4 ～ 8 倍程度とする。

ハ．（○）正しい措置である。

ニ．（○）正しい。

問3 ［計装（計測機器・制御システム・安全計装）］

【正解】（4）イ、ロ、ニ

イ．（○）正しい。

ロ．（○）正しい。

ハ．（×）ベンチュリ流量計は、オリフィス流量計に比べ圧力損失が小さく、構造上沈殿物がたまりにくい。

ニ．（○）正しい。

問4 ［計装（計測機器・制御システム・安全計装）］

【正解】（2）イ、ハ

イ．（○）正しい措置である。

ロ．（×）積分動作は、操作量が偏差の時間積分値に比例する制御動作であり、通常は比例制御と組み合わせた比例・積分動作（PI 動作）として広く用いられる。

ハ．（○）正しい。電磁流量計の特徴としては、導電性の液体であれば、圧力損失がほとんどなくても流量が測定できるし、混入物を含む流体、腐食性流体の測定も可能であるなどがあげられる。

ニ．（×）バイメタル式温度計の温度測定範囲は － 50 ～ ＋ 500 ℃、白金抵抗温度計の温度測定範囲は － 200 ～ ＋ 850 ℃である。よって、白金抵抗温度計のほうが使用温度範囲が広い。

問5 ［計装（計測機器・制御システム・安全計装）］

【正解】（4）イ、ハ、ニ

イ．（○）正しい。

ロ．（×）ベンチュリ流量計は、異物を含む流体の場合や圧力損失を小さくしたい場合に用いられる。

2章　保安管理技術

容積式流量計の特徴

■長所
- 積算体積流量測定の精度良
- 流体の物性の影響が少ない
- 高粘度液の測定に適している
- 流量計前後の直管が不要
- 外部エネルギーの供給が不要

■短所
- 粘度が高いと圧力損失大
- 粘度が低いと制度が悪い（漏れ）
- ごみや固形物があると故障しやすい（通常は流量計前にストレーナ設置）

ハ．（○）正しい。

ニ．（○）正しい。

問題5 「高圧装置」の解説・解答

問1 ［高圧装置］ ⋯⋯⋯⋯⋯⋯⋯⋯⋯⋯⋯⋯⋯⋯⋯⋯⋯⋯⋯⋯⋯⋯⋯⋯⋯⋯⋯⋯

【正解】（4）イ、ロ、ニ

イ．（○）正しい。

ロ．（○）正しい。

ハ．（×）液体または固体の混合物に溶剤を加え、その混合物中からある特定の物質のみを取り出し、他の物質と分離する塔を抽出塔という。吸収塔は、混合ガスから特定の成分を除去する目的で、その特定成分に対して高い溶解度をもつ液を混合ガスと接触させて特定成分を回収・除去する塔である。

ニ．（○）正しい。

問2 ［高圧装置］ ⋯⋯⋯⋯⋯⋯⋯⋯⋯⋯⋯⋯⋯⋯⋯⋯⋯⋯⋯⋯⋯⋯⋯⋯⋯⋯⋯⋯

【正解】（4）イ、ロ、ニ

イ．（○）正しい。

ロ．（○）正しい。

ハ．（×）超低温容器は、内槽と外槽からなり、可搬式のものは一般にその間に断熱材が積層され、かつ、常温時において10 Pa程度まで真空引きされている。

ニ．（○）正しい。

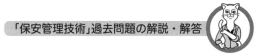

問3 [高圧装置]

【正解】(4) イ、ハ、ニ

イ. (○) 正しい。

ロ. (×) 突合せ溶接は、完全溶込みと適正な熱処理が施されれば、接続される管材料と同等以上の強さを有する。

ハ. (○) 正しい。

ニ. (○) 正しい。

問4 [高圧装置]

【正解】(1) イ、ロ

イ. (○) 正しい。原料に含まれる特定成分を固体の吸着剤を用いて分離することを目的とする塔を吸着塔という。一例として、オルト、メタ、パラの3種類の異性体が混じった混合液からパラキシレンを分離したいとする。これらの異性体は沸点が近いため蒸留操作では分離できない。(沸点は o (オルト) 体で144℃、m (メタ) 体で139℃、p (パラ) 体で138℃。沸点が近いので蒸留分離は段数を増やせば不可能ではないが、工業的には現実的ではない)。しかし、混合キシレンをモレキュラシーブといわれる多孔質の紛体の中に入れると、パラキシレンが選択的に吸着されるという性質がある。この状態でモレキュラシーブを取り出し、この中に脱着剤を入れるとパラキシレンを分離することができる、分離液はパラキシレンと脱着剤の混合液であるが、この2液の分離は蒸留操作で行うことができる。

ロ. (○) 正しい。縦型固定管板式の熱交換器と類似した形状をもつ反応器が、固定床管式反応器である。触媒は管の中に詰められ、胴側の流体との間で熱交換をする。管式反応器では、触媒から熱を取ったり逆に与えたりするのには都合が良いが、有効触媒量を大きくとることは構造上難しい。管式反応器の設計のポイントは、管と管板の溶接部の信頼性を高めることと、管内の触媒をサポートする方式にある。

ハ. (×) 単殻式の球形貯槽は、天然ガスなどの圧縮ガス、あるいはプロパン、ブタンなどの液化ガスを常温高圧で大容量貯蔵するのに適した形式である。

ニ. (×) プレート式熱交換器のプレート上の波形は、流路を作るとともに、流体に渦流を起こし伝熱を良くしたり、伝熱面積を増やすなどの役目を果たしている。

問5 [高圧装置]

【正解】(5) ロ、ハ、ニ

イ. (×) 球形貯槽は、単殻式は天然ガスなどの圧縮ガス、あるいはプロパン、ブタンなどの液化ガスを常温高圧で大容量貯蔵するのに適した形式であり、二重殻式は低温液化ガスを大容量貯蔵するのに適している。

2章　保安管理技術

ロ．（○）正しい。

ハ．（○）正しい。

ニ．（○）正しい。

問題 6　「ポンプあるいは圧縮機(「学識」問題14がポンプなら圧縮機)」の解説・解答

(I)　ポンプ

問1 ［ポンプあるいは圧縮機（「学識」問題14がポンプなら圧縮機)］……………

【正解】(2) イ、ハ

イ．（○）正しい。保冷を強化すると外部からの侵入熱が減少し、液化ガスのガス化防止となる。

ロ．（×）吸込み配管を細くすると流速が大きくなり流れによる損失が増大し、利用しうる NPSH が減少するので、キャビテーションが起こりやすくなる。防止策としては吸込み配管径を太くする必要がある。

ハ．（○）正しい。液面を高くすると利用しうる NPSH が大きくなるので防止対策となる。

ニ．（×）ポンプ回転数を上げると流量が増加し、ロと同じことになる。

問2 ［ポンプあるいは圧縮機（「学識」問題14がポンプなら圧縮機)］……………

【正解】(5) ロ、ハ、ニ

イ．（×）「「利用しうる NPSH」が「必要 NPSH」より大きい」は、異音、振動発生の原因となるキャビテーションが発生しない条件である。

ロ．（○）可能性あり。ストレーナの閉塞→ストレーナ部分の圧損増加→ポンプ吸込み圧力低下→利用しうる NPSH 減少→キャビテーション発生→異音、振動発生の可能性あり。

ハ．（○）可能性あり。長時間の吐出し弁締切り運転→温度上昇→液の蒸気圧上昇→利用しうる NPSH 減少→キャビテーション発生→異音、振動発生の可能性あり。

ニ．（○）可能性あり。脈動発生→配管系に振動。

問3 ［ポンプあるいは圧縮機（「学識」問題14がポンプなら圧縮機)］……………

【正解】(3) ハ、ニ

イ．（×）締切り運転を長く続けると液がかき回され発熱し、ポンプケーシング内の液温が上がるため液体の蒸気や溶解ガスによる気泡の発生が多くなる。これによりキャビテーションが発生し、異音、振動発生の原因になる。

ロ．（×）水撃作用を防止するためには、吐出し配管内の流速が遅くなるような管径

176

を選ぶ。→サイズダウンではなくサイズアップ。水撃作用が予測されるときは流速を 1 m/s 程度に抑える。

ハ．(○) 正しい措置である。

ニ．(○) 正しい措置である。往復ポンプの吐出し配管の弁を絞ると吐出し圧力の異常上昇を起こすことがあるので避けなければならない。ポンプの回転数やストロークを変更して流量を調整する。

問 4 [ポンプあるいは圧縮機（「学識」問題 14 がポンプなら圧縮機）]
【正解】(1) イ、ロ

イ．(○) 正しい。
ロ．(○) 正しい。
ハ．(×) 蒸気圧が高い→利用しうる NPSH が小さい→キャビテーションの考慮要。
ニ．(×) 流体の管内速度を小さくする必要がある。

問 5 [ポンプあるいは圧縮機（「学識」問題 14 がポンプなら圧縮機）]
【正解】(3) ロ、ニ

イ．(×) 吸入圧力が大気圧より高くても、液化ガスの蒸気圧より低い場合はキャビテーションが生じる。
ロ．(○) 正しい。
ハ．(×) 遠心ポンプは締切り運転を長く続けると液がかきまわされ発熱し、温度上昇が生じる。ポンプ内の温度が高くなってくると、吸込み側の液の蒸気圧を高くしキャビテーションが発生し振動、騒音の原因になる。さらに空運転の状態になってライナリング、ウェアリング部分が接触してかじり、焼付きを起こし、大きなトラブルが発生することとなる。
ニ．(○) 正しい。

(2) 圧縮機

問 1 [ポンプあるいは圧縮機（「学識」問題 14 がポンプなら圧縮機）]
【正解】(5) ロ、ハ、ニ

イ．(×) 圧縮機のサージング現象は、遠心圧縮機の吐出し側の抵抗が大きくなり吐出し圧力が上がり右上がり特性の風量まで減少すると発生する現象であり、往復圧縮機には発生しない現象である。
ロ．(○) 正しい。
ハ．(○) 正しい措置である。多段往復圧縮機の中間段の吐出しガス温度異常は、吸込み弁、吐出し弁の不良による逆流または前段の冷却器の能力低下などが原因である。

2章　保安管理技術

ニ．（○）正しい。羽根車に汚れが付着すると回転体のアンバランスから振動が生じる。

問2 ［ポンプあるいは圧縮機（「学識」問題 14 がポンプなら圧縮機）］……………
【正解】（5）イ、ハ、ニ

操作によって、サージング限界の風量が低下するのか、の観点で判断すればよい。また「遠心圧縮機の風量」は圧縮機内風量ではなく、吐出しライン接続機器に供給される風量だと考える。

イ．（○）正しい。

ロ．（×）誤り。

ハ．（○）正しい。

ニ．（○）正しい。

[注] **サージングの防止方法**

- サージングの起きにくい特性とする。
- 吐出し側のガスの一部を吸入側へ戻す（バイパス）。
- 吐出し側のガスの一部を放出する。
- 吸込み弁を絞る。
- ベーンコントロールで流路を絞る。
- 回転数を下げる。

問3 ［ポンプあるいは圧縮機（「学識」問題 14 がポンプなら圧縮機）］……………
【正解】（1）イ、ロ

イ．（○）正しい措置である。

ロ．（○）正しい措置である。

ハ．（×）多段圧縮機で、2 段のピストンリングが摩耗すると、1 段の吐出し圧力が上昇する。

各段ガス圧力の異常：各段圧力が低下する原因としては、吸込み弁、吐出し弁の漏れ、ピストンリングの摩耗、前段冷却器の過冷却などがある。各段圧力が上昇する原因としては、後段の吸込み弁、吐出し弁の漏れ、ピストンリングの摩耗、冷却器の能力低下、管路抵抗の増大などがある。→各段の吸込み弁、吐出し弁の漏れ、ピストンリングの摩耗、冷却器の能力低下、管路抵抗の増大などがあると、前段の圧力が上昇する。

ニ．（×）酸素用に給油式圧縮機は使用できない。

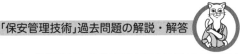

「保安管理技術」過去問題の解説・解答

問4 [ポンプあるいは圧縮機（「学識」問題14がポンプなら圧縮機）]
【正解】(2) イ、ハ

イ．（○）正しい。
ロ．（×）記述内容は温度の異常の原因である。
ハ．（○）正しい。
ニ．（×）サージングなどの不安定領域での運転による不安定運転が振動の原因となる。サージング領域外ではなく領域内が正しい。

問5 [ポンプあるいは圧縮機（「学識」問題14がポンプなら圧縮機）]
【正解】(4) ロ、ニ

イ．（×）各段ガス圧力の異常：各段圧力が低下する原因としては、吸込み弁、吐出し弁の漏れ、ピストンリングの摩耗、前段冷却器の過冷却などがある。各段圧力が上昇する原因としては、後段の吸込み弁、吐出し弁の漏れ、ピストンリングの摩耗、冷却器の能力低下、管路抵抗の増大などがある。→当該段のピストンリングが摩耗した場合は当該段の吐出し圧力が低下する。前段吐出し圧力が上昇する。2段のピストンリングが摩耗した場合は、2段吐出し圧力が低下し、1段吐出し圧力は上昇する。

ロ．（○）正しい。羽根車と主軸で構成されたロータは安定した回転が得られるための十分な振動学的解析を行う必要がある。使用回転数は軸系のもつ固有振動数（危険速度）に一致しないように選定され、どの程度危険速度から離すかは軸系のもつ減衰特性によって決まる。

ハ．（×）サージングは風量がサージング限界より少なくなると発生する。吐出し弁を絞ると、風量が減少するので逆効果になる。

ニ．（○）正しい措置である。往復圧縮機のガス配管は、ピストンの作動に対応した気体の脈動流によって気柱の共振を起こして配管が振動するなどの不具合が生じないように、管系の脈動解析により振動を小さくするための緩衝器（スナッバタンク）を吸込みおよび吐出し側に取り付ける。

問題7 「高圧ガス関連の災害事故」の解説・解答

問1 [高圧ガス関連の災害事故]
【正解】(2) イ-b、ロ-c、ハ-a

イ-b　安全弁の放出管も定期的に点検して維持管理する。──設備の維持管理の不備
ロ-c　炭酸ガス用圧力調整器は、比較的低い圧力で使用されるので高圧窒素に使用すると設計圧力を超え破損することがある。ガスの種類や圧力に合った調整器を使用する。──設備部品の誤使用

2章　保安管理技術

ハ-a　高圧ガス容器を直射日光下に置くと容器の温度と圧力が上がることがある。高圧ガス容器は40℃以下で保管する。――不適切な環境

問2　［高圧ガス関連の災害事故］‥‥‥‥‥‥‥‥‥‥‥‥‥‥‥‥‥‥‥‥‥

【正解】（4）イ-d、ロ-b、ハ-a、ニ-c

イ．結露が発生する配管ではその部分の腐食が促進する。この事故の要因として考えられるのは、**腐食**または点検不良である。

ロ．撤去する配管の確認を怠ったために発生したものである。この事故の要因として考えられるのは、**認知確認ミス**である。

ハ．ローリの液取入れ弁を閉止しないでホースを外したために漏えいしたものである。この事故の要因として考えられるのは、**誤操作**または認知確認ミスである。

ニ．圧力計取付け後にガスケットからの漏れを見逃したことが原因である。この事故の要因として考えられるのは、**点検不良**である。

問3　［高圧ガス関連の災害事故］‥‥‥‥‥‥‥‥‥‥‥‥‥‥‥‥‥‥‥‥‥

【正解】（2）イ-a、ロ-c、ハ-b

イ-a　反応器のドレンボスの本体とのすみ肉溶接部のピンホールから内容液が漏えいした事例は、すみ肉溶接部の溶接融合不良による設備の製作不良であり、事故要因のa．設備の設計、製作不良に該当する。

ロ-c　自動車燃料用CNG（圧縮天然ガス）容器を解体するため、電動回転式のこぎりで容器を切断中に残留ガスに着火して爆発した事例は、解体業者に容器の内容物を連絡しないまま解体を依頼し、また、内容物の確認を怠り火気を使用して爆発事故が発生したもので、事故要因のc．ヒューマンファクター（連絡・確認ミス）に該当する。

ハ-b　水素ステーション液体水素受入弁のパッキン材料の軸部しゅう動による摩耗で水素が漏えいした事例は、水素受入弁のパッキン材料の摩耗とパッキンの温度による収縮が原因であり、パッキン材料の適切な交換が実施されていないことが事故に至った原因と推定されることにより、主に事故要因のb．設備の維持、管理不良に該当する。

ロの事故は詳細がわからないとしても、火気作業前に容器内の可燃性ガス有無を確認しなかったことが要因であり、cの「連絡・確認ミス」であることは明白である。ロに対しcとあるのは（2）だけなので、これだけで正解は（2）と判断できる。

この事故は2012年9月4日に宮城県で発生した死者1名、重傷1名の事故で、概要は次のとおり。

「事業所内で、東日本大震災による津波被災の自動車燃料用のCNG（圧縮天然ガス）容器を、電動回転式のこぎり（通称ベビーサンダー）で切断解体中に、残留していた天然ガス（残圧不明）に引火し、爆発した。着火源は不明であるが、周辺で火気の使用

180

「保安管理技術」過去問題の解説・解答

がされていないため、回転式のこぎり使用時の火花と考えられる。この会社は、LP ガスおよびフルオロカーボンの容器検査所であるが、自動車解体業者から処理に困った CNG 容器（FRP 製）1 基を気軽に引き受け、会社敷地に保管していたところ、従業員同士の情報伝達ミスにより、作業員が必要な事項を確認することなしに解体作業を実施したためと推定される。」

問4 ［高圧ガス関連の災害事故］ ………………………………………………

【正解】(5) イ、ハ、ニ

イ. (○) 正しい。

ロ. (×) 高圧ガス関係の事故（災害・事故）全般をみると、2000 年（平成 12 年）以降現在まで増加傾向が続いている（途中、減少した年もあるが、全体的には大幅増加傾向にある）。

ハ. (○) 正しい。

ニ. (○) 正しい。

問題 8 「流体の漏えい防止」の解説・解答

問1 ［流体の漏えい防止］ ………………………………………………………

【正解】(4) イ、ハ、ニ

イ. (○) 正しい。

ロ. (×) シール材のうち、往復運動、回転運動のしゅう動部に使用するものを一般的にパッキンと呼んでいる。

ハ. (○) 正しい。

ニ. (○) 正しい。

問2 ［流体の漏えい防止］ ………………………………………………………

【正解】(4) イ、ロ、ニ

イ. (○) 正しい。

ロ. (○) 正しい。

ハ. (×) オイルフィルムシールは、水素ガス、アンモニアガスのように、大気中へのガス漏れが許されない場合に用いられる。

ニ. (○) 正しい。

2章　保安管理技術

問3 ［流体の漏えい防止］ ....

【正解】（4）イ、ロ、ハ

イ.（○）正しい。

ロ.（○）正しい。

ハ.（○）正しい。

ニ.（×）軸封グランドパッキン方式：古くから水ポンプや油ポンプの軸シールに広く使われている方式で、パッキン箱内にリング状またはスパイラル状の詰め物（パッキン）を入れて締め付け、円筒内面と軸接触面でシールするものである。パッキン材料としては石綿、化学繊維、テフロン繊維、炭素繊維などがあるが、それらの繊維だけでは浸透漏えいするので油、グリース、黒鉛、テフロンなどを充填して漏えいと潤滑作用をもたせている。また中間にランタンリングを入れて通液して、空気の侵入、冷却、潤滑をしている。運転は、漏れ量と温度上昇（しゅう動熱）などの状況を見ながら締め付け調整する。最も簡単な軸シールであるが、多少の液体を漏らしながら（3〜5滴/秒→10〜20 ml/min）使用するもので、水などの外部に漏れることが許される液にしか使用できない。

問4 ［流体の漏えい防止］ ....

【正解】（2）イ、ニ

イ.（○）正しい。

ロ.（×）常温、低圧のフランジを締め付ける場合は炭素鋼製六角頭付きボルトを使用する。これを一般にマシンボルトという。また高温、高圧のフランジの場合は、材質がクロムモリブデン鋼の両ねじボルトを使用する。これを一般にスタッドボルトという。

ハ.（×）ラビリンスシールは、圧縮性のある気体に適しているが、圧縮性のない液体には適さない。

ニ.（○）正しい。

問5 ［流体の漏えい防止］ ....

【正解】（5）ロ、ハ、ニ

イ.（×）ボルトテンショナを使用して締め付ける方法はテンション法である。回転角法は、角度割出し目盛板（分度器）、電気的な検出器などを用いてナットの回転角を確認しながら締め付ける方法である。

ロ.（○）正しい。

ハ.（○）正しい。

ニ.（○）正しい。

「保安管理技術」過去問題の解説・解答

問題 9 「リスクマネジメントと安全管理」の解説・解答

問1 ［リスクマネジメントと安全管理］ ………………………………………

【正解】（3）ロ、ニ

イ．（×）意識レベルが最も高いのはフェーズⅣではなくフェーズⅢである。

ロ．（○）正しい。

ハ．（×）HAZOP は未操業のプロセスの安全性解析にも適用できる。

ニ．（○）正しい。

【今後の記述予想】

各記述の正誤は同じ。下線部が変更予想部分。

次のイ、ロ、ハ、ニの記述のうち、<u>リスクマネジメントと安全管理</u>について正しいものはどれか。

＊「安全・信頼性管理」から「リスクマネジメントと安全管理」に移行される可能性が高い。

イ．同じ記述。

ロ．FTA は、設定した現象の原因を機器・部品レベルまで掘り下げ、洗い出していく<u>リスク</u>解析手法であり、実際に発生した事故だけではなく想定した事故の解析にも用いることができる。

＊度々出題される HAZOP、What‑if、FTA, ETA, FMEA などの手法は、「信頼性・安全性解析手法（システム工学的手法）」から「リスク解析手法」となった。また、「FTA が演繹的解析手法で、ETA が帰納的解析手法で」あるという表現も今後は出ないと思われる。

ハ．同じ記述。

ニ．同じ記述。

問2 ［リスクマネジメントと安全管理］ ………………………………………

【正解】（3）ロ、ハ

イ．（×）FTA は、発生した災害の要因相互の因果関係を知るのに適しており、災害の発生確率の推定も可能である。

ロ．（○）正しい。

ハ．（○）正しい。

ニ．（×）HAZOP は、操業条件の変化に対して、構成要素の関わり方を知るのに適しており、不足している安全対策を指摘することができる。

【今後の記述予想】

各記述の正誤は同じ。下線部が変更予想部分。

2章 保安管理技術

次のイ、ロ、ハ、ニの記述のうち、リスク解析手法の特徴について正しいものはどれか。

＊「信頼性・安全性解析手法」から「リスク解析手法」に移行される可能性が高い。

イ．同じ記述。

ロ．ETA は、事故拡大防止対策の重要性を認識することができ、小規模のトラブルの波及拡大過程を解析するのに便利な手法である。

＊「事故の要因のすべてを網羅するものではない」は、今後は出ないと思われる。

ハ．What-if は、正常状態と異なった事象発生の影響を考えるのに適しており、複数の事象の組合せを想定することも可能である。

＊「システム化されていないので網羅性はない」は、今後は出ないと思われる。

ニ．HAZOP は、操業条件の変化に対して、構成要素の関わり方を知るのに適しているが、FTA の頂上現象の選定には適さない。

＊「不足している安全対策を指摘することができる」は、今後は出ないと思われる。

（問3）［リスクマネジメントと安全管理］ ……………………………………

【正解】（2）ロ、ハ

イ．（×）記述は FMECA（故障モード影響、致命度評価）の説明。

ロ．（○）正しい。

ハ．（○）正しい。

ニ．（×）記述は HAZOP の説明。

【今後の記述予想】

各記述の正誤は同じ。下線部が変更予想部分。

次のイ、ロ、ハ、ニの記述のうち、リスク解析手法について正しいものはどれか。

＊従来、「安全性評価手法」には、危険度評価法と信頼性・安全性解析手法があったが、現状は危険度評価は削除され、「信頼性・安全性解析手法」は「リスク解析手法」に変更された。

イ．同じ記述。

ロ．HAZOP、FTA、What-if 以外のリスク解析手法が出題される。

＊ダウ方式は危険度評価法の代表的なものである相対危険度評価法であるが、削除されたので、出題されることはないと思われる。

ハ．同じ記述。

ニ．What-if は、操業条件の変化を定められたガイドワードに従って調べ、変化の原因と結果、対策を検討する手法である。

＊ HAZOP の手引用語はガイドワードに変更された。

184

「保安管理技術」過去問題の解説・解答

【問 4】 ［リスクマネジメントと安全管理］ ………………………………………

【正解】(5) ロ、ハ、ニ

イ．(×) 指差呼称は、対象を指で差し、大声で確認する行動によって、意識レベルを仕事に熱中しているときの積極的なフェーズⅢに切り換えて集中力を高める効果がある。リラックス状態となる意識レベルはフェーズⅡである。

ロ．(○) 正しい。

ハ．(○) 正しい。

ニ．(○) 正しい。

【今後の記述予想】

各記述の正誤は同じ。下線部が変更予想部分。

次のイ、ロ、ハ、ニの記述のうち、リスクマネジメントと安全管理について正しいものはどれか。

＊「安全・信頼性管理」から「リスクマネジメントと安全管理」に移行される可能性が高い。

イ．同じ記述。

ロ．他のリスクマネジメントと安全管理に関する記述。

＊相対危険度評価法は削除されたので、出題されることはないと思われる。

ハ．リスク解析手法についての別の記述。

＊従来、リスク解析手法について、上の過去問のような記述で、論理図解析と要素解析に分類していたが、現状はその分類がなくなった。

ニ．同じ記述。

【問 5】 ［リスクマネジメントと安全管理］ ………………………………………

【正解】(5) ロ、ハ、ニ

イ．(×) 記述の考え方は 4M 分析である。人間の信頼性は意識レベルに依存しているが、この意識レベルを 5 段階のフェーズに分けた考え方がフェーズ理論である。

ロ．(○) 正しい。

ハ．(○) 正しい。

ニ．(○) 正しい。

【今後の記述予想】

各記述の正誤は同じ。下線部が変更予想部分。

次のイ、ロ、ハ、ニの記述のうち、リスクマネジメントと安全管理について正しいものはどれか。

＊「安全・信頼性管理」から「リスクマネジメントと安全管理」に移行される可能性が高い。

2章　保安管理技術

イ．同じ記述。

ロ．他のリスクマネジメントと安全管理に関する記述。

＊相対危険度評価法は削除されたので、出題されることはないと思われる。

ハ．FTA は、事故などを頂上事象として設定し、その事象に関係する因果関係をツリー状に表示していく<u>リスク</u>解析手法である。

＊「信頼性・安全性解析手法」から「リスク解析手法」になると思われる。

ニ．HAZOP は、定められた<u>ガイドワード</u>に従って、操業条件の変化に対してそれぞれの変位の原因と結果、とるべき対策を検討する<u>リスク</u>解析手法である。

＊「手引用語」→「ガイドワード」、「信頼性・安全性解析手法」→「リスク解析手法」となった。「表にまとめて」は、今後は出ないと思われる。

問題 10　「電気設備（電気設備全体or静電気単独）」の解説・解答

問1　［電気設備（電気設備全体 or 静電気単独）］ ･･････････････････････

【正解】（1）イ、ハ

イ．（○）正しい。

ロ．（×）「電気回路から流出するエネルギーを爆発性ガスの最小発火エネルギー以下に抑制するための安全保持回路を付加した構造」は本質安全防爆構造である。

ハ．（○）正しい。

ニ．（×）蓄積された静電エネルギーが等しい場合、導体の帯電物質の放電エネルギーは、不導体の放電エネルギーに比べて大きくなる。導体の場合は、蓄積された静電エネルギーがほぼすべて放電エネルギーになるが、不導体の場合は、蓄積された静電エネルギーの全部が必ずしも放電されるのではなく、一部が放電時に放出される。

問2　［電気設備（電気設備全体 or 静電気単独）］ ･･････････････････････

【正解】（5）イ、ハ、ニ

イ．（○）正しい。

ロ．（×）導体の帯電物質と不導体の帯電物質に蓄積された静電エネルギーが等しいとき、その帯電物質の放電エネルギーは導体のほうが不導体より大きい。導体の放電エネルギーは蓄積された静電エネルギーにほぼ等しいが、不導体の場合は蓄積された静電エネルギーの一部しか放電時に放出されない。したがって、導体のステンレス製容器のほうが不導体のポリエチレン製容器より放電エネルギーが大きい。

ハ．（○）正しい。不純物を含まない純粋な気体は帯電しないが、気体中にミスト（液滴）、凝縮物、粉体などの液体・固体の粒子が含まれているとき、流動、摩擦によってこれらが帯電する。→配管内を流れる気体中に液滴が混入すると静電気が発生する可能性

「保安管理技術」過去問題の解説・解答

があるので、液滴が混入しないようにすることは静電気発生の抑制になる。

ニ．（○）正しい。

問3 ［電気設備（電気設備全体 or 静電気単独）］ ······························

【正解】(3) ロ、ニ

イ．（×）電気機器を設置する場所は、爆発性ガスの種類、量、状態などに応じて、3つの危険箇所および非危険箇所に区分される。

ロ．（○）正しい。

ハ．（×）電気を使用したものであれば計装機器や検査機器など、すべての電気機器が対象になる。

ニ．（○）正しい。

問4 ［電気設備（電気設備全体 or 静電気単独）］ ······························

【正解】(2) イ、ニ

イ．（○）正しい。

ロ．（×）配管が不導体であれば、流れる流体に何らかの方法で導電性を与えても静電気発生の抑制はできない。

ハ．（×）水は、ノズルなどから空気中に噴霧されると水滴が帯電することがあるので、水によるジェット洗浄では制限を設けている。

ニ．（○）正しい。

問5 ［電気設備（電気設備全体 or 静電気単独）］ ······························

【正解】(5) ロ、ハ、ニ

イ．（×）対象となる電気機器は、電気を使用したものであれば計装機器や検査機器など、すべてのものである。照明設備も含まれる。

ロ．（○）正しい。

ハ．（○）正しい。

ニ．（○）正しい。

2章　保安管理技術

問題11　「保安装置」の解説・解答

問1　［保安装置］ ....

【正解】（2）ロ、ハ

イ．（×）溶栓式安全弁は、温度上昇を伴う圧力上昇がある場合に対する安全装置として有効である。

ロ．（○）正しい。

ハ．（○）正しい。

ニ．（×）逆流防止装置は、設備内のガスが減圧設備や容器に逆流することを防止する装置で、逆止弁はその一例である。記述後段は貯槽の負圧防止措置の一例である。

問2　［保安装置］ ....

【正解】（2）ロ、ハ

イ．（×）ばね式安全弁は、気体、液体両方に使用できる。

ロ．（○）正しい。

ハ．（○）正しい。

ニ．（×）破裂板と比較した場合、構造が複雑であり、圧力を降下させるまでの時間が長い。

問3　［保安装置］ ....

【正解】（1）イ、ハ

イ．（○）正しい。

ロ．（×）破裂板は、開き始めてから全開までの時間が極めて短時間であり、圧力上昇速度が大きく、ばね式安全弁を取り付けることが不適当な場合に効果的である。

ハ．（○）正しい。

ニ．（×）真空安全弁は、大気を吸引して可燃性混合ガスを形成するおそれがあるので可燃性液化ガス貯槽には使用できない。

問4　［保安装置］ ....

【正解】（4）イ、ハ、ニ

イ．（○）正しい。

ロ．（×）破裂板は構造が簡単であり、高粘性、固着性、腐食性の流体に適している。

ハ．（○）正しい。

ニ．（○）正しい。

188

「保安管理技術」過去問題の解説・解答

問5 ［保安装置］

【正解】（2）ロ、ニ

イ.（×）可燃性ガスや毒性ガスの場合は密閉型を用いる。

ロ.（○）正しい。

ハ.（×）記述はリフト逆止弁についてのもの。

ニ.（○）正しい。

問題12 「防災設備」の解説・解答

問1 ［防災設備］

【正解】（3）ロ、ハ

イ.（×）ガス漏えい検知警報設備のガスサンプリング方式のタイプとして、吸引型は拡散型に比べて検知時間の遅れが少ない。

ロ.（○）正しい措置である。

ハ.（○）正しい措置である。

ニ.（×）安定燃焼のためには、ガス流速がガス固有の燃焼速度より大きく、かつ、ガス流速がマッハ（音速との比）0.2〜0.25を超えないことが必要である。

問2 ［防災設備］

【正解】（2）ロ、ハ

イ.（×）安定燃焼のためには、ガス流速が燃焼速度より大きく、かつ、ガス流速がマッハ（音速との比）0.2〜0.25を超えないことが必要である。

ロ.（○）正しい措置である。

ハ.（○）正しい措置である。

ニ.（×）液化ガス球形貯槽の支柱の温度上昇防止措置として、支柱への散水は効果がある。

問3 ［防災設備］

【正解】（4）イ、ロ、ニ

イ.（○）正しい。

ロ.（○）正しい。

ハ.（×）水噴霧装置は消火設備ではなく防火設備である。

防火設備：水噴霧装置、散水装置、放水装置（固定式放水銃、移動式放水銃、放水砲および消火栓）などをいい、火災の予防および火炎による類焼を防止するためのもの。

消火設備：消火薬剤を放射する設備および不活性ガスなどによる拡散設備をいい、直

189

2章　保安管理技術

接消火するためのもの。

ニ．（○）題意のとおりである。

問4 ［防災設備］ ………………………………………………………………

【正解】(5) イ、ハ、ニ

イ．（○）正しい。

ロ．（×）定電位電解式ガス漏えい検知器は、一酸化炭素や硫化水素などの毒性ガス
の測定に適している。

ハ．（○）正しい。

ニ．（○）正しい。

問5 ［防災設備］ ………………………………………………………………

【正解】(4) イ、ロ、ハ

イ．（○）正しい。

ロ．（○）正しい。

ハ．（○）正しい。

ニ．（×）半導体式は、可燃性ガス、毒性ガスのほとんどすべてのガスを検知するこ
とができる。

問題13 「運転管理」の解説・解答

問1 ［運転管理］ ………………………………………………………………

【正解】(5) イ、ロ、ニ

イ．（○）正しい。

ロ．（○）正しい。

ハ．（×）まずは冷却装置で冷却を開始する。

ニ．（○）正しい。

問2 ［運転管理］ ………………………………………………………………

【正解】(2) ロ、ハ

イ．（×）原料をタンクローリで受け入れる場合、高圧ガスや液体が大気に触れる機
会があり、また、バルブ操作が複雑になるので、適正な手順で操作することが肝要である。

ロ．（○）正しい。

ハ．（○）正しい。

ニ．（×）製造設備の運転停止時などに、貯槽から直接、残留可燃性ガスを大気中に

190

「保安管理技術」過去問題の解説・解答

放出する場合には、放出ガスの着地濃度が爆発下限界の 1/4 以下の値になるように徐々に行う。

問3 [運転管理]
【正解】(4) イ、ハ、ニ
イ．(○) 正しい。
ロ．(×) 空引き現象の原因は次のとおりであり、「吐出配管側のガスの滞留」は該当しない。
①液温が沸点に近いかまたは沸点以上
②吸込み側にガスが溜まる
③吸込み側の圧力低下または液面低下
ハ．(○) 正しい。
ニ．(○) 正しい。

問4 [運転管理]
【正解】(5) イ、ハ、ニ
イ．(○) 正しい。
ロ．(×) 高圧ガス容器への充てん作業の際には、次の確認を行うこと。
①容器再検査期間を経過していないものであること。
②腐食、凹み、傷など強度に影響する**外観の異常がないこと。**
③容器には所定の**刻印と表示がなされていること。**
④その他要件を満たしたものであること。
ハ．(○) 正しい。
ニ．(○) 正しい。

問5 [運転管理]
【正解】(2) イ、ハ
イ．(○) 正しい。
ロ．(×) 強度が低下して破壊するおそれが生ずる。
ハ．(○) 正しい。
ニ．(×) 防毒マスクは、吸着剤の吸着容量が決まっているので、事故時などの作業環境濃度に変動が予想される場合は、使用しないほうが賢明である。

2章　保安管理技術

問題 14、15　「設備管理（1）、設備管理（2）」の解説・解答

問1　［設備管理（1）、設備管理（2）］　‥‥‥‥‥‥‥‥‥‥‥‥‥‥‥‥‥

【正解】（4）イ、ロ、ハ

イ.（○）正しい。

ロ.（○）正しい。

ハ.（○）正しい。

ニ.（×）超音波探傷試験は、基本的には材料の内在欠陥の検出に用いられる。超音波は放射線に比べて材料中における減衰が少ないため、厚肉の材料での検査にも向いている。

問2　［設備管理（1）、設備管理（2）］　‥‥‥‥‥‥‥‥‥‥‥‥‥‥‥‥‥

【正解】（5）ロ、ハ、ニ

イ.（×）状態基準保全（CBM）は、予知保全（PM）ともいい、設備の劣化傾向を連続的または定期的に監視、把握しながら設備の寿命などを予測し、次の整備時期を決める方式である。

ロ.（○）正しい。

ハ.（○）正しい。

ニ.（○）正しい。

問3　［設備管理（1）、設備管理（2）］　‥‥‥‥‥‥‥‥‥‥‥‥‥‥‥‥‥

【正解】（5）イ、ロ、ハ

イ.（○）正しい。

ロ.（○）正しい。

ハ.（○）正しい。

ニ.（×）酸欠を防止するためには、作業中酸素濃度を定期的にチェックして、酸素濃度が 18 〜 22％ の範囲にあることを確認する。

問4　［設備管理（1）、設備管理（2）］　‥‥‥‥‥‥‥‥‥‥‥‥‥‥‥‥‥

【正解】（5）ロ、ハ、ニ

イ.（×）保全方式のうち、時間基準保全（TBM）は、周期を短くすれば、点検など周期途中の保全工数が少なくなるが、オーバメンテナンスになりやすい。

ロ.（○）正しい。

ハ.（○）正しい。

ニ.（○）正しい。

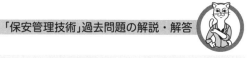

「保安管理技術」過去問題の解説・解答

問5 [設備管理(1)、設備管理(2)]
【正解】(3) イ、ロ、ニ
イ．(○) 正しい。
ロ．(○) 正しい。
ハ．(×) 防爆器具または安全工具の使用とともに、安全環境の確保、飛散防止対策および消火器の設置が必要である。
ニ．(○) 正しい。

問6 [設備管理(1)、設備管理(2)]
【正解】(5) ロ、ハ、ニ
イ．(×) ブローホールは内部欠陥であり、表面欠陥を検出する浸透探傷試験では検出できない。放射線透過試験が用いられる。
ロ．(○) 正しい。
ハ．(○) 正しい。
ニ．(○) 正しい。

問7 [設備管理(1)、設備管理(2)]
【正解】(5) イ、ハ、ニ
イ．(○) 正しい。
ロ．(×) 保全業務を効率的に進めるための重要度ランクの設定に当たっては、安全性、生産性、保全性の3要素で判定する。
ハ．(○) 正しい。
ニ．(○) 正しい。

問8 [設備管理(1)、設備管理(2)]
【正解】(3) ロ、ハ
イ．(×) 磁気探傷試験（磁粉探傷試験）は、非磁性材料には適用できない。
ロ．(○) 正しい。
ハ．(○) 正しい。
ニ．(×) 可燃性ガスを扱う設備では、塔槽内作業の終了後に空気に置換されている塔槽内を再度窒素で置換する。これは、運転開始に伴い、当該塔槽内に可燃性のプロセス流体を入れるため、爆発混合気の形成を防ぐためである。窒素置換終了後、仕切板の撤去を行い運転再開に備える。

193

2章　保安管理技術

問9 ［設備管理(1)、設備管理(2)］ ………………………………………………

【正解】(1) イ、ロ

イ．(○) 正しい。

ロ．(○) 正しい。

ハ．(×) 消火器の設置、火花飛散防止処置などが必要である。

ニ．(×) 記述は計画事後保全（BM）についてのもの。

問10 ［設備管理(1)、設備管理(2)］ ………………………………………………

【正解】(2) イ、ニ

イ．(○) 正しい。

ロ．(×) 超音波探傷試験は、基本的は材料中の内部欠陥の検査に用いられる（表面波を用いて表面欠陥を検出する方法もある）。

ハ．(×) 浸透探傷試験は、金属に限らず、プラスチック、ガラス、セラミックスも対象となる。

ニ．(○) 正しい。

※PDFのパスワードは「ohm_kouatsuG」です。

194

3章 模擬試験

模擬試験 1

解答・解説は p.227

学識　試験問題

試験時間：120 分

次の各問について、正しいと思われる最も適当な答をその問の下に掲げてある(1)、(2)、(3)、(4)、(5) の選択肢の中から1個選びなさい。

【問1】 SI単位に関する次の記述のうち正しいものはどれか。
　イ．$20\,\mu m$ は、$2 \times 10^{-5}\,mm$ である。
　ロ．$2\,N$ は、質量 $1\,kg$ の物体に作用して $2\,m/s^2$ の加速度を生ずる力である。
　ハ．$0.1\,s$ 当たり $1\,J$ の仕事が行われるときの仕事率は、$0.1\,W$ である。
　ニ．平底開放タンクに底面から高さ $10\,m$ の水が入っているとき、タンクの底面が受ける圧力は $100\,kPa$ である。
　(1) ロ　　(2) イ、ハ　　(3) ロ、ニ　　(4) イ、ハ、ニ　　(5) ロ、ハ、ニ

【問2】 空気 $5.0\,kg$ が容器に充てんしてある。温度を $30℃$ にしたところ、容器内の圧力が $1.0\,MPa$ となった。この容器の体積はおよそいくらか。
空気のモル質量は、$28.966 \times 10^{-3}\,kg/mol$ とし、理想気体として計算せよ。
　(1) $0.088\,m^3$　　(2) $0.44\,m^3$　　(3) $0.66\,m^3$　　(4) $0.88\,m^3$　　(5) $2.2\,m^3$

【問3】 次のイ、ロ、ハ、ニの熱力学に関する記述のうち、正しいものはどれか。
　イ．$0.5\,MPa$ の圧力差で $0.1\,m^2$ の面積のピストンが $1\,m$ 動くと、$50\,kJ$ の仕事をする。
　ロ．$0.1\,MPa$（絶対圧力）、$1\,m^3$ の空気を $0.1\,m^3$ に断熱圧縮する。空気の比熱比を γ とすると、圧力は 0.1^{γ} 倍になる。
　ハ．$100℃$ の物体と $0℃$ の物体が接触して等しい温度になる過程は、不可逆過程である。
　ニ．可逆カルノーサイクルの熱効率は、動作気体の比熱および高・低熱源の温度差で定まる。
　(1) イ、ロ　　(2) イ、ハ　　(3) イ、ニ　　(4) ロ、ハ　　(5) ハ、ニ

【問4】 次のイ、ロ、ハ、ニの記述のうち、理想気体の状態変化について正しいものはどれか。
　イ．温度一定の条件で熱を加えると、その熱は内部エネルギーの増加に使われる。

ロ．圧力一定の条件で熱を加えると、その熱はエンタルピーの増加に使われる。
ハ．可逆断熱膨張させると、内部エネルギーは気体のする仕事に使われる。
ニ．等温変化において一定物質量の気体が膨張するとき、膨張する前後の圧力比が等しければ、気体がする仕事は温度によらず一定である。
(1) イ、ロ　(2) イ、ハ　(3) ロ、ハ　(4) ロ、ニ　(5) ハ、ニ

【問5】次のイ、ロ、ハ、ニの燃焼・爆発に関する記述のうち、正しいものはどれか。
イ．ろうそくの炎は拡散火炎といい、空気を十分に取り入れたブンゼンバーナの炎は予混合火炎という。
ロ．プロピレン C_3H_6 を完全燃焼させるには、モル数でプロピレンの 3.5 倍の酸素 O_2 が理論上必要である。
ハ．水素とアセチレンは、飽和炭化水素ガスよりも消炎距離が小さい。
ニ．可燃性ガスを不活性ガスで希釈して爆発を抑制しようとするとき、爆発限界は酸素濃度で定まるので、窒素で希釈しても二酸化炭素で希釈しても、効果は同じである。
(1) イ、ロ　(2) イ、ハ　(3) ハ、ニ　(4) イ、ロ、ニ　(5) ロ、ハ、ニ

【問6】次のイ、ロ、ハ、ニの円管内の流動に関する記述のうち、正しいものはどれか。
イ．レイノルズ数は無次元の値であり、平均流速に比例し、密度に反比例する。
ロ．レイノルズ数が 1 800 であったので、流れは乱流であると判断した。
ハ．流れが乱流のときの平均流速は、管の中心における最大流速の約 80% となる。
ニ．流れが乱流のときの摩擦損失は、管内壁の粗さの影響が大きい。
(1) イ、ハ　(2) イ、ニ　(3) ロ、ハ　(4) ロ、ニ　(5) ハ、ニ

【問7】次のイ、ロ、ハ、ニの記述のうち、伝熱、分離について正しいものはどれか。
イ．熱交換器のチューブ材質を、オーステナイト系ステンレス鋼から銅合金へ変更したため、伝熱量が低下した。
ロ．固体壁を隔てて、高温流体から低温流体へ伝熱することを熱貫流という。
ハ．熱交換器と加熱炉の伝熱形態は、ともに伝導伝熱が主体である。
ニ．蒸留は、液化したガスなどを加熱して揮発性の違いによって分離する方法で、理想溶液と考えられる場合にはラウールの法則が関係している。
(1) イ、ハ　(2) イ、ニ　(3) ロ、ハ　(4) ロ、ニ　(5) ハ、ニ

【問8】縦弾性係数 200×10^9 Pa、ポアソン比 0.3、線膨張係数 1.0×10^{-5} ℃$^{-1}$ の弾

3章　模擬試験

性体でできた長さ 1 m の丸棒について、変形と応力に関する次の記述のうち正しいものはどれか。

イ．軸方向に引っ張ると、棒の横断面積は増加する。

ロ．引張応力 200 MPa が作用すると、棒の全長は 1 mm 伸びる。

ハ．軸方向に力が作用するとき、軸方向ひずみを測定すれば応力が計算できる。

ニ．長さが一定になるように両端を固定してあると、温度低下により軸方向に引張りの熱応力が生じる。

（1）イ、ロ　　（2）ロ、ハ　　（3）ハ、ニ　　（4）イ、ロ、ハ　　（5）ロ、ハ、ニ

【問9】　内圧を受ける薄肉円筒容器の端部から十分に離れた胴部分に生ずる応力などに関する次の記述のうち正しいものはどれか。

イ．外径 1 400 mm、内径 900 mm の円筒は、薄肉円筒とみなしてよい。

ロ．半径応力は軸応力および円周応力に比べて無視できるほど小さいが、すべての位置でゼロということではない。

ハ．円周応力は軸応力の 2 倍である。

ニ．内圧を p、円筒胴の内径を D_i、肉厚を t とすると、円周応力は $pD_i/(4t)$ で与えられる。

（1）イ　　（2）ニ　　（3）イ、ロ　　（4）ロ、ハ　　（5）ハ、ニ

【問10】　次のイ、ロ、ハ、ニの記述のうち、高圧装置用材料と材料の劣化について正しいものはどれか。

イ．一般に板厚が厚くなると、延性‒脆性遷移温度は上昇する。

ロ．3.5Ni 鋼は、延性‒脆性遷移を示さないので、液化天然ガスの貯槽に使用できる。

ハ．アルミニウムの不動態皮膜は、極めて良好な耐食性をもち、Cl^- による破壊にも強く、温度が高くなければ局部腐食を生じない。

ニ．高温ガス組成によっては、ステンレス鋼の表面に炭素が析出する脱炭が生じ、固溶クロム濃度が低下する。

（1）イ　　（2）イ、ニ　　（3）ロ、ハ　　（4）ハ、ニ　　（5）イ、ロ、ニ

【問11】　次のイ、ロ、ハ、ニの記述のうち、溶接について正しいものはどれか。

イ．高張力鋼の低温割れを防止するため、溶接による変形が生じないように拘束を強くして溶接した。

ロ．オーステナイト系ステンレス鋼の溶接熱影響部において、クロム炭化物の生成により不動態皮膜が生成できなくなる現象を鋭敏化という。

ハ．タングステン巻込みは、ティグ（TIG）溶接において電極の一部が溶け、ビード中に混入したものである。

ニ．ブローホールは、内部が空洞でガスが存在しているので、溶接直後の熱処理で防止できる。
（1）イ、ロ　　（2）イ、ハ　　（3）イ、ニ　　（4）ロ、ハ　　（5）ハ、ニ

【問12】 次のイ、ロ、ハ、ニの記述のうち、高圧装置について正しいものはどれか。
イ．球形貯槽は、容積が同じ場合、他の型式の貯槽に比べて最小の表面積を有し、内圧に対しても胴に不連続部がなく高圧ガスの貯槽としては理想的な形状をしている。
ロ．塔槽類の鏡板は、圧力の比較的低い場合には2：1半だ円体鏡板が、圧力の高い場合には半球形の鏡板が主として使用される。
ハ．金属ガスケットは、ガスのシールや強度の面に優れていることから、400℃以上の高温配管に使用する場合でも、高温増し締めなどを考慮する必要はない。
ニ．自己緊密式ガスケットを用いた場合、他のガスケットのように大きな初期ボルト締付け力は必要ない。
（1）イ、ニ　　（2）ロ、ハ　　（3）イ、ロ、ハ　　（4）イ、ロ、ニ　　（5）イ、ハ、ニ

【問13】 次のイ、ロ、ハ、ニの計測器に関する記述のうち、正しいものはどれか。
イ．隔膜式圧力計は、ブルドン管圧力計に隔膜部を設け、隔膜部とブルドン管の間にシリコンオイルなどの液体を封入したものである。
ロ．抵抗温度計は、金属線の電気抵抗の温度による変化を利用したものであり、金属線の材料として白金よりも銀が適している。
ハ．配管に取り付ける差圧式流量計のオリフィス前後の直管部の長さは、上流側は管内径の4～8倍、下流側は管内径の10～80倍程度とする。
ニ．ガスの濃度分析に使用される分析計のうち、対象ガスの特定物質に対する親和力の違いを利用して分離し、検出するものがガスクロマトグラフである。
（1）イ、ニ　　（2）ロ、ハ　　（3）ロ、ニ　　（4）イ、ロ、ハ　　（5）イ、ハ、ニ

【問14】 次のイ、ロ、ハ、ニの遠心ポンプの性能に関する記述のうち、正しいものはどれか。
イ．流量が増えると揚程が下がり、かつ、軸動力が小さくなる。
ロ．取扱い液の密度が変化しても、揚程はほとんど変わらない。
ハ．揚程は回転数のほぼ2乗に比例する。
ニ．必要NPSHが大きいほど、キャビテーションが生じにくい。
（1）イ、ロ　　（2）イ、ニ　　（3）ロ、ハ　　（4）イ、ハ、ニ　　（5）ロ、ハ、ニ

3章 模擬試験

【問15】 次のイ、ロ、ハ、ニの流体の漏えい防止についての記述のうち、正しいものはどれか。

イ．内圧がかかったとき、ガスケットに最小必要圧縮力が残っていないと、漏れを防止することはできない。

ロ．フランジボルトを締め付けるとき、片締めにならないように、隣接するボルトを順次締め付ける。

ハ．金属リングガスケットは、熱変形量が大きいので、高温配管には使用できない。

ニ．高温・高圧のフランジ継手のボルトに、クロムモリブデン鋼製ボルトを使用した。

(1) イ、ニ　　(2) ロ、ハ　　(3) ロ、ニ　　(4) イ、ロ、ハ　　(5) イ、ハ、ニ

保安管理技術　試験問題

試験時間：90分

次の各問について、正しいと思われる最も適当な答をその問の下に掲げてある(1)、(2)、(3)、(4)、(5) の選択肢の中から1個選びなさい。

【問1】 次のイ、ロ、ハ、ニのガスの爆発危険性についての記述のうち、正しいものはどれか。

イ．ガスの温度が上昇すると、爆発限界の上限界と下限界はともに上昇する。

ロ．可燃性ガスの爆発限界は、酸素中では空気中よりも広くなり、特に上限界が大きく上昇する。

ハ．爆発限界付近のガスを発火させるには、化学量論組成の場合よりも大きなエネルギーを必要とする。

ニ．消炎距離とは、細い管の中に入った火炎が消えるまでの入口からの距離のことをいう。

(1) イ、ロ　　(2) イ、ハ　　(3) イ、ニ　　(4) ロ、ハ　　(5) ロ、ニ

【問2】 次のイ、ロ、ハ、ニのガスの性質についての記述のうち、正しいものはどれか。

イ．塩素ガスは、酸素と爆鳴気をつくり、かつ、ほとんどの金属を激しく腐食させるが、水分の有無にかかわらずチタンを腐食させることはない。

ロ．アセチレンガスは、加圧すると分解爆発を起こすことがあり、かつ、銅と反応してアセチリドを生成する。

ハ．水素ガスは、空気中での最小発火エネルギーは極めて小さく、かつ、500℃以上の高温で分解爆発を起こす。

ニ．塩素を含まないフルオロカーボン（フロン）ガスは、化学的に比較的安定であり、

かつ、オゾン層を破壊することはないが、地球温暖化への影響が大きい。
(1) イ、ハ　　(2) イ、ニ　　(3) ロ、ニ　　(4) イ、ロ、ハ　　(5) ロ、ハ、ニ

【問3】次のイ、ロ、ハ、ニの記述のうち、金属材料とその腐食について正しいものはどれか。
イ．高張力鋼の特徴は、降伏点/引張強さ、すなわち降伏比が小さいことで、軟鋼が 0.7 以上であるのに対して、高張力鋼は 0.6 以下である。
ロ．ステンレス鋼は、12％以上の Cr を含有し、その表面に非常に薄くて安定な不動態皮膜を形成し、耐食性に優れている。
ハ．ステンレス鋼を溶接すると、その熱影響部の結晶粒界では鋼中のクロムと炭素が結合して炭化クロムができるので、不動態皮膜が生成され、粒界腐食は起きない。
ニ．引張応力下にある金属が腐食環境中で割れが生じる現象を応力腐食割れという。ステンレス鋼では、鋭敏化がこの原因である。
(1) イ　　(2) ロ　　(3) イ、ハ　　(4) ロ、ニ　　(5) イ、ハ、ニ

【問4】次のイ、ロ、ハ、ニの計測器の使用についての記述のうち、正しいものはどれか。
イ．表面温度を測定するための赤外線温度計の原理を利用したサーモグラフィは、高温配管の保温材の損傷の検出にも有効である。
ロ．固形物の多いスラリー液の圧力測定に、ベローズ式圧力計を用いた。
ハ．電磁流量計は、すべてのガスおよび液の流量測定に用いられる。
ニ．外気温で凝縮する液化ガス貯槽の液面測定に、差圧式液面計を用い、気相部とキャピラリチューブで連結した。
(1) イ、ロ　　(2) イ、ニ　　(3) ロ、ハ　　(4) イ、ハ、ニ　　(5) ロ、ハ、ニ

【問5】次のイ、ロ、ハ、ニの配管に関する記述のうち、正しいものはどれか。
イ．差込み溶接式管継手の運転時の熱膨張対策として、管軸方向の継手と管端部にすき間を確保して溶接した。
ロ．差込み形フランジはすみ肉溶接を使用したものであり、300℃以上の高温配管のフランジ式管継手として適切である。
ハ．配管の熱伸縮対策の1つとして、配管系にベンド形伸縮管継手をあらかじめ設けて、運転中の熱変位を吸収させる方法がある。
ニ．高周波曲げにより製作されたエルボレス配管は、曲げ加工による減肉があり、管内圧に対する強度確保の面からの注意が必要である。
(1) イ、ロ　　(2) イ、ハ　　(3) ロ、ニ　　(4) イ、ハ、ニ　　(5) ロ、ハ、ニ

3章 模擬試験

【問6】 次のイ、ロ、ハ、ニの遠心圧縮機のサージング防止についての記述のうち、正しいものはどれか。

イ．バイパス弁を開き、吸入側へ戻す。

ロ．送気量を変えず、回転数を上げる。

ハ．吐出し弁を絞り、吐出しガス圧力を上げる。

ニ．羽根車入口側のベーンの角度を小さくする。

（1）イ、ロ　　（2）イ、ニ　　（3）ハ、ニ　　（4）イ、ロ、ハ　　（5）ロ、ハ、ニ

【問7】 次のイ、ロ、ハ、ニの災害・事故事例と、その事故要因の a、b、c、d の組合せで正しいものはどれか。

［災害・事故事例］

イ．圧縮機の分解整備後に接続配管のサポートを復旧しないで試運転し、フランジ接合部で漏れが生じた。

ロ．炭酸ガス用圧力調整器を高圧窒素容器に使用し、調節器付属の流量計が破裂した。

ハ．アセチレンガス溶断機のガス吹管に点火したところ火炎色が正常でなく作業を中止したが、アセチレンガス容器が熱くなり、爆発した。

ニ．直射日光下に置いた炭酸ガス容器の溶栓が作動し、ガスが噴出した。

［事故要因］

a．清掃不十分による逆火発生

b．不適切な環境

c．振動による疲労破壊

d．設備部品の誤使用

	イ	ロ	ハ	ニ
(1)	a	b	c	d
(2)	b	c	d	a
(3)	c	d	a	b
(4)	c	d	b	a
(5)	d	c	a	b

【問8】 流体の漏えい防止に関する次の記述のうち正しいものはどれか。

イ．遠心ポンプにグランドパッキンを採用する場合、パッキン押えのボルトをできるだけ強く締め付ける。

ロ．往復圧縮機の軸はシリンダの壁を貫通しているので、一般にクランプタイプ、またはセグメントタイプのロッドパッキンが使用される。

ハ．高速の遠心圧縮機では、シール部の周速が大きく、メカニカルシールの限界を超えているため、ドライガスシールの使用が主力となりつつある。

ニ．圧縮機に用いられるオイルフィルムシールは、水素ガスやアンモニアガスなどの大気中への漏えいを許さない場合に用いられる。

（1）イ、ハ　　（2）イ、ニ　　（3）ロ、ハ　　（4）イ、ロ、ニ　　（5）ロ、ハ、ニ

模擬試験 1

【問9】 リスクマネジメントと安全管理に関する次の記述のうち正しいものはどれか。
　イ．フェーズ理論では、意識レベルをフェーズ0〜Ⅳの5段階に分けている。不注意によるミスを起こさないためには、注意が前向きに働くフェーズⅡで対応する。
　ロ．HAZOPは、「ずれ」の原因を洗い出し、「ずれ」による影響を検討し、さらには既存の安全対策の妥当性を確認して、不足している安全対策を指摘することができる手法である。
　ハ．ETAは、ある引き金事象がどのような結果を引き起こしうるか樹木の枝分かれ式に追求し分析する方法である。
　ニ．What‐ifは、想定事象の解析に用いられ、機器故障や誤作動などの影響を考えるのに便利な方法である。
　（1）イ、ロ　　（2）ハ、ニ　　（3）イ、ロ、ニ　　（4）イ、ハ、ニ　　（5）ロ、ハ、ニ

【問10】 次のイ、ロ、ハ、ニの高圧ガス設備における電気設備についての記述のうち、正しいものはどれか。
　イ．電気機器は、設置場所の危険に応じた防爆レベルの仕様が必要であるが、主に高電圧の電動機が対象であり、低電圧の計装機器などは含まれない。
　ロ．電気機器の付属部品の取付けの工事においても、電気機器の防爆レベルと同様の工事仕様が必要である。
　ハ．非常用電源に使用する蓄電池の容量を、設備が安全に停止できる時間を考慮して、設定した。
　ニ．瞬時の停電でも許容されない制御装置などの非常用電源として用いられる無停電電源装置（UPS）は、通常時には常用電源と接続せず、切り離しておく。
　（1）イ、ロ　　（2）ロ、ハ　　（3）イ、ロ、ハ　　（4）イ、ハ、ニ　　（5）ロ、ハ、ニ

【問11】 次のイ、ロ、ハ、ニの安全装置についての記述のうち、正しいものはどれか。
　イ．ばね式安全弁を、弁入口呼び径より管径の小さいノズルに設置した。
　ロ．圧縮ガス貯槽に設置する安全弁の吹出し量を、入口管内の圧縮ガスの最大流速とガス密度から計算した数値とした。
　ハ．ばね式安全弁の吹出し圧力の調整を、シート漏れを起こさないように清浄な空気を用いて行った。
　ニ．破裂板は作動しない限り交換する必要はない。
　（1）イ、ニ　　（2）ロ、ハ　　（3）ロ、ニ　　（4）イ、ロ、ハ　　（5）イ、ハ、ニ

【問12】 次のイ、ロ、ハ、ニの防災設備についての記述のうち、正しいものはどれか。
　イ．フレアースタックの黒煙発生を防止するため、供給空気の混合比率を下げた。

203

3章 模擬試験

ロ．フレアースタックの放射熱量が人体に対する許容放射熱量を超える地上の範囲を、立入禁止とした。

ハ．亜硫酸ガスをベントスタックから放出するため、カセイソーダ水溶液を使用する吸収除害設備を設置した。

ニ．可燃性ガス漏えい検知設備の警報設定値を、対象ガスの爆発下限界の 1/4 以下に設定した。

(1) イ、ロ　　(2) イ、ハ　　(3) ロ、ニ　　(4) イ、ハ、ニ　　(5) ロ、ハ、ニ

【問 13】 次のイ、ロ、ハ、ニのバルブの操作についての記述のうち、適切なものはどれか。

イ．送液導管の補修工事を実施するため、ボール弁を操作して流れを瞬間的に停止した。

ロ．使用頻度の少ないバルブの動きが悪かったため、規定より大きなハンドル廻しを使用して操作した。

ハ．貯槽を開放するため、接続配管との仕切弁を閉止し、ガス置換を完了した後に、フランジ継手部に仕切板を挿入した。

ニ．液化ガス配管のバルブを、液封状態にならない手順で閉止操作を行った。

(1) イ、ロ　　(2) イ、ハ　　(3) ハ、ニ　　(4) イ、ロ、ニ　　(5) ロ、ハ、ニ

【問 14】 次のイ、ロ、ハ、ニの耐圧・気密試験などについての記述のうち、正しいものはどれか。

イ．水が残ってはならない設備を溶接補修した場合、溶接部の放射線透過試験を行った後、乾燥空気で耐圧試験および気密試験を行った。

ロ．耐圧試験で規定圧力を保持しながらテストハンマで叩く音響検査を行い、音色で欠陥の有無を判定をした。

ハ．多管式熱交換器を分解点検したのち、気密試験のみを行い再使用した。

ニ．可燃性高圧ガス配管のフランジからのガス漏れ音を検出したので、直ちに締付けボルトの増し締めを行った。

(1) イ、ロ　　(2) イ、ハ　　(3) ロ、ニ　　(4) イ、ハ、ニ　　(5) ロ、ハ、ニ

【問 15】 次のイ、ロ、ハ、ニの記述のうち、工事管理について正しいものはどれか。

イ．裸火としては、溶接や溶断作業時の火気、簡易発電機などの内燃機関の火気、工事関係者が使用するストーブの火などがある。

ロ．工場内での管理の対象となる火気には、溶接作業時の裸火、工具使用時の衝撃火花などがあるが、ヒータなどの高熱体は対象としない。

ハ．塔槽内作業を行う場合に、空気による再置換の完了を確認した後、開放する設備の前後配管の弁を確実に閉止し、弁または配管の継手に仕切板を挿入した。
ニ．可燃性ガスや毒性ガスの塔槽内で工事を行う際には、作業前にガス置換を行う必要があり、ガス置換後の塔槽内のそれぞれの濃度は、可燃性ガスがそのガスの爆発下限界値未満、毒性ガスがそのガスの許容濃度以下でなければならない。

(1) イ、ロ　　(2) イ、ハ　　(3) ロ、ニ　　(4) イ、ハ、ニ　　(5) ロ、ハ、ニ

模擬試験 2

解答・解説は p.238

学識　試験問題

試験時間：120 分

次の各問について、正しいと思われる最も適当な答をその問の下に掲げてある(1)、(2)、(3)、(4)、(5) の選択肢の中から1個選びなさい。

【問1】 SI 単位に関する次の記述のうち正しいものはどれか。
　イ．接頭語の k（キロ）は 10^3 を表すから、$1\,\text{km}^2$ の面積は $1 \times 10^3\,\text{m}^2$ の面積に等しい。
　ロ．積の形の組立単位では単位の間を中点（・）で区切るしかないが、商の形の組立単位では水平の線、斜線（/）、負の指数のどれかを使うことができる。
　ハ．質量分率や体積分率などを示す%、ppm、ppb などは、時間の時（h）、分（min）などとは違い、SI との併用はできない。
　ニ．力の単位のニュートン（N）は組立単位であり、これを SI 基本単位で表すと N ＝m・kg・s^{-2} である。
　(1) イ、ロ　　(2) イ、ハ　　(3) ハ、ニ　　(4) イ、ロ、ニ　　(5) ロ、ハ、ニ

【問2】 分子量 16 の気体 A 20 g、分子量 30 の気体 B 63 g と、分子量 44 の気体 C 110 g からなる混合気体がある。A の分圧が 20 kPa のとき、全圧はおよそいくらか。理想気体として計算せよ。
　(1) 24 kPa　　(2) 47 kPa　　(3) 56 kPa　　(4) 94 kPa　　(5) 101 kPa

【問3】 次のイ、ロ、ハ、ニの気体の圧縮・膨張に関する記述のうち、正しいものはどれか。
　イ．同じ体積比では、断熱圧縮は等温圧縮よりも高圧になる。
　ロ．同じ体積比の断熱圧縮では、比熱比（比熱容量の比）が小さな気体ほど高圧になる。
　ハ．同じ体積比では、等温膨張は断熱膨張よりも外部への仕事量が多い。
　ニ．定圧比熱（定圧比熱容量）は気体の種類で決まり、温度によらない定数である。
　(1) イ、ロ　　(2) イ、ハ　　(3) イ、ニ　　(4) ロ、ハ　　(5) ロ、ニ

【問4】 次のイ、ロ、ハ、ニの記述のうち、理想気体の状態変化について正しいものはどれか。

イ．理想気体 1 mol を圧力一定で温度 T_1 から T_2 まで加熱したときの内部エネルギーの変化 ΔU は、定圧モル熱容量 $C_{m,p}$ を用いて、$\Delta U = C_{m,p}(T_2 - T_1)$ で表される。
ロ．理想気体 1 mol を加熱して温度を 1 K 高めるのに必要な熱量は、圧力を一定に保って加熱する場合よりも、体積を一定にして加熱する場合のほうが少ない。
ハ．理想気体の等温変化では、加えられた熱量はすべて気体が外部になす仕事に使われ、内部エネルギーが増加する。
ニ．理想気体の断熱圧縮では、気体になされた仕事はすべて内部エネルギーの増加に使われ、温度が上昇する。
(1) イ、ロ　　(2) イ、ハ　　(3) ロ、ハ　　(4) ロ、ニ　　(5) ハ、ニ

【問5】 次のイ、ロ、ハ、ニの燃焼・爆発についての記述のうち、正しいものはどれか。
イ．爆発範囲はガスの温度により変化し、温度が上昇すると下限界値は上昇する。
ロ．爆発により発生する爆風圧は、時間とともに変化し最大圧を経た後、大気圧に戻る前にいったん負圧になる。
ハ．最大安全すきまの小さいガスほど、燃焼・爆発は起きにくい。
ニ．石炭の粉、プラスチックの粉などが、空気中に浮遊している状態では、爆発が起こることがある。
(1) イ、ハ　　(2) イ、ニ　　(3) ロ、ニ　　(4) イ、ロ、ハ　　(5) ロ、ハ、ニ

【問6】 次のイ、ロ、ハ、ニの円管内の乱流の流動についての記述のうち、正しいものはどれか。
イ．レイノルズ数は、$Re > 4 \times 10^3$ である。
ロ．管中心部の流速は、平均流速のほぼ 2 倍である。
ハ．流れの摩擦損失は、平均流速のほぼ 2 乗に比例する。
ニ．流れの摩擦損失は、管内壁の粗さの影響が大きい。
(1) イ、ロ　　(2) イ、ハ　　(3) ロ、ニ　　(4) イ、ハ、ニ　　(5) ロ、ハ、ニ

【問7】 次のイ、ロ、ハ、ニの伝熱、分離についての記述のうち、正しいものはどれか。
イ．流体と固体間の熱伝達では、固体に近接する流体と固体表面間の温度差による熱伝導が支配的である。
ロ．内部に多数の空隙をもつ発泡体は、断熱材に使用されるが、断熱効果が大きいのは、熱伝導率の低い気体が空隙を占めていることが大きな要因である。
ハ．放射伝熱では、熱放射線が物体に到達すると、反射、吸収および透過が起きる。このときすべての熱放射線を吸収する仮想的な物体を灰色体という。
ニ．吸着は、ガスが吸着剤表面に付着する現象を利用するもので、物理吸着ではファ

3章　模擬試験

ン・デル・ワールス力などが関係している。
（1）イ、ロ　　（2）イ、ハ　　（3）ロ、ニ　　（4）イ、ロ、ニ　　（5）ロ、ハ、ニ

【問8】　次のイ、ロ、ハ、ニの記述のうち、金属材料の材料試験について正しいものはどれか。

イ．引張試験を行って、降伏点および引張強さを求めた。

ロ．クリープ試験を行って、延性‐脆性遷移温度を求めた。

ハ．シャルピー衝撃試験を行って、絞りを求めた。

ニ．疲労試験を行って、結果を S–N 線図に表した。

（1）イ、ロ　　（2）イ、ハ　　（3）イ、ニ　　（4）ロ、ハ　　（5）ロ、ニ

【問9】　次のイ、ロ、ハ、ニの記述のうち、内圧 p が作用する両端閉じ薄肉円筒の円筒胴部の応力について正しいものはどれか。ただし、胴部の内径は D、肉厚は t である。

イ．半径応力 σ_r は、軸応力 σ_z と等しい。

ロ．軸応力 σ_z は、肉厚 t に比例する。

ハ．円周応力 σ_θ は $\sigma_\theta = pD/(2t)$ である。

ニ．最大応力は円周応力 σ_θ である。

（1）イ、ロ　　（2）イ、ハ　　（3）ロ、ハ　　（4）ロ、ニ　　（5）ハ、ニ

【問10】　次のイ、ロ、ハ、ニの記述のうち、高圧装置用材料と材料の劣化について正しいものはどれか。

イ．体心立方格子の鋼は低温脆性を起こすが、面心立方格子のアルミニウム合金は低温でも塑性変形が起こりやすいため、低温脆性を起こさない。

ロ．鉄を室温から加熱すると、温度上昇とともに、体心立方格子→面心立方格子→最密六方格子と相変態する。

ハ．炭素鋼を単独で腐食環境にさらすと、炭素鋼表面の微小な不均質性によって無数の電池を形成し腐食が進行する。このような腐食電池をマクロ腐食電池と呼ぶ。

ニ．亜鉛や銅は、初期のわずかな腐食によってできる腐食生成物が素地を保護するので、ほぼ中性の湿食環境下ではかなり良い耐食性を示す。

（1）イ、ロ　　（2）イ、ハ　　（3）イ、ニ　　（4）ロ、ハ　　（5）ハ、ニ

【問11】　次のイ、ロ、ハ、ニの溶接部の割れの防止についての記述のうち、正しいものはどれか。

イ．余盛止端部を平滑に仕上げて、応力集中を緩和する。

ロ．溶接前に予熱処理を行って、拡散性水素を追い出す。
ハ．溶接後熱処理を行って、表面硬度を上げる。
ニ．炭素当量の高い材料を選定する。
(1) イ、ロ　　(2) ロ、ニ　　(3) ハ、ニ　　(4) イ、ロ、ハ　　(5) イ、ハ、ニ

【問12】次のイ、ロ、ハ、ニの記述のうち、高圧装置について正しいものはどれか。
イ．反応器はその中で化学反応を起こす設備の総称で、その中で流動床式は、固体触媒粒子が流動化した状態で液と接触して反応を起こさせるものである。
ロ．球形貯槽は、天然ガスなどの圧縮ガスやプロパン、ブタンなどの液化ガスを高圧で大容量貯蔵するのに適した形式で、近年は使用材料としてボイラ用圧延鋼材が広く使われている。
ハ．吸収塔は混合ガスから特定成分を除去する目的で、その特定成分に対してだけ溶解度が高い液と接触させて回収・除去を行う塔である。
ニ．熱交換器の設計にあたっては、あらかじめ汚れの程度を仮定し、この汚れによる必要な伝熱係数の低下を見込んで最終伝熱面積が決められる。
(1) イ、ロ　　(2) イ、ハ　　(3) イ、ニ　　(4) ロ、ニ　　(5) ハ、ニ

【問13】計装に関する次の記述のうち正しいものはどれか。
イ．ガラス製温度計は、液体の膨張を利用した温度計で、取扱いは簡単であるが、精度が低く、現場では用いられることはない。
ロ．比例動作において、比例動作の大きさは比例帯という言葉で表され、比例帯の逆数を100倍したものを比例ゲインという。
ハ．差圧発信器は圧力測定のみならず、流量測定、液面測定に用いられる検出部の信号伝送器として、プラント内現場計装機器として最も多く使われている。
ニ．隔膜式圧力計は、腐食性流体、高粘度流体、スラリーなどの固形物が混入した流体には適さない。
(1) イ、ハ　　(2) ロ、ハ　　(3) ロ、ニ　　(4) イ、ロ、ニ　　(5) イ、ハ、ニ

【問14】次のイ、ロ、ハ、ニの遠心ポンプの性能についての記述のうち、正しいものはどれか。
イ．必要NPSH〔m〕は、吐出し量が増えると大きくなる。
ロ．軸動力〔kW〕は、締切り運転時が最小である。
ハ．揚程〔m〕は、回転数に比例する。
ニ．吐出し量〔m^3/s〕は、液の粘度が低いと減少する。
(1) イ、ロ　　(2) イ、ニ　　(3) ロ、ハ　　(4) ロ、ニ　　(5) ハ、ニ

3章　模擬試験

【問15】　次のイ、ロ、ハ、ニのフランジ継手のボルト締付けについての記述のうち、正しいものはどれか。

イ．ボルトの軸力管理に、ノギスの測定結果を用いた。

ロ．内圧がかかったときのボルトの伸び量は、ガスケットの復元量より大であってはならない。

ハ．気密試験でフランジからの漏れが認められたとき、漏れの近傍のボルトだけを増し締めすればよい。

ニ．プラントのスタートアップ時に、フランジの温度が大幅に変化する場合は、ホットボルティングを実施して漏れを事前に防止する。

（1）イ、ロ　　　（2）イ、ニ　　　（3）ロ、ハ　　　（4）ロ、ニ　　　（5）ハ、ニ

保安管理技術　試験問題

試験時間：90分

次の各問について、正しいと思われる最も適当な答をその問の下に掲げてある(1)、(2)、(3)、(4)、(5) の選択肢の中から1個選びなさい。

【問1】　次のイ、ロ、ハ、ニの爆発範囲（常温、常圧、空気中）などに関する記述のうち、正しいものはどれか。

イ．プロパン、水素、メタンという順序は、爆発下限界〔vol%〕の小さいガスから大きいガスへの順になっている。

ロ．一酸化炭素は無色、無臭の可燃性の気体で、その爆発範囲は 12.5 ～ 74 vol% である。

ハ．アンモニアの爆発範囲は 3.0 ～ 12.5 vol% である。

ニ．エチレンの爆発範囲〔vol%〕は、同一測定条件における爆ごう範囲〔vol%〕よりも狭くなる。

（1）イ、ロ　　　（2）イ、ハ　　　（3）ロ、ニ　　　（4）イ、ハ、ニ　　　（5）ロ、ハ、ニ

【問2】　次のイ、ロ、ハ、ニの記述のうち、ガスの性質について正しいものはどれか。

イ．酸化エチレンは、可燃性のガスで空気が存在しなくても着火により分解爆発を起こす。

ロ．アセチレンは、酸素中で燃焼させると 3 000℃を超える高温の火炎になるので、溶断用に使用される。

ハ．炭酸ガスは、無色、無臭の可燃性のガスであり、水にはほとんど溶解しない。

ニ．モノシランは、自然発火性があり、常温でも空気と接触すると発火することがある。

（1）イ、ロ　　　（2）ロ、ハ　　　（3）イ、ロ、ニ　　　（4）イ、ハ、ニ　　　（5）ロ、ハ、ニ

210

模擬試験 2

【問3】次のイ、ロ、ハ、ニの記述のうち、金属材料とその腐食について正しいものはどれか。

イ．炭素鋼は、C量の増加とともにパーライトが増加し、引張強さ・降伏点・絞りは大きくなり、伸び・衝撃値は小さくなる。

ロ．溶接構造用の炭素鋼は、炭素含有量の上限を制限して、溶接性を確保している。

ハ．炭素鋼の水配管に点在してこぶ状のかさが高いさび（さびこぶ）が生じると、その下で孔状に腐食が発生する場合がある。これは通気差腐食の代表的な例である。

ニ．応力腐食割れは、①腐食しやすい材料、②腐食しやすい環境、③クラックが開く方向の引張応力、のうち2つ以上が同時に存在すると起こる。

(1) イ、ロ　　(2) イ、ニ　　(3) ロ、ハ　　(4) イ、ハ、ニ　　(5) ロ、ハ、ニ

【問4】次のイ、ロ、ハ、ニの記述のうち、計装について正しいものはどれか。

イ．熱電温度計は、2種類の金属導線を電気的に接続したループの2つの接合点に、温度差にほぼ比例した起電力が生じることを利用している。

ロ．フロートを用いた面積式流量計の流量は、フロート前後の差圧、流通面積、流量係数、流体の粘度で表すことができる。

ハ．フェール・セーフとして、熱電対から変換器への信号が絶たれた場合に調節計側が温度が低いと判断しないように、バーンアウト機能を設定した。

ニ．プラントや機器のスタート操作において、誤操作を防止するためのインターロックシステムは、フェール・セーフの代表例である。

(1) イ、ハ　　(2) イ、ニ　　(3) ロ、ハ　　(4) イ、ロ、ニ　　(5) ロ、ハ、ニ

【問5】次のイ、ロ、ハ、ニの高圧装置のバルブに関する記述のうち、正しいものはどれか。

イ．逆止弁のうちスイング逆止弁は、機構上水平配管に用い、垂直配管などには設置できない。

ロ．グローブバルブは、弁内部で流れの向きが変わるので、通常、遮断用に用いられ、流量調整などには適さない。

ハ．バタフライバルブは、条件によっては流量調整も可能であるが、通常は仕切弁の代替品として開閉専用に用いられる。

ニ．ボールバルブは、急速な遮断または完全閉止が必要な場合に適し、全開時の圧力損失がどの形式の弁よりも小さい。

(1) イ、ロ　　(2) ハ、ニ　　(3) イ、ロ、ハ　　(4) イ、ハ、ニ　　(5) ロ、ハ、ニ

3章　模擬試験

【問6】次のイ、ロ、ハ、ニの遠心圧縮機の振動についての記述のうち、正しいものはどれか。

イ．インペラにはタール、ごみなどが均一に付着するので、アンバランス振動の原因とはならない。

ロ．軸受の摩耗により、軸と軸受のすき間が適正値を超えると振動を起こす。

ハ．ラビリンスと軸のすき間は非常に小さいので、据付け不良などによりラビリンスと軸が接触し、振動を起こすことがある。

ニ．基礎の沈下および傾きは、振動の原因とはならない。

(1) イ、ロ　　(2) イ、ハ　　(3) イ、ニ　　(4) ロ、ハ　　(5) ハ、ニ

【問7】次のイ、ロ、ハ、ニの記述のうち、環境管理、災害・事故について正しいものはどれか。

イ．火災・爆発による環境汚染を未然に防止するにはマネジメントシステムを構築し、環境に対する管理を行うことが重要であり、環境保全に特化したシステムがレスポンシブル・ケア（RC）である。

ロ．災害・事故件数の推移をみると、昭和40年代の設備の新設、大型化に伴いその件数が増加したが、その後の新たな規制法の施行、技術の進歩により、事故件数は現在に至るまで着実に減少している。

ハ．災害・事故を防ぐには認知確認ミス、誤操作などの人が関係するミスを少なくし、合わせて設備の点検を十分行って、機器材料の劣化・腐食の早期発見に努めることが有効である。

ニ．災害・事故の教訓として、ハードおよびソフトを見直し、あらゆるケースに対応できる保安管理システムを確立しておくとともに、このシステムに基づき、全従業員に対し教育や訓練を通じて、保安管理を意識および行動の両面で徹底させることが重要である。

(1) イ、ロ　　(2) イ、ハ　　(3) ハ、ニ　　(4) イ、ロ、ニ　　(5) ロ、ハ、ニ

【問8】次のイ、ロ、ハ、ニの記述のうち、流体の漏えい防止について正しいものはどれか。

イ．遠心圧縮機内のガスが、大気中に漏れることが許される空気などの場合、圧縮機には単純なラビリンスシールが用いられることがある。

ロ．遠心圧縮機のオイルフィルムシールは、2つのリングの間にガス圧よりわずかに低い圧力の油を供給してガスの漏えいを防止する。

ハ．メカニカルシールの冷却、潤滑にはフラッシング、クーリング、クエンチングの方法がある。クエンチングは軸封内部の液を循環することにより熱を除去するもの

で、しゅう動面に異物や不純物が停滞することを防ぐ働きも兼ねており、冷却効果の最も高い方法である。
ニ．ポンプに用いられるグランドパッキンはわずかな漏れが許される場合に使用するもので、保守にあたり漏えいと摩擦の調整が重要である。
(1) イ、ハ　　(2) イ、ニ　　(3) ロ、ニ　　(4) イ、ロ、ハ　　(5) ロ、ハ、ニ

【問9】 次のイ、ロ、ハ、ニの記述のうち、リスクマネジメントと安全管理について正しいものはどれか。
イ．指差呼称は、作業者の意識レベルをフェーズⅢに切り換えて集中力を高め、誤操作を防止する方法の1つである。
ロ．特性要因図は、要因を分類し、担当部門や階層別に対策を考えるのに便利であるが、要因相互の因果関係は不明確である。
ハ．ETA は、頂上事象を設定し、その事象を出現させる原因を掘り下げ、洗い出していく解析手法である。これに対し、FTA は、ある引金事象がどのような結果を引き起こしうるかを樹木の枝分かれ式に追究し分析する解析手法である。
ニ．FMEA は、化学プロセスのようにフローシートで表されるものについて、操業条件の変化を定められた手引語に従って調べ、それぞれの変化の原因と結果、とるべき対策を表にまとめて検討する手法である。
(1) イ、ロ　　(2) イ、ハ　　(3) イ、ニ　　(4) ロ、ハ　　(5) ハ、ニ

【問10】 次のイ、ロ、ハ、ニの静電気や放電による災害防止に関する記述のうち、正しいものはどれか。
イ．配管内が液体で満たされ、流動している場合は静電気は蓄積しない。
ロ．放電エネルギーが可燃性ガスの最小着火エネルギーを超えると、着火の危険性がある。
ハ．プロパンに比べ、水素は放電着火を起こしやすく、アセチレンは起こしにくい。
ニ．電気接点を最大安全すきま以下で囲むと、接点から着火したガスを消炎できる。
(1) イ、ロ　　(2) イ、ハ　　(3) イ、ニ　　(4) ロ、ハ　　(5) ロ、ニ

【問11】 次のイ、ロ、ハ、ニの記述のうち、可燃性ガスのばね式安全弁について正しいものはどれか。
イ．運転中の安全弁の漏れは、大気放出管中のガス濃度で判定できる。
ロ．安全弁のばねを防食めっきが施されているときには、ばねの腐食や減肉は全く生じない。
ハ．安全弁のディスク、シートとも超硬合金で肉盛されたものを使用した。

3章 模擬試験

ニ．安全弁を倉庫で長時間保管するときは横倒しとし、乾燥空気雰囲気中に置く。

(1) イ、ハ　　(2) イ、ニ　　(3) ロ、ハ　　(4) ロ、ニ　　(5) ハ、ニ

【問12】 次のイ、ロ、ハ、ニの保安防災設備についての記述のうち、正しいものはどれか。

イ．計器室のケーブルダクト引込み口は、外部からのガスの侵入を防ぐために、すき間を充てん物で詰めてシールする。

ロ．アンモニア設備の安全弁の放出先では、希釈カセイソーダ液を用いた吸収塔に通して、放出ガスを除害する。

ハ．フレアースタックは地上部での放射熱の影響を除外するため、周辺設備のない海上部に設置してもよい。

ニ．ガス漏えい検知設備のガスサンプリング方式のうち、拡散型は吸引型に比べて検知時間の遅れが少ない。

(1) イ、ロ　　(2) イ、ハ　　(3) イ、ロ、ニ　　(4) イ、ハ、ニ　　(5) ロ、ハ、ニ

【問13】 次のイ、ロ、ハ、ニの記述のうち、高圧ガス製造設備の運転管理について正しいものはどれか。

イ．毒性ガスの廃棄において、大気圧近くまで毒性ガスを回収したので、残留ガスは大気圧になるまで除害設備に導入することなく大気に放出した。

ロ．空気を使用して設備内の酸素ガスのガス置換を実施した。酸素ガスの濃度測定値が22％だったので、ガス置換完了と判断した。

ハ．マン・マシン・インターフェースの検討は、プラントの快適な操作性を確保し、誤操作を防止する対策の1つである。

ニ．フレアースタック、ボイラなどの燃焼装置で燃焼させる方法は、すべての可燃性毒性ガスに対して、除害の方法として適用できる。

(1) イ、ロ　　(2) ロ、ハ　　(3) ハ、ニ　　(4) イ、ロ、ニ　　(5) イ、ハ、ニ

【問14】 次のイ、ロ、ハ、ニの機器の検査についての記述のうち、正しいものはどれか。

イ．配管のパージライン、ドレンラインなど普段は使用しないラインで、行き止まり（デッドスペース）となっている配管部分は、検査しなくてもよい。

ロ．計器の定期点検時には、基準計器と比較することなどにより、精度を確保する必要がある。

ハ．弁の開放検査時、漏れの有無にかかわらず、取り外したグランドパッキンは交換する。

ニ．液体の運転温度が−4℃から150℃の範囲である場合、断熱施工された炭素鋼の

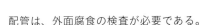

配管は、外面腐食の検査が必要である。

(1) イ、ロ　　(2) ロ、ハ　　(3) ハ、ニ　　(4) イ、ロ、ハ　　(5) ロ、ハ、ニ

【問15】 次のイ、ロ、ハ、ニの記述のうち、高圧ガス製造設備における工事管理について正しいものはどれか。

イ．工事内容または工程の変更は実際の工事にはよくあることで、作業監督者は、末端作業員までその変更内容について十分周知させる必要がある。

ロ．可燃性液化ガスの貯槽の開放にあたり、液を回収した後窒素置換、ついで空気置換を行い酸素濃度が 20 〜 21 vol%、可燃性ガス濃度が爆発下限界の 1/2 以下であることを確認した。

ハ．工事期間中は毎日始業時および終業時に各担当者によるミーティングを行う。

ニ．塔槽の空気再置換の完了を確認した後、他の設備につながっている前後配管の弁が確実に閉止されているのを確認したので、塔槽内作業が終了するまで弁または継手に仕切板を挿入しなかった。

(1) イ、ロ　　(2) イ、ハ　　(3) ロ、ニ　　(4) イ、ハ、ニ　　(5) ロ、ハ、ニ

模擬試験 3

学識 試験問題

試験時間：120分

次の各問について、正しいと思われる最も適当な答をその問の下に掲げてある(1)、(2)、(3)、(4)、(5)の選択肢の中から1個選びなさい。

【問1】 次のイ、ロ、ハ、ニの記述のうち、SI単位について正しいものはどれか。
 イ．SI基本単位には、時間〔s〕、長さ〔m〕、質量〔kg〕、熱力学温度〔K〕、物質量〔mol〕、電流〔A〕、光度〔cd〕の7個がある。
 ロ．接頭語のk（キロ）は10^3を表すから、$1\,km^2$の面積は$1 \times 10^3\,m^2$の面積に等しい。
 ハ．標準大気圧はおよそ101.3 kPaであり、30℃は303.15 Kである。
 ニ．質量1 kgの物体を1 Nの力で1 m動かすときの仕事を1 Jと定義する。したがって、1 J＝1N・m・kgの関係がある。
 (1) イ、ハ　　(2) ロ、ニ　　(3) ハ、ニ　　(4) イ、ロ、ハ　　(5) イ、ロ、ニ

【問2】 温度$t_1 = 27$℃において圧力がp_1で体積がV_1の理想気体がある。これをまず、温度一定で圧力を$1.8p_1$とした後に、圧力一定で温度をt_2まで上昇させたとき、体積が$1.5V_1$となった。t_2はおよそ何℃か。
 (1) 177℃　　(2) 267℃　　(3) 537℃　　(4) 735℃　　(5) 810℃

【問3】 次のイ、ロ、ハ、ニの記述のうち、熱と仕事について正しいものはどれか。
 イ．定容モル熱容量が20.8 J/(mol・K)の理想気体1 kmolに、圧力一定で1.7 MJの熱を加えると、温度は80℃上昇する。
 ロ．比熱容量の比（比熱比）が5/3である理想気体の定圧モル熱容量は、気体定数（モル気体定数）のおよそ2.5倍である。
 ハ．200 kPaの圧力で直径400 mmのピストンを0.4 m動かすときの仕事は、およそ10 kJである。
 ニ．モル蒸発熱が40.7 kJ/mol、モル質量が18×10^{-3} kg/molである水0.1 kgを、大気圧下において50℃から加熱し、全量蒸発させるには、およそ247 kJの熱量が必要である。ただし、水の比熱容量は4.19 kJ/(kg・K)とする。
 (1) イ、ロ　　(2) イ、ハ　　(3) ハ、ニ　　(4) イ、ロ、ニ　　(5) ロ、ハ、ニ

【問4】 次のイ、ロ、ハ、ニの記述のうち、理想気体の状態変化について正しいものはどれか。
イ．理想気体に体積一定の条件で熱を加えると、その熱は外部への仕事に使われる。
ロ．理想気体に圧力一定の条件で熱を加えると、その熱は内部エネルギーの増加のみに使われる。
ハ．理想気体に温度一定の条件で熱を加えると、その熱は気体が外部になす仕事に使われ、内部エネルギーは変化しない。
ニ．外部との熱の出入りがない場合の状態変化を断熱変化という。
（1）イ、ロ　　（2）イ、ハ　　（3）ロ、ハ　　（4）ロ、ニ　　（5）ハ、ニ

【問5】 次のイ、ロ、ハ、ニの記述のうち、燃焼・爆発について正しいものはどれか。
イ．可燃性ガスと空気の混合ガスに N_2、CO_2 などの不活性ガスを添加すると、爆発範囲が狭くなる。
ロ．最小発火エネルギーの最低値は水素が最も小さく、酸化エチレン、メタンの順に大きくなり、最小発火エネルギーが小さいほど発火しやすい。
ハ．爆発範囲は、圧力が高くなるほど一般に狭くなる傾向がある。
ニ．メタノール CH_3OH を完全燃焼させるには、モル数でメタノールの 2 倍の酸素 O_2 が理論上必要である。
（1）イ、ロ　　（2）イ、ニ　　（3）ロ、ハ　　（4）ロ、ニ　　（5）ハ、ニ

【問6】 次のイ、ロ、ハ、ニの記述のうち、円管内の流動について正しいものはどれか。
イ．内径 100 mm の円管内に流量 20 m^3/h で流体を流すときの管内の平均流速は、およそ 1.5 m/s である。
ロ．ベルヌーイの定理によれば、運動エネルギーと圧力エネルギーの和は、配管内のどの断面においても一定である。
ハ．ハーゲン-ポアズイユの式によれば、摩擦によるエネルギー損失は、平均流速が 2 倍になると、その値は 2 倍になる。
ニ．密度 800 kg/m^3、粘度 0.10 Pa·s の流体が内径 50 mm の円管内を、レイノルズ数 1 000 で流れている。この場合、管内の最大流速はおよそ 4 m/s となる。
（1）イ　　（2）ロ　　（3）ハ　　（4）ロ、ニ　　（5）ハ、ニ

【問7】 次のイ、ロ、ハ、ニの記述のうち、伝熱、分離について正しいものはどれか。
イ．熱伝導によって固体壁を伝わる単位時間当たりの伝熱量は、通過面積および温度差に正比例し、固体壁の厚さに反比例する。
ロ．ボイラや管式加熱炉では、伝熱のうち、放射伝熱の占める割合が小さい。

3章　模擬試験

ハ．対流は、気体または液体の運動によって、熱が移動する現象である。

ニ．ガス吸収における物理吸収は、吸収液に対するガスの溶解度を利用するもので、溶解度はガスの分圧に比例するので、ドルトンの法則が関係している。

（1）イ、ハ　　（2）イ、ニ　　（3）ロ、ハ　　（4）ロ、ニ　　（5）イ、ロ、ハ

【問8】　次のイ、ロ、ハ、ニの記述のうち、材料の変形と破壊について正しいものはどれか。

イ．応力-ひずみ図において、降伏点が明確に現れない材料に対しては、通常、永久ひずみが5%になるような限界の応力を降伏点の代わりに用いる。

ロ．応力-ひずみ曲線の下側の面積が大きいほど靱性が高い。

ハ．部材の表面が急激に冷却や加熱されると、大きな熱応力が生ずることがある。

ニ．温度上昇によって部材が自由に熱膨張すると、部材内部に熱応力が発生する。

（1）イ、ロ　　（2）イ、ハ　　（3）ロ、ハ　　（4）ロ、ニ　　（5）ハ、ニ

【問9】　次のイ、ロ、ハ、ニの記述のうち、内圧 p が作用する両端閉じ薄肉円筒の円筒胴部の応力について正しいものはどれか。ただし、胴部の内径は d、肉厚は t である。

イ．半径応力 σ_r は小さいので、$\sigma_r = 0$ とみなして差し支えない。

ロ．円周応力 σ_θ は、肉厚 t に比例する。

ハ．軸応力 σ_z は、$\sigma_z = pd/(2t)$ である。

ニ．最大応力は、円周応力 σ_θ である。

（1）イ、ロ　　（2）イ、ニ　　（3）ロ、ハ　　（4）ロ、ニ　　（5）ハ、ニ

【問10】　次のイ、ロ、ハ、ニの記述のうち、高圧装置用材料と材料の劣化について正しいものはどれか。

イ．鋼材への Ni の添加量を増やすことによって、延性-脆性遷移温度は低下する。

ロ．鋼材の板厚を大きくすれば、延性-脆性遷移温度は低下する。

ハ．ステンレス鋼は、不動態皮膜が生成して良好な耐食性を与えるが、塩化物イオンを含む環境では、不動態皮膜が破壊されて孔食などの局部腐食を生じるおそれがある。

ニ．応力腐食割れは、腐食環境中で応力が繰返し作用することによって、割れに至るまでの繰返し数が小さくなる現象である。

（1）イ、ロ　　（2）イ、ハ　　（3）ハ、ニ　　（4）イ、ロ、ニ　　（5）ロ、ハ、ニ

【問11】 次のイ、ロ、ハ、ニの記述のうち、溶接について正しいものはどれか。
イ．ティグ溶接は、タングステン電極と被溶接部との間にアークを発生させ、電極、アークおよび溶接部を不活性ガスで覆いながら溶接する方法である。
ロ．被覆アーク溶接棒は金属の芯線とその周囲に塗布した被覆材とからなり、被覆材には、溶接部をガスで被覆して空気の侵入を防止する役目もある。
ハ．応力除去焼なましは、高温でのクリープ特性を利用して、残留応力を緩和する方法で、融合不良、ブローホールなどを防止することができる。
ニ．低温割れを防止する方法として、低水素系の溶接棒の使用や、予熱、溶接直後熱の実施などがある。
 (1) イ、ロ　　(2) イ、ニ　　(3) ハ、ニ　　(4) イ、ロ、ニ　　(5) ロ、ハ、ニ

【問12】 次のイ、ロ、ハ、ニの記述のうち、高圧装置について正しいものはどれか。
イ．二重殻式円筒形貯槽は、通常、内槽には炭素鋼、外槽にはオーステナイト系ステンレス鋼が使われ、液化酸素などの低温液化ガスを貯蔵するのに適した貯槽である。
ロ．球形貯槽は、圧縮ガスやプロパン、ブタンなどの液化ガスを高圧で大容量貯蔵するのに適した貯槽であり、材料として高張力鋼が広く使われている。
ハ．溶接容器は主に蒸気圧が比較的低い液化ガス用の容器として使用され、常温用の容器の材料として鋼板、高張力鋼、アルミニウム合金などが使用される。
ニ．水素や毒性ガスを取り扱う配管で使用するフランジ式管継手のガスケットは、低圧の場合はジョイントシート、高圧の場合は膨張黒鉛シートを使うのがよい。
 (1) イ、ロ　　(2) イ、ハ　　(3) イ、ニ　　(4) ロ、ハ　　(5) ロ、ニ

【問13】 次のイ、ロ、ハ、ニの記述のうち、計装について正しいものはどれか。
イ．ベンチュリ流量計は、オリフィス流量計に比べて沈殿物がたまりにくい構造なので、異物を含む流体の流量を測定する場合などに用いられている。
ロ．ガラス製温度計は、液体の膨張を利用した温度計で、取扱いは簡単であるが、精度が低く、現場で用いられることはない。
ハ．フィードフォワード制御は、プロセスに外乱が入った場合に目標値と制御量の間に生じる偏差を判断し、操作量を変化させることで制御量を目標値に一致するように制御する制御法である。
ニ．調節弁のオンオフ動作は、制御量が目標値より上か下かにより調節弁を全開または全閉にする方式である。
 (1) イ、ロ　　(2) イ、ハ　　(3) イ、ニ　　(4) ロ、ハ　　(5) ロ、ニ

3章 模擬試験

【問14】 次のイ、ロ、ハ、ニの記述のうち、下図に示す中間冷却器を有する2段圧縮機の理論的 $p-V$ 線図の説明について、正しいものはどれか。
ただし、ADF は等温圧縮を示す。
イ．AB は 1 段における断熱圧縮を示す。
ロ．BD は中間冷却を示す。
ハ．DE は 2 段における断熱圧縮を示す。
ニ．E の温度は F の温度より低い。
(1) イ、ロ　　(2) イ、ハ　　(3) ロ、ニ　　(4) ハ、ニ　　(5) イ、ロ、ハ

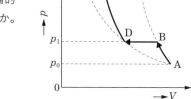

【問15】 次のイ、ロ、ハ、ニの記述のうち、流体の漏えい防止について正しいものはどれか。
イ．細長い円筒状のピンホールから気体または液体が少量漏えいする場合、漏えい量はピンホールの内径の 2 乗に比例する。
ロ．圧縮機のシールには、接触式シールとしてドライガスシール、オイルフィルムシールがある。
ハ．中・高圧の機器で用いられるフランジでは、フランジの形式としてみぞ形などが用いられている。
ニ．金属リングガスケットは、締付けによる変形後の復元力が小さいため高温配管に使用するときには、注意が必要である。
(1) イ、ロ　　(2) イ、ハ　　(3) ハ、ニ　　(4) イ、ロ、ニ　　(5) ロ、ハ、ニ

保安管理技術　試験問題
試験時間：90 分

次の各問について、正しいと思われる最も適当な答をその問の下に掲げてある(1)、(2)、(3)、(4)、(5) の選択肢の中から1個選びなさい。

【問1】 次のイ、ロ、ハ、ニの記述のうち、可燃性ガスの爆発について正しいものはどれか。
イ．可燃性ガスの発火温度（発火点ともいう）と引火点は同一温度になる。
ロ．可燃性ガスの爆発範囲は、圧力とともに変化し、高圧になると常に下限界と上限界のいずれもが上昇する。
ハ．可燃性ガスの限界酸素濃度は、可燃性ガスの濃度が高くなった場合でも爆発範囲に入らないようにあらかじめ酸素濃度を低く設定する際の指標となるものである。

ニ．可燃性ガスの爆燃から発生する爆ごうでは燃焼反応は起こらない。
(1) イ　　(2) ハ　　(3) イ、ニ　　(4) ロ、ハ　　(5) ロ、ニ

【問2】 次のイ、ロ、ハ、ニの記述のうち、ガスの性質について正しいものはどれか。
イ．水素と酸素の爆鳴気は、500℃以上の高温着火源がないと爆発しないが、触媒があればより低温で反応する。
ロ．酸素は油脂類と燃焼反応するが、鋼材とは燃焼反応しない。
ハ．塩素と酸素との等体積混合気体は塩素爆鳴気といい、加熱や日光により激しく反応する。
ニ．漏えいした LP ガスは低所に滞留しやすく、引火爆発の危険性が大きい。
(1) イ、ロ　　(2) イ、ニ　　(3) ハ、ニ　　(4) イ、ロ、ハ　　(5) ロ、ハ、ニ

【問3】 次のイ、ロ、ハ、ニの記述のうち、金属材料とその腐食について正しいものはどれか。
イ．焼もどしは、鋼の硬度調整、靭性の改善、焼入れによって生じた内部応力の除去を目的に行われる。
ロ．高張力鋼は、降伏点／引張強さ、すなわち降伏比に大きい特徴があり、その降伏比は軟鋼より大きい。
ハ．アルミニウムは孔食を生じないため、塩化物環境下で使用される。
ニ．腐食疲労でも、割れを生じなくなる応力の下限は存在する。
(1) イ、ロ　　(2) イ、ニ　　(3) ロ、ハ　　(4) イ、ハ、ニ　　(5) ロ、ハ、ニ

【問4】 次のイ、ロ、ハ、ニの記述のうち、計装について正しいものはどれか。
イ．バイメタル式温度計とは、熱膨張率の異なる2種類の金属を貼り合わせ、温度が上昇すると熱膨張率の小さいほうへ曲がることを利用して温度を測定するものである。
ロ．差圧発信器は、圧力測定のみならず、流量測定、液面測定に用いられる検出部の信号伝送器として、プラント内の計装機器に使われている。
ハ．逆信号伝送器は、断線などにより伝送信号が喪失した場合、安全な方向に調節計を調整するもので、フェール・セーフの1つである。
ニ．警報システムでは、プラントの運転に重大な影響を及ぼし、直ちに対処しなければならないものについては、ブザー、ベルなどの音色を変えることもある。
(1) イ、ロ　　(2) イ、ニ　　(3) ロ、ハ　　(4) イ、ハ、ニ　　(5) イ、ロ、ハ、ニ

3章　模擬試験

【問 5】　次のイ、ロ、ハ、ニの記述のうち、配管の熱伸縮吸収対策について正しいものはどれか。

イ．熱伸縮の対策としては、主として配管系の形状への配慮と、伸縮管継手を使用する方法がある。

ロ．伸縮ループは、三次元配管でフレキシビリティが大きくなるアレンジであり、配管群が配置されるラック上の長い配管に採用されている。

ハ．ベローズ形伸縮管継手は、膨張量の大きい場合の吸収方法で狭い場所に設置でき、大きい内圧推力が発生しないため、強固なサポートを必要としない。

ニ．熱伸縮の対策として、コールドスプリングと呼ばれる方法があり、固定端や拘束部の反力やモーメントを変えるのに有効である。

（1）イ、ロ　　　（2）イ、ハ　　　（3）ロ、ハ　　　（4）イ、ロ、ニ　　　（5）ロ、ハ、ニ

【問 6】　次のイ、ロ、ハ、ニの記述のうち、遠心ポンプのキャビテーション防止方法として正しいものはどれか。

イ．吐出し配管径を大きくする。

ロ．回転数を下げる。

ハ．吸入貯槽の液化ガスを加熱し、貯槽圧力を上げる。

ニ．吸入配管にアキュムレータを設ける。

（1）イ　　　（2）ロ　　　（3）イ、ハ　　　（4）ロ、ニ　　　（5）ハ、ニ

【問 7】　次のイ、ロ、ハ、ニの記述のうち、環境管理、災害・事故防止について正しいものはどれか。

イ．環境基準は、人の健康を保護する観点から特定の物質について定められているが、連続測定器により常時モニタリングが行われているものはない。

ロ．化学物質を扱う化学産業では、環境保全、保安防災、化学品安全、労働安全衛生および物流安全の全分野を一体とした総合管理が重要である。

ハ．高圧ガス災害・事故の原因として、設備の設計および製作の不良、設備の維持管理の不良、ヒューマンファクターなどがある。

ニ．災害や事故は、その主な原因である認知確認ミス、誤操作、誤判断など人が関係するミスをなくすことができればほとんど防止できる。

（1）イ、ニ　　　（2）ロ、ハ　　　（3）ロ、ニ　　　（4）イ、ロ、ハ　　　（5）イ、ハ、ニ

【問 8】　次のイ、ロ、ハ、ニの記述のうち、流体の漏えい防止について正しいものはどれか。

イ．往復圧縮機のピストンロッドパッキンでは、ピストンロッドとピストンロッドパッ

キンとのすき間が小さいので、ダストやさびがあるとピストンロッドの外周に傷がつきやすい。
ロ．ラビリンスシールの使用方法の1つであるインジェクションシールでは、ラビリンスの途中に設置した室に圧縮機内からのプロセスガスが漏えいしても、大気側へ漏えいすることはない。
ハ．遠心圧縮機は高速で運転されており、軸とシール部材とのすき間は非常に小さいので、振動の発生、ガスによる汚染、オーバヒート、サージングなどでシール機構に問題が生じる。
ニ．往復ポンプの軸封装置は往復圧縮機のそれと比べて構造的には簡単で、ピストンロッドパッキンとしてグランドパッキンが用いられる。
(1) イ、ロ　　(2) イ、ニ　　(3) ロ、ハ　　(4) イ、ハ、ニ　　(5) イ、ロ、ハ、ニ

【問9】　次のイ、ロ、ハ、ニの記述のうち、リスクマネジメントと安全管理について正しいものはどれか。
イ．フェーズ理論は、脳が全く働かない状態からパニック状態までの意識レベルを4段階のフェーズに分類している。
ロ．FTAは、頂上事象を設定し、その事象を出現させる原因を掘り下げ洗い出していく解析手法である。
ハ．HAZOPは、システムの状態変位に対して、構成要素の関わり方を知るのに便利である。
ニ．リスク解析手法の1つであるWhat-ifは、想定事象の解析に使われ、機器故障や誤操作などの影響を考えるのに便利である。
(1) イ、ハ　　(2) イ、ニ　　(3) ロ、ニ　　(4) イ、ロ、ハ　　(5) ロ、ハ、ニ

【問10】　次のイ、ロ、ハ、ニの記述のうち、高圧ガス製造事業所の保安電力について正しいものはどれか。
イ．緊急遮断装置を停電などの場合に遠隔手動によって直ちに安全側に作動するようにしたので、当該緊急遮断装置には保安電力を保有しなかった。
ロ．非常用発電設備の原動機としてディーゼル機関を設置した。
ハ．非常用電源として使用される蓄電池は、一次電池に分類され、充電を行えば繰り返し使用できる。
ニ．無停電電源装置（UPS）は、設備が安全に処置できる時間として約30分間電力を供給するものとして蓄電池の容量を決定した。
(1) イ、ハ　　(2) イ、ニ　　(3) ロ、ニ　　(4) イ、ロ、ニ　　(5) ロ、ハ、ニ

3章　模擬試験

【問11】　次のイ、ロ、ハ、ニの記述のうち、高圧ガス製造設備の保安装置について正しいものはどれか。

イ．ばね式安全弁はリフト形式や流体の放出状態などによって区分されており、リフト形式では「揚程式安全弁」と「密閉型安全弁」に分けられる。

ロ．内容積 5 000 L 以上の可燃性ガス、毒性ガスまたは酸素の液化ガスの貯槽に取り付けた液化ガスの払出しまたは受入れのための配管には緊急遮断装置を設けなくてはならないが、一般則、液石則適用の貯槽の液化ガス払出し専用配管には、緊急遮断装置に代えて逆止弁を用いることができる。

ハ．防液堤を必要とする液化ガス貯槽の緊急遮断弁の操作位置は、貯槽外面から 10 m 離し、防液堤外側で、かつ、予想される液化ガスの大量流出に対して十分安全に操作できる位置とした。

ニ．安全装置の設置に関する圧力区分として、多段式往復圧縮機を 1 つの圧力区分とした。一方、減圧弁は、その低圧側を高圧側とは別の圧力区分とした。

(1) ハ　　(2) ニ　　(3) イ、ロ　　(4) イ、ニ　　(5) ロ、ハ

【問12】　次のイ、ロ、ハ、ニの記述のうち、防災設備および用役設備について正しいものはどれか。

イ．エレベーテッドフレアーの燃焼音による低周波の騒音を防止する方法の 1 つに、スチーム量の調節がある。

ロ．漏えいした可燃性ガスが、発火源となる加熱炉などへ流入しないように漏えいガスを遮断し、漏えいガスを希釈あるいは上空へ拡散させる設備として、スチームカーテンがあるが、スチームの代わりに水を使用することはできない。

ハ．可燃性ガスの貯槽の温度上昇防止に用いられる散水装置、水噴霧装置などの水源の容量を、最大水量で 15 分間連続して供給できる量とした。

ニ．計装用空気に油が混入しないように無給油タイプのスクリュー圧縮機を採用し、かつ、脱湿器を用いて露点をその地域の最低気温より 10℃ 以上低い値に保つようにした。

(1) イ、ニ　　(2) ロ、ハ　　(3) ハ、ニ　　(4) イ、ロ、ハ　　(5) イ、ロ、ニ

【問13】　次のイ、ロ、ハ、ニの記述のうち、運転管理について正しいものはどれか。

イ．運転基準書様式としてよく利用されるフローチャート方式は、運転、操作の順序を項目別に説明、記述するもので相当なボリュームになり、熟読し理解を深めることに特徴がある。

ロ．充てん精留塔の塔底液引抜量が減少し、精製の物質収支が合わなくなる現象をウィーピングという。

ハ．締切り用弁操作に当たって弁および配管にウォータハンマが発生するおそれがある場合は、弁閉止速度を決めて、これ以下の速度で操作する。

ニ．運転状態の異常を早期に発見し、速やかに対策、措置をするために、日常点検計画にその内容、範囲、方法、頻度などを定め、かつ、責任の所在を明らかにして運用している。

(1) イ、ロ　　(2) イ、ハ　　(3) ハ、ニ　　(4) イ、ロ、ニ　　(5) ロ、ハ、ニ

【問 14】 次のイ、ロ、ハ、ニの設備保全方式の名称と、a、b、c、d の設備保全方式の特徴について、正しい組合せはどれか。

〔保全方式の名称〕
　　イ．定期保全（時間基準保全）（TBM）
　　ロ．状態基準保全（CBM）
　　ハ．計画事後保全（BM）
　　ニ．改良保全（CM）

〔保全方式の特徴〕
　　a．設備運用の実績と類似事例を参考に点検周期を決定し、部品交換または修理を行う。
　　b．モニタリングシステムの構築と定期的な監視のための設備・工数が必要であるが、異常の早期発見が可能であるため、重要設備などに適用される。
　　c．予防保全が確実に遂行できるように設備を改善し、再設計に反映する。
　　d．故障または性能低下するまで設備を使用するため安価であり、一般的に重要度の低い設備に適用される。

	イ	ロ	ハ	ニ
(1)	a	b	d	c
(2)	a	d	b	c
(3)	b	c	a	d
(4)	b	d	c	a
(5)	c	d	a	b

【問 15】 次のイ、ロ、ハ、ニの記述のうち、高圧ガス製造設備における設備診断および工事管理について正しいものはどれか。

イ．溶接や溶断作業を行う工事や簡易発電機などの内燃機関を使用する工事のような火気使用工事においては、消火器などの設置、火花の飛散防止処置、緊急時の処置などが火気使用許可の条件である。

3章 模擬試験

ロ．コンビ則適用事業所において、緊急事態発生時、毒性ガスを取り扱う設備内に残留した毒性ガスをそのまま大量の空気で希釈しながらベントスタックより放出した。

ハ．設備診断技術とは、非破壊試験や設備を切断して行った検査の結果を基に設備の異常や劣化の進捗状況を的確に把握し、機器の使用環境や材料の特性などを加味してその後の劣化の進行を想定し、設備の健全性を総合的に診断するものである。

ニ．塔槽類の進展中の潜在割れから放出される超音波によって、割れの存在を調べる方法として、アコースティック・エミッション（AE）試験と超音波探傷試験がある。

(1) イ、ロ　　(2) イ、ハ　　(3) ロ、ニ　　(4) イ、ハ、ニ　　(5) ロ、ハ、ニ

模擬試験1の解説・解答

模擬試験1の解説・解答

学 識

【問1】 ［模擬試験1　学識］

【正解】(1) ロ

イ. (×) μ（マイクロ）は SI 接頭語の1つであり、10^{-6} を表す。また、$1\,\text{m} = 10^3\,\text{mm}$ である。

したがって、

$20\,\mu\text{m} = 20 \times 10^{-6}\,\text{m} = 2 \times 10^{-5}\,\text{m} = 2 \times 10^{-5} \times 10^3\,\text{mm} = 2 \times 10^{-2}\,\text{mm}$

ロ. (○) 正しい。$1\,\text{kg} \times 2\,\text{m/s}^2 = 2\,\text{kg}\cdot\text{m/s}^2 = 2\,\text{N}$

ハ. (×) 1 W とは、1 s 当たり 1 J の仕事が行われるときの仕事率であるから、記述の仕事率は、

$1\,\text{J} \div 0.1\,\text{s} = 10\,\text{J/s} = 10\,\text{W}$

ニ. (×) 底面 $1\,\text{m}^2$、高さ 10 m の水柱を考える。水の密度を $10^3\,\text{kg/m}^3$ とする。

水柱質量………………$10^3\,\text{kg/m}^3 \times 1\,\text{m}^2 \times 10\,\text{m} = 10^4\,\text{kg}$

水柱にかかる重力……$10^4\,\text{kg} \times 9.8\,\text{m/s}^2 = 9.8 \times 10^4\,\text{kg}\cdot\text{m/s}^2 = 9.8 \times 10^4\,\text{N}$

水柱底面圧力…………$9.8 \times 10^4\,\text{N/m}^2 = 9.8 \times 10^4\,\text{Pa} = 0.098\,\text{MPa}$

水柱底面圧力と大気圧の和

$0.098\,\text{MPa} + 0.101\,\text{MPa} = 0.199\,\text{MPa} \fallingdotseq 0.2\,\text{MPa} = 200\,\text{kPa}$

【問2】 ［模擬試験1　学識］

【正解】(2) $0.44\,\text{m}^3$

【解説】理想気体の状態方程式 $pV = nRT$ を使って計算する。この式を変形して

$V = nRT/p$

空気 5.0 kg の物質量 n は、空気のモル質量が 28.966×10^{-3} kg/mol であるから、

$n = 5.0\,\text{kg} / (28.966 \times 10^{-3}\,\text{kg/mol}) \fallingdotseq 173\,\text{mol}$

この数値と $p = 1.0\,\text{MPa} = 1.0 \times 10^6\,\text{Pa}$、$T = 273 + 30 = 303\,\text{K}$、気体定数 $R = 8.31$ J/(mol・K)を上の式に代入すると、

$V = 173\,\text{mol} \times 8.31\,\text{J/(mol·K)} \times 303\,\text{K} / (1.0 \times 10^6\,\text{Pa}) = 0.4356\,\text{m}^3 \fallingdotseq 0.44\,\text{m}^3$

＊理想気体の計算では、まずは理想気体の状態方程式 $pV = nRT$ で計算できないかを考える。

3章　模擬試験

　ガス定数Rの値は、問題文中に示されることはほとんどないので、$R=8.31$ J/(mol·K)は覚えておくこと。

【問3】　［模擬試験1　学識］
　【正解】（2）イ、ハ
　イ．（○）圧力差$\Delta p=0.5$ MPa$=0.5\times10^6$ Pa で、受圧面積$A=0.1$ m^2 のピストンが、距離$l=1$ m 移動するときの仕事量Wは、
$$W=\Delta p A l=0.5\times10^6\text{ Pa}\times0.1\text{ m}^2\times1\text{ m}=50\times10^3\text{ J}=50\text{ kJ}$$
であり、正しい。
　ロ．（×）断熱変化では$pV^\gamma=$一定が成立し、$V_1=1$ m^3、$V_2=0.1$ m^3 のときの圧縮比p_2/p_1 は、
$$\frac{p_2}{p_1}=\left(\frac{V_1}{V_2}\right)^\gamma=\left(\frac{1}{0.1}\right)^\gamma=10^\gamma$$
　ハ．（○）正しい。記述の過程が可逆過程とすれば、等しい温度になった後に、元の100℃の物体と 0℃の物体に戻ることができることになる。このためには、低温物体から高温物体に熱が移動する必要があるが、これは、熱力学の第二法則の「熱はそれ自体では、低温度の物体から高温度の物体へ移ることはできない」より、不可能である。
　よって、この過程は不可逆過程である。
　ニ．（×）カルノーサイクルの熱効率$\eta_c=1-T_1/T_2$ であり、高・低熱源の温度比のみで定まる。

【問4】　［模擬試験1　学識］
　【正解】（3）ロ、ハ
　イ．（×）誤り。等温変化の場合は、加えられた熱量はすべて気体が外部になす仕事に使われる。**温度一定なら内部エネルギーも一定です。**　重要
　ロ．（○）正しい。
　ハ．（○）正しい。
　ニ．（×）誤り。等温変化の場合の仕事は
$$W=nRT\ln(V_2/V_1)=nRT\ln(p_1/p_2)=Q$$
この式より、圧力比が等しい場合、W は絶対温度T に比例することになる。

【問5】　［模擬試験1　学識］
　【正解】（2）イ、ハ
　イ．（○）正しい。ろうそくの炎は、気化した可燃性ガスが周辺の支燃性ガスと燃焼の場で混合する拡散火炎であり、一方、ブンゼンバーナの炎は、両者のガスがあらかじ

228

め混合されており、予混合火炎である。

　ロ．（×）プロピレンの完全燃焼反応は次式で表されるから、モル数でプロピレンの 4.5 倍の酸素 O_2 が理論上必要である。

$$C_3H_6 + 9/2\,O_2 \rightarrow 3\,CO_2 + 3\,H_2O$$

　ハ．（〇）正しい。水素やアセチレンは、最小発火エネルギーおよび消炎距離が特に小さく、最も消炎しにくいガスである。

　ニ．（×）希釈ガスは、爆発上限界を下げる効果が大きいが、ガスの種類によって希釈効果が異なる。二酸化炭素は、窒素よりモル熱容量が大きく冷却効果が大きいので希釈効果が大きい。

【問 6】　［模擬試験 1　学識］
　【正解】（5）ハ、ニ
　イ．（×）レイノルズ数 $Re = D\bar{u}\rho/\mu = D\bar{u}/\nu$ は無次元の値であり、内径 D、平均流速 $\bar{u}$、密度 ρ に比例し、粘性係数 μ に反比例する。ν は動粘度であり、$\nu = \mu/\rho$ で表される。
　ロ．（×）$Re < 2\,100$ で層流、$Re > 4\,000$ で乱流であり、Re が $1\,800$ のとき、流れは層流である。
　ハ．（〇）正しい。
　ニ．（〇）正しい。円管内の摩擦損失は、乱流では管内壁との外部摩擦が大きく、内壁の粗度の影響が大きい。一方層流では、液の速度勾配による内部摩擦によって生じるので粘度に比例する。

【問 7】　［模擬試験 1　学識］
　【正解】（4）ロ、ニ
　イ．（×）銅合金は、オーステナイト系ステンレス鋼より熱伝導率が大きい。したがって銅合金チューブのほうが伝熱量は大きい。
　ロ．（〇）正しい。
　ハ．（×）熱交換器は、高温流体→固体壁→低温流体へと熱が移動し、対流および伝導伝熱が主体である。一方加熱炉は、高温のため放射伝熱が主体である。
　ニ．（〇）正しい。

【問 8】　［模擬試験 1　学識］
　【正解】（5）ロ、ハ、ニ
　イ．（×）丸棒は、荷重の加わっている方向（軸方向）に伸び、荷重の加わっている方向と垂直な方向（軸と垂直な方向）に縮むので、軸と垂直な面である横断面積は**減少**する。

3章　模擬試験

ロ. （○）$\sigma = E\varepsilon$、$\varepsilon = \dfrac{\lambda}{l}$

$\therefore \quad \sigma = E\dfrac{\lambda}{l}$

ここで、$\sigma = 200 \text{ MPa}$、$E = 200 \times 10^9 \text{ Pa} = 2 \times 10^5 \text{ MPa}$、$l = 1 \text{ m} = 1 \times 10^3 \text{ mm}$
よって、

$$200 = 2 \times 10^5 \times \frac{\lambda}{1 \times 10^3}$$

$\therefore \quad \lambda = 1 \text{ mm}$

ハ. （○）$\sigma = E\varepsilon$ であり、E の値がわかっているから、軸方向ひずみ（縦ひずみ）ε を測定し、その値がわかれば、応力 σ が計算できる。

ニ. （○）両端が固定されていなければ（自由に膨張・収縮できるならば）、温度の低下により収縮が生じる（その収縮量を λ とする）。両端が固定されていることにより、本来収縮するはずの量 λ 分だけ引っ張られることになるから、温度低下により軸方向に引張りの熱応力が生じる。

〖問9〗　［模擬試験1　学識］
【正解】（4）ロ、ハ

イ. （×）円筒胴の内径を D_i、厚さを t とするとき、$t/D_i \leqq 0.25$ なら薄肉円筒胴、$t/D_i > 0.25$ なら厚肉円筒胴としている。この設問の場合、外径を D_o とすると、

$D_i = 900 \text{ mm}$

$t = (D_o - D_i)/2 = (1\,400 \text{ mm} - 900 \text{ mm})/2 = 250 \text{ mm}$

であるから、

$t/D_i = 250 \text{ mm}/900 \text{ mm} \fallingdotseq 0.28$

となるから薄肉円筒とみなしてはいけない。

ロ. （○）正しい。半径応力 σ_r の大きさは内面で $-p$、外面で 0 となる。薄肉の場合には、σ_r の大きさは軸応力や円周応力と比べて非常に小さいので、$\sigma_r \fallingdotseq 0$ と考えて無視してよい。

ハ. （○）正しい。$\sigma_\theta = 2\sigma_z$ である。

ニ. （×）円周応力 σ_θ は $\sigma_\theta = pD_i/(2t)$ である。

〖問10〗　［模擬試験1　学識］
【正解】（1）イ

イ. （○）正しい。特に大型圧力容器など厚肉の構造物では、水圧テストの水温などに配慮する必要がある。

230

ロ．(×) 3.5Ni 鋼は低温鋼として使用されるが、延性-脆性遷移温度は-110℃以上であり、-160℃近くまでになる常圧の液化天然ガス貯槽には使用できない。9.0Ni 鋼または延性-脆性遷移温度を示さないオーステナイト系ステンレス鋼が使用される。

ハ．(×) アルミニウムは、腐食電位が低く腐食されやすい金属であるが、不動態皮膜形成により耐食性が向上する。しかしこの皮膜は酸や Cl⁻ により破壊されやすく、局部腐食が生じる。

ニ．(×) ステンレス鋼は、高温ガスの組成や温度条件により浸炭または脱炭を起こす。特に浸炭が生じると侵入炭素とクロムなどとで炭化物が生成し固溶クロム濃度が低下し材料が劣化する。

【問 11】 ［模擬試験 1　学識］
【正解】(4) ロ、ハ

イ．(×) 低温割れを防止するためには、発生する応力を低減するために、拘束を小さくする。

ロ．(○) オーステナイト系ステンレス鋼を溶接すると、その熱影響部の結晶粒界では鋼中のクロムと炭素が結合して炭化クロムとなる。このためクロム濃度が低下し不動態皮膜を生成できなくなる。これを鋭敏化と呼ぶ。

ハ．(○) タングステン巻込みは、ティグ溶接において、溶接のスタート時や過大電流を用いたことなどにより、タングステン電極の一部が溶け、ビード中に混入したものである。

ニ．(×) ブローホールは、溶接金属中に生じる空洞でガスが存在している。この原因は溶接材料の吸湿、開先のさび、油の付着、空気の巻込みなどであり、溶接施工を適正に管理することにより防止する。

【問 12】 ［模擬試験 1　学識］
【正解】(4) イ、ロ、ニ

イ．(○) 正しい。高圧ガスの貯槽として球形貯槽を採用した場合、全体の重量が軽減できるので経済的に有利である。

ロ．(○) 正しい。

ハ．(×) 金属ガスケットは締付けによる変形後の復元力が小さいため、高温配管に使う場合は高温増し締め（ホットボルティング）が必要である。

ニ．(○) 正しい。一般に高温高圧の反応塔などの大口径の部分のガスケットとしてこの方法が用いられる。

3章　模擬試験

【問 13】　［模擬試験 1　学識］
【正解】（1）イ、ニ
　イ．（○）正しい。隔膜式圧力計は、高粘度液、スラリー液、凝固性流体などの圧力測定に適している。
　ロ．（×）抵抗温度計の抵抗素線には白金が最適な材料である。
　ハ．（×）流れの乱れによる測定誤差を防止するためのオリフィス板前後に要する直管長さは、上流側は管内径の 10 〜 80 倍、下流側は管内径の 4 〜 8 倍である。
　ニ．（○）正しい。

【問 14】　［模擬試験 1　学識］
【正解】（3）ロ、ハ
　イ．（×）遠心ポンプで流量が増えると、一般に揚程は下がり、一方、軸動力は増え、締切り時が最小である。
　ロ．（○）正しい。取扱い液の密度が変化しても、遠心ポンプの全揚程 h〔m〕は変化しない。
　一方、全圧力 $p = \rho g h$〔Pa〕は密度 ρ に比例する。
　ハ．（○）正しい。ターボ形ポンプでは、次のような回転数 N に対する比例則がほぼ成立する。
　　　流量 $q \propto N$、揚程 $h \propto N^2$、軸動力 $P \propto N^3$
　ニ．（×）遠心ポンプがキャビテーションを起こさない条件は
　　　利用し得る NPSH ＞必要 NPSH
であり、必要 NPSH が小さい低 NPSH ポンプを使用するほうがキャビテーション防止に有効である。

【問 15】　［模擬試験 1　学識］
【正解】（1）イ、ニ
　イ．（○）内圧がかかるとボルトは伸びてガスケットの初期締付け圧は小さくなる。このときガスケットに最小必要圧縮力が残っていないと、漏れを防止することはできない。
　ロ．（×）ボルトの片締めにならないためには相対締付け法が有効である。上下、左右、対称に順番に締め付け、最後に全ボルトを一周して締め付ける。
　ハ．（×）金属リングガスケットはシール性能や強度の面で優れているが、締付けによる変形後の復元力が小さいため高温配管に使用するときは高温増し締めを行う。
　ニ．（○）高温、高圧のフランジの場合は材質がクロムモリブデン鋼の両ねじボルトを使用する。

模擬試験 1 の 解説・解答

~~~~~~~~ **保安管理技術** ~~~~~~~~

【問 1】 ［模擬試験 1　保安管理技術］
【正解】(4) ロ、ハ

イ．(×) 爆発限界の値はガスの温度により変化するが、その変化は一般に直線的であり、温度が上昇すると下限界値は低下し、上限界値は上昇する。

ロ．(○) メタンの空気中での爆発上限界は 15 vol% であるのに対して、酸素中では 60 vol% に上昇する。同様にエチレンでは 36 vol% が 80 vol% に上昇する。

ハ．(○) 爆発範囲内にある可燃性混合ガスを発火させるエネルギーは、化学量論組成付近で最小となるが、爆発限界付近では非常に大きな値を必要とする。

ニ．(×) 可燃性混合ガス中を伝ぱする火炎が細い管や狭いすき間に進入すると、周囲の壁で冷却されて火炎が維持できなくなり消炎する。そこで、火炎が消炎する最大のすき間距離を消炎距離という。

【問 2】 ［模擬試験 1　保安管理技術］
【正解】(3) ロ、ニ

イ．(×) 塩素は水素と爆鳴気をつくる。乾燥した塩素ガスは常温では金属に対する腐食性がほとんどない。湿った塩素に対して耐食性のあるチタンも、乾燥した塩素に対して激しく反応する。

ロ．(○) アセチレンは吸熱化合物であり、分解爆発を起こす危険性が高い。また銅およびその塩と接触すると金属アセチリドが生成し、それが極めて容易に分解を起こし、アセチレンの分解爆発を引き起こす危険性が高い。

ハ．(×) 空気中の水素の最小発火エネルギーは極めて小さいが、熱に対して安定で 2 000℃ の高温で解離する割合は極めて小さい。

ニ．(○) 化学的に比較的安定であり、大気中の寿命が長いので、地球温暖化への影響が大きい。

【問 3】 ［模擬試験 1　保安管理技術］
【正解】(2) ロ

イ．(×) 高張力鋼の特徴は、降伏点／引張強さ、すなわち降伏比が大きいことで、軟鋼が 0.6 以下であるのに対して、高張力鋼は 0.7 以上である。

ロ．(○) 正しい。

ハ．(×) ステンレス鋼を溶接すると、熱影響部の結晶粒界で鋼中のクロムと炭素が結合して炭化クロムができ、クロム濃度が低下するため不動態皮膜ができなくなり粒界腐食が起きる。

ニ．（×）ステンレス鋼の鋭敏化が原因の腐食は粒界腐食である。

【問4】［模擬試験1　保安管理技術］
【正解】(2)　イ、ニ
　イ．（○）被測定物から放射される赤外線を赤外線カメラで捉えて画像処理をし、視覚に表したものにサーモグラフィがある。保温材の損傷を画像の濃淡で検出する。
　ロ．（×）固形物が混入した流体の圧力測定には隔膜式圧力計が用いられる。隔膜部とブルドン管の間にシリコンオイルなどの液体を封入したものである。
　ハ．（×）電磁流量計は導電性の流体に適用できるものである。
　ニ．（○）気相が凝縮性のガスの場合には、差圧式液面計の低圧側に凝縮液をためるコンデンスポットを設け、導圧管を凝縮液で満たしておく。

【問5】［模擬試験1　保安管理技術］
【正解】(4)　イ、ハ、ニ
　イ．（○）正しい。
　ロ．（×）高温配管には突合せ溶接形フランジが良い。
　ハ．（○）正しい。

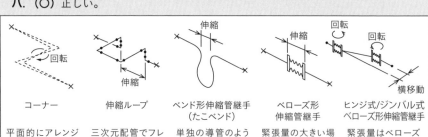

　ニ．（○）題意のとおり。エルボレス配管は、エルボの曲率半径（$r = 1.5D$、ここでDは管外径）に近い半径で管を曲げ加工してベンドをつくることで、溶接箇所を減らし、エルボを使った場合と同じルート形状を確保できる特徴がある。エルボレス配管では曲げ加工前の管および曲げ加工時のそれぞれに製作公差があるため、曲げ箇所の減肉に対

し、管内圧に対する強度を確保するため初期管肉厚の選定に注意する必要がある。

【問6】 ［模擬試験1 保安管理技術］
【正解】(2) イ、ニ

イ．（○）バイパス弁を開いて風量の一部を吸入側へ戻すことにより、圧縮機内の風量をサージング限界以上として運転する。

ロ．（×）圧縮機の風量を増加しサージング限界と反対側の領域へ移動することでサージング防止が可能となる。風量を変化させずに回転数を上げると吐出し圧力が上昇しサージング限界に近づくことになり、サージング防止とはならない。

ハ．（×）吐出し弁を絞り吐出し圧力を上げると風量が減少しサージング限界に近づくことになるのでサージング防止にならない。

ニ．（○）羽根車入口の案内羽根の角度を調節することで、羽根車への気流の流入角度が変わる。案内羽根の角度を小さくし、風量を変化させなければサージング限界から離れることになる。

【問7】 ［模擬試験1 保安管理技術］
【正解】(3)

イ-c 圧縮機の配管サポートを復旧しないと振動によりフランジ接合部などの疲労破壊やフランジの緩みが生じ漏れることがある。──振動による疲労破壊

ロ-d 炭酸ガス圧力調整器は比較的低い圧力で使用されるので、高圧窒素を使用すると耐圧圧力を超え破損する。──設備部品の誤使用

ハ-a 溶断機などのストレーナの清掃が不十分であると十分な流速が取れず火炎が不安定となり逆火することがある。──清掃不十分による逆火発生

ニ-b 高圧ガス容器を直射日光下に置くと容器の温度と圧力が上がることがある。高圧ガス容器は40℃以下にする。──不適切な環境

【問8】 ［模擬試験1 保安管理技術］
【正解】(5) ロ、ハ、ニ

イ．（×）遠心ポンプのグランドパッキン形式は、漏れが許容される場合に採用されるもので、パッキン押えのボルトを強く締め付けると、漏えいは一時的に止まっても摩擦による発熱が生じ、シャフトスリーブに傷がつき液漏れが始まる。

ロ．（○）正しい。

ハ．（○）正しい。

ニ．（○）正しい。

3章　模擬試験

【問9】　［模擬試験1　保安管理技術］
　【正解】(5) ロ、ハ、ニ
　　イ．（×）出題に述べられているフェーズ理論のレベルはフェーズⅢなので、出題の記述は誤りである。
　　ロ．（○）正しい。
　　ハ．（○）正しい。ETA は小規模のトラブルの波及拡大過程を解析するのに便利である。
　　ニ．（○）正しい。What-if は「もしこの機器が故障したらどういう状態になるか」という想定をして、それを回避する方策を解析する手法である。

【問10】　［模擬試験1　保安管理技術］
　【正解】(2) ロ、ハ
　　イ．（×）低電圧であっても設置場所の危険に応じた防爆レベルの対策が必要である。
　　ロ．（○）正しい。
　　ハ．（○）正しい措置である。非常用電源の蓄電池の容量は、一般に非常用発電設備が設置されている場合は5 〜 10 分程度、設置されていない場合は30 分程度の容量を確保する。
　　ニ．（×）無停電電源装置は常時常用電源と接続しておき、常用電源が停電した場合に蓄電池から無瞬断で負荷に対し電力を供給する。

【問11】　［模擬試験1　保安管理技術］
　【正解】(2) ロ、ハ
　　イ．（×）入口配管は、弁の呼び径と同じかそれ以上の管径とする。小さい管径に設置した場合には、入口部での圧力損失が大きくなって系の圧力が十分に下がる前に安全弁が閉止して再び開となる不安定な作動を繰り返すおそれがある。
　　ロ．（○）正しい措置である。
　　ハ．（○）正しい取扱方法である。
　　ニ．（×）破裂板は、通常金属の薄板が使われているので、作動を確実にするために定期的に交換する必要がある。

【問12】　［模擬試験1　保安管理技術］
　【正解】(5) ロ、ハ、ニ
　　イ．（×）燃焼ガスに重質の炭化水素が含まれている場合や燃焼用空気が不足した場合は、黒煙が発生することがある。供給空気の混合比率を下げると黒煙発生のおそれがある。

236

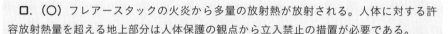

ロ．（○）フレアースタックの火炎から多量の放射熱が放射される。人体に対する許容放射熱量を超える地上部分は人体保護の観点から立入禁止の措置が必要である。

ハ．（○）毒性ガスをベントスタックから放出する場合は、除害のための措置を講じたあと行う。亜硫酸ガスの除害剤にはカセイソーダ水溶液などを使用する。

ニ．（○）正しい設定方法である。

【問 13】 ［模擬試験 1　保安管理技術］
【正解】(3) ハ、ニ

イ．（×）配管内を流れる流体は、急速に流速が低下すると配管、バルブなどに衝撃を与え、破壊を起こすおそれがある。

ロ．（×）バルブを操作する場合は、バルブの材質、構造および内部流体を熟知し、過大な力を加えないように操作する。規定のハンドル廻しによって開閉操作が困難な場合は、速やかに操作を中止する。

ハ．（○）正しい操作方法である。

ニ．（○）正しい操作方法である。

【問 14】 ［模擬試験 1　保安管理技術］
【正解】(2) イ、ハ

イ．（○）耐圧試験において、やむをえない理由で水を満たすことが不適当な場合には、空気など危険性のない気体で行うことができる。この場合には、あらかじめ放射線透過試験を行う必要がある。

ロ．（×）耐圧試験は、試験圧力において、ふくらみ、伸び、漏えいなどの異常がないときを合格とする。音響試験は継目なし容器の欠陥の有無を判定するものである。

ハ．（○）正しい使用方法である。

ニ．（×）試験の結果、漏えいを認められた場合、部品取替え・修理などの処置を講じて再度気密試験を行う。高圧状態での増し締めは危険である。

【問 15】 ［模擬試験 1　保安管理技術］
【正解】(2) イ、ハ

イ．（○）正しい。

ロ．（×）ヒータなどの高熱体も工場内での管理の対象となる火気である。

ハ．（○）正しい措置である。

ニ．（×）ガス置換後の塔槽内のそれぞれの濃度は、可燃性ガスがそのガスの爆発下限界値の 1/4 以下、毒性ガスがそのガスの許容濃度以下でなければならない。

模擬試験2の解説・解答

模擬試験2の解説・解答

学 識

【問1】［模擬試験2　学識］
【正解】(3) ハ、ニ

イ．(×) km^2 は $(km)^2 = (10^3\,m)^2 = 10^6\,m^2$ であって $k\,(m^2)$ ではない。ときどき使う cm^2 や cm^3 を考えるとよい。

ロ．(×) 積の形の組立単位では単位の間を中点（・）で区切る以外に、間隙で区切ることもできる。例：粘度の単位のパスカル秒は、Pa・s、Pa s どちらでもよい。

ハ．(○) 正しい。

ニ．(○) 正しい。

【問2】［模擬試験2　学識］
【正解】(4) 94 kPa

各成分の分圧は、各成分のモル数（物質量）に比例する。

気体Aのモル数（物質量）は　$20/16 = 1.25$ mol　→　分圧　20 kPa

気体Bのモル数（物質量）は　$63/30 = 2.1$ mol　→　分圧　20 kPa×2.1/1.25 = 33.6 kPa

気体Aのモル数（物質量）は　$110/44 = 2.5$ mol　→　分圧　20 kPa×2.5/1.25 = 40 kPa

全圧は　$20 + 33.6 + 40 = 93.6$ kPa

≪別解≫

全物質量　$n = n_A + n_B + n_C = 1.25 + 2.1 + 2.5 = 5.85$ mol

全圧を p、気体Aの分圧を p_A とすると

　$p : p_A = n : n_A$　なので、　$p n_A = p_A n$

これより、$p = p_A n/n_A = 20$ kPa×5.85 mol/1.25 mol = 93.6 kPa ≒ 94 kPa

【問3】［模擬試験2　学識］
【正解】(2) イ、ハ

イ．(○) 正しい。体積 V_1、圧力 p_1 のガスを、体積 V_2 まで断熱および等温圧縮したときのガス圧力をそれぞれ p_{2ad}、p_{2iso} とすると、比熱比 $\gamma > 1$ であり

$$p_{2ad} = \left(\frac{V_1}{V_2}\right)^\gamma p_1 > p_{2iso} = \left(\frac{V_1}{V_2}\right) p_1$$

となり、p-V 線図（右図）でも示すように、断熱圧縮のほうが高圧になる。

ロ．（×）断熱圧縮における圧力は

$$p_{2ad} = \left(\frac{V_1}{V_2}\right)^\gamma p_1$$

であり、比熱比 γ が大きいガスのほうが高圧になる。

ハ．（○）正しい。閉じた系のガスが等温および断熱膨張するとき発生する仕事量をそれぞれ W_{iso}、W_{ad} とすると（右図）

W_{iso} ＝面積①②$_{iso}V_2V_1$

W_{ad} ＝面積①②$_{ad}V_2V_1$

であり、$W_{iso} > W_{ad}$ である。

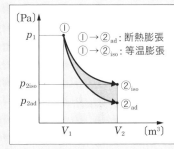

ニ．（×）実在ガスの比熱（定圧比熱容量または定容比熱容量）の値は、ガスの温度・圧力によって変化する。

【問4】 ［模擬試験2 学識］
【正解】(4) ロ、ニ

イ．（×）理想気体 1 mol を圧力一定で温度 T_1 から T_2 まで加熱したときの内部エネルギーの変化 ΔU は、定圧モル熱容量 $C_{m,p}$ を用いて、$\Delta U = C_{m,p}(T_2 - T_1) - p\Delta V$ で表される。なお、p は圧力、ΔV は気体の体積変化である。定容モル熱容量 $C_{m,V}$ を用いると、$\Delta U = C_{m,V}(T_2 - T_1)$ で表される。

ロ．（○）正しい。

ハ．（×）理想気体の等温変化では、加えられた熱量はすべて気体が外部になす仕事に使われ、内部エネルギーは変化しない。

ニ．（○）正しい。

【問5】 ［模擬試験2 学識］
【正解】(3) ロ、ニ

イ．（×）ガスの温度が上昇すると、一般に下限界が下がり、上限界が上がり、爆発範囲が拡大する。

ロ．（○）正しい。爆風圧が正圧から負圧に変わるとき風向は逆方向に変わる。

3章　模擬試験

ハ．（×）最大安全すきまは、容器内で発生した火炎が外部に伝ぱしなくなるすき間の安全値であり、値が小さいガスほど消炎しにくく爆発が生じやすい。

最大安全すきまの例：水素 0.28 mm、メタン 1.14 mm

ニ．（〇）正しい。可燃性の微粉が空気中に浮遊または流動していると、着火しやすくなり、粉じん爆発を起こすことがある。

【問6】［模擬試験2　学識］

【正解】(4) イ、ハ、ニ

イ．（〇）正しい。$Re > 4 \times 10^3$ では乱流で、$Re < 2 \times 10^3$ では層流である。$2 \times 10^3 < Re < 4 \times 10^3$ では流れの状態によって変わる遷移範囲である。

ロ．（×）管中心部の流速は、平均流速に対し、層流では2倍であり、乱流では1.2倍前後と差が小さくなる。

ハ．（〇）正しい。摩擦損失は、乱流では平均流速のほぼ2乗に比例し、層流では平均流速に比例する。

ニ．（〇）正しい。摩擦損失は、乱流では管内壁の粗さの影響が大きく、層流では流体の粘度の影響が大きい。

【問7】［模擬試験2　学識］

【正解】(4) イ、ロ、ニ

イ．（〇）正しい。

ロ．（〇）正しい。

ハ．（×）到達熱放射エネルギーのすべてを吸収する物体を黒体といい、熱放射率 ε ＝1であり、一方、$\varepsilon < 1$ で ε の値が表面状態、温度、放射線波長などによってあまり変化しない物体を灰色体という。

ニ．（〇）正しい。

【問8】［模擬試験2　学識］

【正解】(3) イ、ニ

イ．（〇）正しい。

ロ．（×）延性−脆性遷移温度は、衝撃試験を行い、延性破面率または吸収エネルギーが延性から脆性へ 50% 変化する遷移温度として求めるものである。

ハ．（×）絞り（断面減少率）は、引張試験を行い、その破断後の最小断面積と元の断面積から算出した断面積の減少率で表すものである。

ニ．（〇）繰返し応力（応力振幅）の値（S）と破断するまでの応力の繰返し数（N）との関係を示した線図を S-N 線図（S-N 曲線）という。

模擬試験 2 の 解説・解答

【問9】 ［模擬試験 2 学識］
【正解】(5) ハ、ニ
両端閉じ薄肉円筒容器胴部に生じる応力は

$$軸応力：\sigma_z = \frac{pD}{4t} \quad\cdots\cdots\cdots\cdots\cdots\cdots\cdots\cdots\cdots\cdots\cdots\cdots\cdots\cdots①$$

$$円周応力：\sigma_\theta = \frac{pD}{2t} \quad\cdots\cdots\cdots\cdots\cdots\cdots\cdots\cdots\cdots\cdots\cdots\cdots②$$

$$半径応力：\sigma_r \ll \sigma_z、\sigma_\theta \quad\cdots\cdots\cdots\cdots\cdots\cdots\cdots\cdots\cdots③$$

$$\sigma_\theta = 2\sigma_z \quad\cdots\cdots\cdots\cdots\cdots\cdots\cdots\cdots\cdots\cdots\cdots\cdots\cdots\cdots\cdots\cdots④$$

$$\sigma_\theta > \sigma_z > \sigma_r \fallingdotseq 0 \quad\cdots\cdots\cdots\cdots\cdots\cdots\cdots\cdots\cdots\cdots\cdots⑤$$

イ．（×）③により、半径応力 σ_r は、軸応力 σ_z、円周応力 σ_θ に比べてはるかに小さい。
ロ．（×）①により、軸応力 σ_z は、肉厚 t に**反比例**する。
ハ．（○）②のとおり。
ニ．（○）⑤により、最大応力は円周応力 σ_θ である。

【問10】 ［模擬試験 2 学識］
【正解】(3) イ、ニ
イ．（○）正しい。
ロ．（×）鉄を室温から加熱する場合、温度上昇とともに、bcc（体心立方格子）→ fcc（面心立方格子）→ bcc（体心立方格子）と相変態する。
ハ．（×）マクロ腐食電池ではなくミクロ腐食電池。
ニ．（○）正しい。

【問11】 ［模擬試験 2 学識］
【正解】(1) イ、ロ
イ．（○）余盛止端部を平滑に仕上げることによって、応力集中を緩和することができる。
ロ．（○）溶接前に予熱処理を行うと、溶接開先に残る水分を追い出すことによって、拡散性水素の原因物質を追い出すことになる。
ハ．（×）溶接後熱処理を行うことによって、表面硬度は低下する。
ニ．（×）炭素当量の低い材料を選定することが割れの防止に有効である。

【問12】 ［模擬試験 2 学識］
【正解】(5) ハ、ニ
イ．（×）反応器はその中で化学反応を起こす設備の総称で、その中で流動床式は、固体触媒粒子が流動化した状態で**ガス**と接触して反応を起こさせるものである。
ロ．（×）球形貯槽は、天然ガスなどの圧縮ガスやプロパン、ブタンなどの液化ガス

3章　模擬試験

を高圧で大容量貯蔵するのに適した形式で、使用材料として、かつてはボイラ用圧延鋼材を使用するのがほとんどであったが、近年は**高張力鋼**が広く使われている。

ハ．（○）正しい。

二．（○）正しい。

【問13】　［模擬試験2　学識］

【正解】(2) ロ、ハ

イ．（×）ガラス製温度計は、構造が簡単なうえ、比較的精度の高い温度測定が可能である。

ロ．（○）正しい。

ハ．（○）正しい。

二．（×）隔膜式圧力計は腐食性流体、高粘度流体、スラリーなどの固形物が混入した流体、凝固しやすい流体などの特殊流体に用いられる。

【問14】　［模擬試験2　学識］

【正解】(1) イ、ロ

イ．（○）正しい。必要な NPSH は、ポンプ吸入部における速度ヘッド、摩擦損失およびインペラ入口の衝撃、揚力によって生じる圧力降下を合算したものである。流量が増えると、速度ヘッド、摩擦損失は増加し、必要 NPSH が大きくなる。

ロ．（○）正しい。締切り運転時の軸動力は、遠心ポンプでは最も小さく、一方、軸流ポンプでは最も大きい。

ハ．（×）揚程は、回転数のほぼ2乗に比例する。

二．（×）遠心ポンプは低粘度液に適したポンプであり、粘度が下がっても吐出し量は変わらない。

一方、歯車ポンプは、高粘度液に適しており、粘度が下がると吐出し量が減少する。

【問15】　［模擬試験2　学識］

【正解】(4) ロ、二

イ．（×）ボルトの軸力管理には、測定精度の高いマイクロメータによるボルト伸び測定データが必要である。

ロ．（○）正しい。

ハ．（×）局部的な増し締めは、ボルトの締付け力をかえって不均一にするので、ボルト全体に対して増し締めを行う。

二．（○）スタートアップ後の温度上昇が大きいものについては、ホットボルティングを適切に実施する。

模擬試験2の解説・解答

保安管理技術

【問1】 ［模擬試験2　保安管理技術］

【正解】 (1) **イ、ロ**

プロパン、水素、メタン、一酸化炭素、アンモニア、エチレンの爆発下限界、上限界は次のとおりである。

ガス名称	爆発下限界	爆発上限界
プロパン	2.1	9.5
水素	4.0	75
メタン	5.0	15.0
一酸化炭素	12.5	74
アンモニア	15	28
エチレン	2.7	36.0

イ. (○) 正しい。

ロ. (○) 正しい。

ハ. (×) アンモニアの爆発範囲は **15 ～ 28 vol%** である。

ニ. (×) 爆発範囲は、同一測定条件における爆ごう範囲より**広く**なる（爆ごう範囲は爆発範囲の内側にあり、爆発範囲よりも狭い。）。

【問2】 ［模擬試験2　保安管理技術］

【正解】 (3) **イ、ロ、ニ**

イ. (○) 正しい。酸化エチレンは、可燃性ガスであると同時に分解爆発性ガスであり、空気が存在しなくても着火により分解爆発を起こす。燃焼範囲は3.0～100 vol%である。

ロ. (○) 正しい。

ハ. (×) 炭酸ガスは無色、無臭のガスであるが、不燃性である。また、水にはよく溶解し、室温付近での溶解量は水とほぼ同体積である。

ニ. (○) 正しい。

【問3】 ［模擬試験2　保安管理技術］

【正解】 (3) **ロ、ハ**

イ. (×) 炭素鋼はC量の増加とともにパーライトが増加し、引張強さ・降伏点は大きくなり、逆に、伸び、絞り、衝撃値は小さくなる。

ロ. (○) 正しい。

ハ. (○) 正しい。

ニ. (×) 応力腐食割れは、①腐食しやすい材料、②腐食しやすい環境、③クラックが開く方向の引張応力が同時に存在すると起こる。

243

3章　模擬試験

【問4】　［模擬試験2　保安管理技術］
　【正解】(1) イ、ハ
　イ．（○）正しい。
　ロ．（×）フロートを用いた面積式流量計の流量は、フロート前後の差圧、流通面積、流量係数、流体の**密度**で表すことができる。
　面積式流量計において体積流量 q〔$\mathrm{m^3/s}$〕は次式で与えられる。

$$q = \alpha A \sqrt{\frac{2}{\rho}(p_1 - p_2)}$$

　ここで、α は流量係数、A はテーパ管とフロートのすき間の流通面積〔$\mathrm{m^2}$〕、ρ は流体の密度〔$\mathrm{kg/m^3}$〕、$p_1 - p_2$ は差圧〔Pa〕である。
　ハ．（○）正しい。
　ニ．（×）プラントや機器のスタート操作において、誤操作を防止するためのインターロックシステムは、**フール・プルーフ**の代表例である。

【問5】　［模擬試験2　保安管理技術］
　【正解】(2) ハ、ニ
　イ．（×）スイング逆止弁は、水平配管、垂直配管（ただし、流体が下から上へ流れる場合のみ）のいずれにも使用できる。
　ロ．（×）グローブバルブ（玉形弁）は、流量調整に適する。また、小口径品は、遮断用にも使用される。
　ハ．（○）正しい。
　ニ．（○）正しい。

【問6】　［模擬試験2　保安管理技術］
　【正解】(4) ロ、ハ
　イ．（×）インペラにはタールやごみなどが均一に付着するとは限らないので、アンバランス振動の原因となる。
　ロ．（○）正しい。
　ハ．（○）正しい。
　ニ．（×）基礎の沈下および傾きは振動の原因となる。

【問7】　［模擬試験2　保安管理技術］
　【正解】(3) ハ、ニ
　イ．（×）環境保全に特化したマネジメントシステムは、環境マネジメントシステム（ISO14001）である。このシステムは火災・爆発による環境汚染を未然に防止するばか

模擬試験 2 の 解説・解答

りではなく事業活動全般における環境への影響を改善するものである。レスポンシブル・ケア（RC）は、化学物質の製造から消費・廃棄に至るまでの安全、健康、環境を確保する自主活動で、総合管理システムである。RC は ISO14001 に比較し広範囲にわたるものである。

ロ．（×）災害・事故の発生件数は昭和 40 年代に増加したが、50 年代では減少し 100 件程度で続いていたが、平成 13 年頃より増加に転じ現在に至るまで年々増加する傾向にある。

ハ．（○）正しい。
ニ．（○）正しい。

〖問 8〗［模擬試験 2　保安管理技術］
【正解】(2) イ、ニ

イ．（○）正しい。

ロ．（×）遠心圧縮機のオイルフィルムシールは軸の周りにガス側と大気側にわずかなすき間を有するリングがはめ込まれ、2 つのリングの間にガス圧よりわずかに高い圧力の油を供給し、油膜を形成させ、ガスがすき間から大気中に漏れるのを防ぐ構造になっている。

ハ．（×）メカニカルシールの冷却、潤滑にはフラッシング、クーリング、クエンチングの方法がある。フラッシングは軸封内部の液を循環することにより熱を除去するもので、しゅう動面に異物や不純物が停滞することを防ぐ働きも兼ねており、冷却効果の最も高い方法である。

ニ．（○）正しい。

〖問 9〗［模擬試験 2　保安管理技術］
【正解】(1) イ、ロ

イ．（○）正しい。
ロ．（○）正しい。

ハ．（×）FTA は、頂上事象を設定し、その事象を出現させる原因を掘り下げ、洗い出していく解析手法である。

これに対し、ETA は、ある引金事象がどのような結果を引き起こしうるかを樹木の枝分かれ式に追究し分析する解析手法である。

ニ．（×）問題の記述は HAZOP についてのものである。

〖問 10〗［模擬試験 2　保安管理技術］
【正解】(5) ロ、ニ

3章　模擬試験

イ．（×）配管内を流動する流体は、静電気を蓄積する。

ロ．（○）正しい。

ハ．（×）水素もアセチレンも同じ程度に最小着火エネルギーが小さく、プロパンとの比較でいえば、放電着火を起こしやすい。

ニ．（○）正しい。

【問11】　［模擬試験2　保安管理技術］

【正解】（1）イ、ハ

イ．（○）正しい。

ロ．（×）防食めっきが施されていても、雨水や腐食性ガスに対して完全ではない。

ハ．（○）耐摩耗性、耐食性に優れた超硬合金で肉盛溶接されたものは、シート面のシール性に優れている。

ニ．（×）安全弁を長時間保管するときは、立てた状態に保つ。なお、防湿に配慮する必要があるので、乾燥空気雰囲気中に置くことは正しい。

【問12】　［模擬試験2　保安管理技術］

【正解】（2）イ、ハ

イ．（○）計器室内には多くの着火源があるので、計器室へのケーブル引込み口は、すき間に充てん物を詰めてシールすることによって、可燃性ガスの侵入を阻止することが必要である。

ロ．（×）アンモニアの除害には大量の水が適している。

ハ．（○）記述のとおり、海上に設置しても支障はない。

ニ．（×）ガス漏えい検知設備のガスサンプリング方式について、吸引型は拡散型に比べて検知時間の遅れは少ない。

【問13】　［模擬試験2　保安管理技術］

【正解】（2）ロ、ハ

イ．（×）毒性ガスの廃棄においては、大気圧近くまで毒性ガスを回収したのち、残留ガスを大気圧になるまで除害設備に導入して除害する。

ロ．（○）正しい。

ハ．（○）正しい。

ニ．（×）フレアースタック、ボイラなどの燃焼装置で燃焼させる方法は、燃焼により無害化される可燃性毒性ガスに対して、除害の方法として適用できる（すべての可燃性毒性ガスではないことに注意）。

246

模擬試験 2 の 解説・解答

【問 14】 ［模擬試験 2 　保安管理技術］
　【正解】（5）ロ、ハ、ニ
　イ．（×）通常使用しない行き止まり配管の内部は、常時稼働している配管の流体の渦が発生していたり、腐食生成物が堆積したりしている。常時稼働している配管より、厳しい腐食条件にさらされている事例が多い。
　ロ．（○）計器、例えば、圧力計および温度計は 1 年ごとに基準計器と比較検査を行い、所定の誤差以内であることを確認する必要がある。
　ハ．（○）正しい。
　ニ．（○）断熱部分に水分が浸入すると、長時間にわたり断熱材中に滞留し、配管外面で外面腐食（保温材下の腐食）が進展しやすい。外面腐食の検査が必要である。

【問 15】 ［模擬試験 2 　保安管理技術］
　【正解】（2）イ、ハ
　イ．（○）正しい。
　ロ．（×）可燃性ガス濃度は爆発下限界の 1/4 以下であることを確認する。
　ハ．（○）正しい。
　ニ．（×）塔槽の空気再置換の完了を確認した後、他の設備につながっている前後配管の弁を確実に閉止し、塔槽内作業が終了するまで弁または継手に仕切板を挿入しておく。

模擬試験3の解説・解答

模擬試験 3 の解説・解答

学 識

【問1】 ［模擬試験3　学識］

【正解】(1) イ、ハ

イ．(○) 正しい。

ロ．(×) km² は (km)² = (10^3 m)² = 10^6 m² であって k (m²) ではない。ときどき使う cm² や cm³ を考えるとよい。

ハ．(○) 正しい。

ニ．(×) 物体を 1 N の力で 1 m 動かすときの仕事が 1 J。1 J = 1 N・m。

【問2】 ［模擬試験3　学識］

【正解】(3) 537℃

気体の物質量は変化していないので、ボイル-シャルルの法則を使って計算する。

$$\frac{p_1 V_1}{273 + t_1} = \frac{p_2 V_2}{273 + t_2} = \frac{1.8 p_1 \times 1.5 V_1}{273 + t_2}$$

$$\frac{1.8 p_1 \times 1.5 V_1}{p_1 V_1} = 1.8 \times 1.5 = \frac{273 + t_2}{273 + t_1}$$

$273 + t_2 = 1.8 \times 1.5 \times (273 + t_1) = 1.8 \times 1.5 \times (273 + 27) = 810$

$t_2 = 810 - 273 = 537$℃

【問3】 ［模擬試験3　学識］

【正解】(5) ロ、ハ、ニ

イ．(×) 加熱量 Q 〔J〕、物質量 n 〔mol〕、モル熱容量 C_m 〔J/(mol・K)〕、温度変化 ΔT 〔K〕の関係は　$Q = n C_m \Delta T$

圧力一定の場合は、モル熱容量として定圧モル熱容量 $C_{m,p}$ を使って、$Q = n C_{m,p} \Delta T$

与えられた定容モル熱容量 $C_{m,V}$ から　$C_{m,p} = C_{m,V} + R = 20.8 + 8.31 = 29.1$ J/(mol・K)

題意より　$Q = n C_{m,p} \Delta T = 1 \times 10^3$ mol $\times 29.1$ J/(mol・K) $\times 80$ K $= 2.3 \times 10^6$ J $= 2.3$ MJ

ロ．(○) 理想気体では、定圧モル熱容量 $C_{m,p}$ 〔J/(mol・K)〕、比熱容量の比 γ、気体定数 R の関係は　$C_{m,p} = \dfrac{\gamma}{\gamma - 1} R$

これに、$\gamma=5/3$ を代入すると、$C_{m,p}=2.5R$ となる。

ハ．(○) ピストンの面積は $(\pi/4) \times 0.400 \text{ m} \times 0.400 \text{ m} = 0.126 \text{ m}^2$
仕事＝圧力×面積×距離＝$2 \times 10^5 \text{ Pa} \times 0.126 \text{ m}^2 \times 0.4 \text{ m} = 10 \times 10^3 \text{ J} = 10 \text{ kJ}$

ニ．(○) 必要な熱量 Q〔J〕は単位質量当たりの蒸発潜熱を λ〔J/kg〕、質量を m〔kg〕、比熱容量を c〔J/(kg・K)〕、初期温度と沸点の温度差を ΔT〔K〕とすると、

$Q = cm\Delta T + m\lambda$

この式の $m\lambda$：質量に代わり物質量ではどうなるか？ モル蒸発熱を $\Delta H_{m,b}$〔J/mol〕、物質量を n〔mol〕、質量を m〔kg〕、モル質量を M〔kg/mol〕とすると

$m\lambda = n\Delta H_{m,b} = \dfrac{m}{M}\Delta H_{m,b}$

$m\lambda = 0.1 \text{ kg}/(18 \times 10^{-3} \text{ kg/mol}) \times 40.7 \times 10^3 \text{ J/mol} = 226 \times 10^3 \text{ J} = 226 \text{ kJ}$
$cm\Delta T = 4.19 \text{ kJ}/(\text{kg}\cdot\text{K}) \times 0.1 \times (100-50) \fallingdotseq 21 \text{ kJ}$
（大気圧下での水の沸点は100℃）
$Q = cm\Delta T + m\lambda = 21 \text{ kJ} + 226 \text{ kJ} = 247 \text{ kJ}$

【問4】 ［模擬試験3 学識］
【正解】(5) ハ、ニ
イ．(×) 理想気体に体積一定の条件で熱を加えると、その熱は内部エネルギーの増加のみに使われる。
ロ．(×) 理想気体に圧力一定の条件で熱を加えると、その熱の一部は外部への仕事に使われる。
ハ．(○) 正しい。
ニ．(○) 正しい。

【問5】 ［模擬試験3 学識］
【正解】(1) イ、ロ
イ．(○) 正しい。
ロ．(○) 正しい。常温・常圧の空気中における最小発火エネルギーの最低値は、水素 1.6×10^{-5} J、酸化エチレン 6.5×10^{-5} J、メタン 28×10^{-5} J であり、水素、エチレン、酸化エチレンは発火エネルギーが極めて小さく、発火しやすいガスである。
ハ．(×) ほとんどの可燃性ガスは、圧力が高いほど爆発範囲の幅が広がる。なお、CO ガスは、逆に爆発範囲が狭くなる特異ガスである。
ニ．(×) メタノールの完全燃焼反応は次式で表されるから、モル数でメタノールの1.5倍の酸素 O_2 が理論上必要である。

$\text{CH}_3\text{OH} + (3/2)\text{O}_2 \rightarrow \text{CO}_2 + 2\text{H}_2\text{O}$

3章　模擬試験

【問6】　[模擬試験3　学識]
【正解】(3) ハ
　イ．(×) 管の断面積は　$(\pi/4)(0.100)^2 = 7.85 \times 10^{-3}$ m²
　　　体積流量は　$20/3\ 600 = 5.6 \times 10^{-3}$ m³/s
　　　平均流速＝体積流量/断面積＝$5.6 \times 10^{-3}/7.85 \times 10^{-3} = 0.71$ m/s
　ロ．(×)「位置エネルギー」が抜けている。
　ハ．(○) 正しい。層流の場合、摩擦によるエネルギー損失は平均流速に比例する。
　ニ．(×) レイノルズ数 Re は　$Re = D\bar{u}\rho/\mu$
　平均流速は　$\bar{u} = Re\mu/(D\rho) = 1\ 000 \times 0.10/(0.050 \times 800) = 2.5$ m/s
　レイノルズ数が 1 000 なので、この流体の流れは層流になる。**層流の場合、最大流速は平均流速の2倍になる**ので、題意は5 m/s となる。

【問7】　[模擬試験3　学識]
【正解】(1) イ、ハ
　イ．(○) 熱伝導による伝熱量 Φ は、

$$\Phi = kA\frac{\Delta t}{x}\ \text{(W)}$$

であり、通過面積 A (m²)、および温度差 Δt (K) に比例し、壁厚さ x (m) に反比例する。
　ロ．(×) 高温の炉では、炉内の熱伝導や対流による伝熱よりも熱の放射による伝熱が支配的となる。
　ハ．(○) 正しい。
　ニ．(×) ドルトンの法則ではなくヘンリーの法則。

【問8】　[模擬試験3　学識]
【正解】(3) ロ、ハ
　イ．(×) 応力-ひずみ線図において、降伏点が明確に現れない材料に対しては、通常、永久ひずみが 0.2% になるような限界の応力（0.2% 耐力）を降伏点の代わりに用いる。
　ロ．(○) 応力-ひずみ線図の下側の面積は、材料が破壊するまでに必要なエネルギーの大きさを表す。したがって、その面積が大きいほど靭性が高い。
　ハ．(○) 部材の表面が急激に冷却や加熱されると、まだ温度変化が起きていない部分からの変形の拘束によって、大きな熱応力を生じることがある。
　ニ．(×) 温度上昇によって部材が自由に熱膨張すると、変形に対する拘束はないので、部材内部に熱応力は発生しない。

模擬試験 3 の 解説・解答

〖問 9〗 ［模擬試験 3 　学識］
【正解】(2) イ、ニ

内径 D、肉厚 t の両端閉じ薄肉円筒に内圧 p が作用するとき、胴部に生じる応力は、次のとおりである。

円周応力　　　$\sigma_\theta = \dfrac{pD}{2t}$ 〔Pa〕

軸　応　力　　$\sigma_z = \dfrac{pD}{4t} = \dfrac{\sigma_\theta}{2}$ 〔Pa〕

半径応力　　　$\sigma_r \fallingdotseq 0$

イ．（○）正しい。$\sigma_r \fallingdotseq 0$ である。
ロ．（×）円周応力 $\sigma_\theta = pD/(2t)$ であり、肉厚 t に反比例する。
ハ．（×）軸応力 $\sigma_z = pD/(4t)$ である。
ニ．（○）正しい。$\sigma_\theta > \sigma_z = \sigma_\theta/2 \gg \sigma_r \fallingdotseq 0$ であり、最大応力は円周応力 σ_θ である。

〖問 10〗 ［模擬試験 3 　学識］
【正解】(2) イ、ハ

イ．（○）正しい。Ni は鋼材の遷移温度を下げる効果があり、9％ Ni 鋼は−196℃まで使用できる。
ロ．（×）鋼材は厚肉ほど遷移温度が上がる傾向がある。このため厚肉容器の耐圧試験では、遷移温度上昇を考慮して、水温を上げる。
ハ．（○）正しい。
ニ．（×）腐食環境中で繰返し応力を受けることにより、割れに至るまでの繰返し数が小さくなる現象は、腐食疲労である。一方、応力腐食割れは、特定腐食環境中で引張応力を受けたとき、割れが生ずる現象である。

〖問 11〗 ［模擬試験 3 　学識］
【正解】(4) イ、ロ、ニ

イ．（○）正しい。
ロ．（○）正しい。
ハ．（×）応力除去焼なましは、残留応力の除去、鋼の軟化、加工性の改善、機械的性質の改良を目的として行う。
ニ．（○）正しい。

3章　模擬試験

【問12】　［模擬試験3　学識］
【正解】(4) ロ、ハ
　イ．(×) 二重殻式円筒形貯槽は、通常、**内槽にはオーステナイト系ステンレス鋼な**どの低温用材料、**外槽には炭素鋼**が使われる。
　ロ．(○) 正しい。
　ハ．(○) 正しい。
　ニ．(×) 水素や毒性ガスを扱う配管では、ジョイントシートは繊維間から漏れる可能性があり、低圧であっても渦巻形ガスケットや膨張黒鉛シートガスケットを使うのがよい。

【問13】　［模擬試験3　学識］
【正解】(3) イ、ニ
　イ．(○) 正しい。
　ロ．(×) ガラス温度計は、液体の膨張を利用した温度計で、取扱いは簡単で、精度も高い。
　ハ．(×) 題意はフィードバック制御の説明である。フィードフォワード制御は、プロセスに外乱が入った場合、その外乱の影響が制御量の変化に現れる前にそれを打ち消す操作を加えることで外乱からの制御量への影響を未然に防ぐ制御であり、予測制御の一種でもある。
　ニ．(○) 正しい。

【問14】　［模擬試験3　学識］
【正解】(5) イ、ロ、ハ
　イ．(○) 正しい。
　ロ．(○) 正しい。断熱圧縮によって昇温された1段吐出しガスBを、中間冷却器で冷却し、2段吸入ガスDの温度を1段吸入ガス温度まで下げる。
　ハ．(○) 正しい。
　ニ．(×) 2段吐出しガスEは、Dのガスを断熱圧縮した状態であり、Dと同温のFより温度が高い。

【問15】　［模擬試験3　学識］
【正解】(3) ハ、ニ
　イ．(×) 細長い円筒状のピンホールから気体または液体が少量漏えいする場合、漏えい量はピンホールの内径の4乗に比例する。
　ロ．(×) オイルフィルムシールは非接触式で、ドライガスシールも運転中は非接触

252

式シールになる。
　ハ．(○) 正しい。
　ニ．(○) 正しい。

保安管理技術

【問1】 ［模擬試験3　保安管理技術］
【正解】(2) ハ
　イ．(×) 発火点と引火点は全く異なる温度である。
　ロ．(×) 可燃性ガスの爆発範囲は、圧力とともに変化し、一般には高圧になると下限界は低下し、上限界は上昇して、結果的に爆発範囲が広がる。
　ハ．(○) 正しい。
　ニ．(×) 発生の仕方が違っても、発生した爆ごうでは火炎が伝ぱする。火炎は燃焼反応が起こった結果であり、可燃性ガスの爆燃から発生する爆ごうでも燃焼反応は起こっている。

【問2】 ［模擬試験3　保安管理技術］
【正解】(2) イ、ニ
　イ．(○) 記述のとおりであり、事故例が報告されている。
　ロ．(×) 物質が酸素と化合することを酸化といい、熱と光を伴った化学反応を燃焼という。鋼材は酸素と燃焼反応する。
　ハ．(×) 塩素と水素の等体積混合気体が、塩素爆鳴気と呼ばれている。
　ニ．(○) LPガスとはプロパン、プロピレンおよびブタンなどを指す。LPガスの比重は空気の約1.5〜2倍なので、漏えいしたLPガスは、低所に滞留し引火爆発する危険性が大きい。

【問3】 ［模擬試験3　保安管理技術］
【正解】(1) イ、ロ
　イ．(○) 正しい。
　ロ．(○) 正しい。
　ハ．(×) 局部的に生じる孔状の侵食を孔食という。種々の金属に生じるが、塩化物環境にあるステンレス鋼で顕著である。不動態皮膜がCl^-によって局所的に破壊され、その部分を⊖極、周囲の皮膜健全部を⊕極とするマクロ腐食電池の作用による。**アルミニウムやその合金にも同様な機構による孔食が生じうる。**
　ニ．(×) 金属に繰返し応力が作用すると疲労によるき裂や破壊が生じるが、同時に腐食が作用すると、一定の応力付加条件下での割れに至る応力繰返し数が小さくなる。

3章　模擬試験

また、疲労の場合と異なり、**割れを生じなくなる応力の下限は存在しない**。応力腐食割れの場合と違って、ある程度以上の腐食性があれば腐食環境の種類は限定されない。

【問4】　［模擬試験3　保安管理技術］
　【正解】(5) イ、ロ、ハ、ニ
　　イ．(○) 正しい。
　　ロ．(○) 正しい。
　　ハ．(○) 正しい。
　　ニ．(○) 正しい。

【問5】　［模擬試験3　保安管理技術］
　【正解】(4) イ、ロ、ニ
　　イ．(○) 正しい。
　　ロ．(○) 正しい。
　　ハ．(×) ベローズ形伸縮管継手は、大きい内圧推力が発生するため、強固なサポートが必要である。
　　ニ．(○) 正しい。

【問6】　［模擬試験3　保安管理技術］
　【正解】(2) ロ
　　イ．(×) 吸入側における「利用しうるNPSH」を高くすることによって、キャビテーションは回避できる。
　　したがって、吐出し側の配管径を大きくしても有効ではない。
　　ロ．(○) 回転数を下げると「必要NPSH」は小さくなり、キャビテーションは回避できる。
　　ハ．(×) 液化ガスを加熱すると貯槽内圧は上昇する。同時に液の蒸気圧も上昇し、ポンプの「利用しうるNPSH」は変化しない。吸入配管に冷却装置を取り付け、液を冷却して液の蒸気圧を減少させれば、キャビテーション防止に有効となる。
　　ニ．(×) アキュムレータ設置は遠心ポンプのキャビテーション回避策とはならない。

【問7】　［模擬試験3　保安管理技術］
　【正解】(2) ロ、ハ
　　イ．(×) 環境基準が定められている11種の物質のうち、二酸化硫黄、一酸化炭素、光化学オキシダント、浮遊粒子状物質、二酸化窒素については連続測定器による常時モニタリングが行われている。

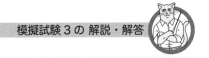

ロ．（○）正しい。
ハ．（○）正しい。
ニ．（×）災害や事故の主な原因としては、ヒューマンエラーのほかに設備の設計や製作の不良、設備の維持管理の不良など設備に起因するものもある。

【問 8】 ［模擬試験 3　保安管理技術］
【正解】（4）イ、ハ、ニ
イ．（○）正しい。
ロ．（×）インジェクションシールは大気側にも漏れるので、記述の状況でも同様である。
ハ．（○）正しい。
ニ．（○）正しい。

【問 9】 ［模擬試験 3　保安管理技術］
【正解】（5）ロ、ハ、ニ
イ．（×）フェーズ理論は、脳が全く働かない状態からパニック状態までの意識レベルを 5 段階のフェーズに分類している。
ロ．（○）正しい。
ハ．（○）正しい。
ニ．（○）正しい。

【問 10】 ［模擬試験 3　保安管理技術］
【正解】（4）イ、ロ、ニ
イ．（○）正しい。
ロ．（○）正しい。
ハ．（×）蓄電池は、二次電池に分類され、充電を行えば繰り返し使用できる。
ニ．（○）正しい。

【問 11】 ［模擬試験 3　保安管理技術］
【正解】（1）ハ
イ．（×）リフト形式では「揚程式安全弁」と「全量式安全弁」に分けられる。
ロ．（×）内容積 5 000 L 以上の可燃性ガス、毒性ガスまたは酸素の液化ガスの貯槽に取り付けた液化ガスの払出しまたは受入れのための配管には緊急遮断装置を設けなくてはならないが、一般則（一般高圧ガス保安規則）、液石則（液化石油ガス保安規則）適用の貯槽の液化ガス受入れ専用配管には、緊急遮断装置に代えて逆止弁を用いること

3章　模擬試験

ができる。

ハ．（○）正しい。

ニ．（×）多段式往復圧縮機においては、その各段を1つの圧力区分とする。

【問12】〔模擬試験3　保安管理技術〕

【正解】（1）イ、ニ

イ．（○）正しい。

ロ．（×）スチームの代わりに水、空気なども使用されることがある。

ハ．（×）水源の容量は、同時に放射を必要とする最大水量を30分間以上連続して放射できる量とする。

ニ．（○）正しい。

【問13】〔模擬試験3　保安管理技術〕

【正解】（3）ハ、ニ

イ．（×）フローチャート方式は記述事項が少ないが、複雑な操作手順が視覚的に理解できるところに最大の特徴がある。運転・操作の順序を項目立てて説明、記述するものは記述方式であり、相当に分厚い基準書となるが、熟読すればよく理解できる。

ロ．（×）塔内の蒸気速度が増加し、トレイ上の泡沫層が高くなり飛沫同伴量が増大して、ついには降下液が上段に運ばれ、塔底液引抜量が減少し、物質収支が合わなくなる現象はフラッディングである。ウィーピングは、塔の蒸気量が減少し缶液だけが下降する現象のうち、軽度の液降下をいう。

ハ．（○）弁が急速に閉まると、そこで管内の流体の流動が阻止され、局部的に圧力上昇をもたらす。ウォータハンマは短距離配管ではほとんど問題にならないが、長距離配管では弁の閉止時間が短すぎないよう、十分に注意する必要がある。

ニ．（○）日常点検の目的は、運転中の異常状態を早期に発見し、その対策を措置することにより事故、災害への拡大を防止することにある。関係部門と十分検討したうえで日常点検計画を作成し、運転部門の行う日常点検の内容、範囲、頻度などを定め、責任の所在を明らかにしておく。

【問14】〔模擬試験3　保安管理技術〕

【正解】（1）イ-a、ロ-b、ハ-d、ニ-c

イ．定期保全は、あらかじめ定めた周期ごとに部品交換または修理を行う方式。周期は、摩耗、詰まり、腐食などの要因を考慮して実績や同種設備の事例を参考に決める。

ロ．状態基準保全は、設備の劣化傾向を連続的または定期的に監視、把握しながら設備の寿命などを予測し、次の整備の時期を決める方式。モニタリングシステムの構築や

256

定期的な監視のための設備・工数が必要になるが、異常の早期発見に対して信頼性が高い。

　ハ．計画事後保全は、設備が故障または要求された性能の低下をきたしてから計画的に整備、修理を行う方式。一般的には寿命まで設備を使い切るので費用は安い。

　ニ．改良保全は、予防保全が確実に遂行できるように、設備を改善する方式。この中には保全工事内容の対応のみならず、機器設計上の改善点を提案し、再設計する行為も含むことがある。

【問15】　［模擬試験3　保安管理技術］
【正解】(2) イ、ハ
　イ．(○) 正しい。
　ロ．(×) 毒性ガスの放出は、除害のための措置を講じたあとに行う。
　ハ．(○) 正しい。
　ニ．(×) 塔槽類の進展中の潜在割れの検出に超音波探傷試験は使えない。

高圧ガス乙種機械過去問題正解・不正解チェック表

科目		問	1	2	3	4	5	6	7	8	9	10
学識	問題1	SI単位										
	問題2	理想気体の性質（計算問題）										
	問題3	熱と仕事										
	問題4	理想気体の状態変化										
	問題5	燃焼・爆発										
	問題6	流体の流れ										
	問題7	伝熱、分離										
	問題8	変形と破壊、強度設計の基本事項										
	問題9	薄肉円筒・球形胴の強度										
	問題10	高圧装置用材料と材料の劣化										
	問題11	溶　接										
	問題12	高圧装置										
	問題13	計装（計測機器・制御システム・安全計装）										
	問題14	ポンプ										
		圧縮機										
	問題15	流体の漏えい防止										
保安管理技術	問題1	燃焼・爆発										
	問題2	ガスの性質・利用方法										
	問題3	高圧装置用材料と材料の劣化										
	問題4	計装（計測機器・制御システム・安全計装）										
	問題5	高圧装置										
	問題6	ポンプ										
		圧縮機										
	問題7	高圧ガス関連の災害事故										
	問題8	流体の漏えい防止										
	問題9	リスクマネジメントと安全管理										
	問題10	電気設備（電気設備全体or静電気単独）										
	問題11	保安装置										
	問題12	防災設備										
	問題13	運転管理										
	問題14	設備管理（1）（2）										
	問題15											

高圧ガス乙種機械模擬試験自己採点用解答用紙（模擬試験番号【　　】）

問題No.	学　識				
	正　解	提出解答	採　点	1章を参考にして解答	採　点
1					
2					
3					
4					
5					
6					
7					
8					
9					
10					
11					
12					
13					
14					
15					
正解数	－	－		－	

採点結果	正解数	合　否
提出解答		
1章を参考にして解答		

問題No.	保安管理技術				
	正　解	提出解答	採　点	2章を参考にして解答	採　点
1					
2					
3					
4					
5					
6					
7					
8					
9					
10					
11					
12					
13					
14					
15					
正解数	－	－		－	

採点結果	正解数	合　否
提出解答		
2章を参考にして解答		

〈著者略歴〉

伊藤 孝治 （いとう こうじ）

1974 年　国立秋田工業高等専門学校 工業化学科 卒業
同　　年　三菱化成（株）（現 三菱ケミカル（株））入社
現　　在　三菱ケミカル（株）岡山事業所 人材育成部門
　　　　　（化学、化学工学、プロセス安全、資格試験
　　　　　受験講習などの講師）
　　　　　高圧ガス製造保安責任者 甲種化学
　　　　　危険物取扱者 甲種
　　　　　特級ボイラー技士
　　　　　エネルギー管理士
　　　　　公害防止管理者（大気1種、水質1種）、他

- 本書の内容に関する質問は、オーム社ホームページの「サポート」から、「お問合せ」の「書籍に関するお問合せ」をご参照いただくか、または書状にてオーム社編集局宛にお願いします。お受けできる質問は本書で紹介した内容に限らせていただきます。なお、電話での質問にはお答えできませんので、あらかじめご了承ください。
- 万一、落丁・乱丁の場合は、送料当社負担でお取替えいたします。当社販売課宛にお送りください。
- 本書の一部の複写複製を希望される場合は、本書扉裏を参照してください。

JCOPY ＜出版者著作権管理機構 委託出版物＞

過去問パターン分析！
高圧ガス製造保安責任者（乙種機械）　解法ガイド

2019 年 8 月25 日　　第1 版第1 刷発行
2024 年11 月10 日　　第1 版第3 刷発行

著　　者　伊藤孝治
発行者　村上和夫
発行所　株式会社 オーム社
　　　　　郵便番号　101-8460
　　　　　東京都千代田区神田錦町3-1
　　　　　電話　03(3233)0641(代表)
　　　　　URL　https://www.ohmsha.co.jp/

© 伊藤孝治 2019

組版　ホリエテクニカル　　印刷・製本　壮光舎印刷
ISBN978-4-274-22404-1　Printed in Japan